彭程的優美人生

經典麵包

Bread Book

完美配方 & 細緻教程

彭程西式餐飲學校創始人
彭程 —— 主編

瑞昇文化

編委會

主　編

彭　程

編　委

楊雄森　韓　宇　朱海濤

長安開元教育集團研發中心

推薦序一

彭程是一位專注與努力並存，智慧與美麗集一身的烘焙師，是我們國內法式烘焙女性的代表；她較早將法國先進的烘焙製作理念帶入中國，為國內培養了大量的技能人才，目前在行業中經常能見到彭程老師培養的學生，可謂桃李滿天下！

見到《麵包寶典》[1]初稿，激動人心，這是彭程團隊一起努力結出的碩果。這本書基礎知識全面，內容新穎豐富，闡述詳盡，涵蓋了國家西式麵點師教材中關於硬歐類、起酥類、吐司類、軟歐類、調理類等麵包大類的內容。

這本書充分體現了麵包技法的精華，只需按照步驟操作即可輕鬆掌握，款款有新意，顏值高，圖片清晰逼真，在製作技術運用上有深入的研究說明，是目前這麼多專業書籍中不可多得的一本麵包製作教材！

輕工大國工匠

干文華

註 1：此為本書簡體版書名。

推薦序二

當收到為彭程新書作序的邀請時，一份榮耀感不禁自心底湧起。

我和彭程相識至今已有十多年，我們一起經歷了諸多精彩的冒險。對美食的熱愛——尤其是對好看又好吃的麵包的熱愛——把我們聯繫在一起。

對於這段共同的經歷，我想突出幾個關鍵字：

「熱愛」。這對於做麵包來說是必不可少的，而彭程總是給人溫暖、舒服、熱情的感覺。

「好看」。在麵包的造型方面，正是由於彭程的支持，我接受了一個又一個挑戰，這些年來技術一直在進步。

最後，當然還有「好吃」。作為一個傳播法式麵包的「大使」，我總是希望達到彭程對我的期望，因而不斷挑戰美味的高峰。

希望我和彭程的友誼一直延續下去；希望我們在一起享受美食的時刻還能有更多收穫；希望這本書能夠大賣，不負她對法式美食所投入的心血。因為有彭程，法式西點得以在中國更閃耀！

獻上我誠摯的友誼。

法國「PAUL保羅麵包」研發總監

西里・維尼亞（Cyril Veniat）

自序

認識我的人，也許都聽過這樣一個故事：多年前有位小女生曾經對話法國西點學校面試官，立志要把法式烘焙帶到中國，讓中國人都吃到純正健康的法式烘焙產品。直至今日，歷經種種，我才明白那時的我，多麼年少輕狂。

然而多年過去，我依舊在心中強烈地思考、琢磨這句話，為了這個夢想，我竟一直從未放棄！沒錯，我是一個執拗的人。

當然，我同樣認為，在這個浮躁的社會裡，只有既純粹又有遠見卓識的人才能真正地做好專業技術，彭程西式餐飲學校的誕生也萌發於我的這份執拗。一直以來，我為學校選培每一個老師的標準只有一個：足以成為每一位熱愛烘焙的學生信服的職業榜樣。我和我的技術團隊尊重傳統，追求創新，立志賦予古老傳統的法式烘焙最前沿的解讀，在經典配方的構成元素裡注入無限的新意。

如今，彭程西式餐飲學校作為享譽國際的法式烘焙培訓機構之一，不斷創新提速，我們創立了中國最早的、完善的法式烘焙教學系統，助力近兩萬名烘焙愛好者走向職業道路。與此同時，也開創了一大批不會隨著時間推移而輕易被淘汰的經典配方，而這些配方，也成為今天這本書得以出版的基礎。

2020年，彭程西式餐飲學校正式加入長安開元教育集團，在集團的支持下，成立了彭程烘焙研發中心，我有幸帶著一批優秀的年輕烘焙人全身心投入技術淬煉和研發創新中，這也成為這本書得以出版的又一保障。

在傳統的認知裡，烹飪的目的就是製作食物。在我看來，這並非唯一的目的，能讓每一位對烘焙感興趣的人創作出令人驚歎的、無法解釋的、為之動容的全新世界，才是烹飪的宗旨所在。那些普通的麵粉、雞蛋、奶油等基本食材，通過我們日復一日簡單枯燥的練習而積累的感覺、專注力、想像力以及對食物的愛，去改變它們的基本狀態後，幻化出全新的生命力，變成被人欣賞的美食藝術，這本身不就是一種令人驚歎的美好嗎？

我為能從事烘焙師這樣美好的職業而倍感驕傲，為能成為美食藝術的傳播者和分享者而感到自豪。非常慶倖能夠與這麼多追求卓越、享受將食材和料理技術融合的烘焙師們一起推動這本書的出版！

彭程

彭程簡介

中華人民共和國第一、第二屆職業技能大賽・裁判員
第23、24屆全國焙烤職業技能競賽上海賽・裁判長
長沙市第一屆職業技能大賽・裁判長
廣西壯族自治區第二屆職業技能大賽・裁判長
世界巧克力大師賽巴黎決賽・裁判員
FHC國際甜品烘焙大賽・裁判員
國家職業焙烤技能競賽・裁判員
第五屆西點亞洲杯中國選拔賽・裁判員
國家糕點、烘焙工・一級/高級技師
國家職業技能等級能力評價・品質督導員
法國CAP職業西點師
彭程西式餐飲學校創始人
長安開元教育集團研發總監
法國米其林餐廳・西點師
中歐國際工商學院EMBA碩士

目錄

基礎知識

麵團及麵種製作

日式麵包及布里歐麵包系列

特色吐司系列

軟歐麵包系列

花式丹麥系列

傳統法式系列

裝飾麵包和節日麵包

基礎知識

製作麵包的四大基礎原材料

• 麵粉

麵粉的來源

做麵包時所用到的麵粉，主要來源於小麥。在小麥的組成部分中，麥麩約占13%，其主要成分是蛋白質和灰分等；胚乳約占85%，含有一定量的澱粉和蛋白質；胚芽約占2%，富含維生素B_1和維生素E。通常，小麥麵粉在加工過程中會去除麥麩和胚芽，只保留富含麵筋蛋白的胚乳，這樣粉質會更加細膩，但是會影響麵粉的麥香味與營養價值。除此之外，還有兩類特殊麵粉——全麥粉和黑麥粉。

全麥粉和黑麥粉的特點

全麥粉由整粒小麥研磨而成，它包括麥麩、胚乳和胚芽三個部分，所以雖然它質地粗糙、顏色較深，但富含營養和膳食纖維，香味也更濃郁。由於全麥粉比較粗糙，所以在攪打時麵團的麵筋組織會被粗糙的顆粒切斷，無法保留氣體，就會使麵團沒有膨脹力，所以一般全麥粉在使用時會混合普通麵粉一起製作麵包，普通麵粉的添加比例在10%～80%。

黑麥粉由專門種植的黑麥種子製作而成，它最大的特點就是幾乎沒有筋度、吸水性強、非常黏手，如果是用純黑麥粉做的黑麥麵包，成品的味道會偏酸，同時口感會很扎實。所以純黑麥麵包在中國並不流行，現在市面上常見的黑麥麵包的黑麥粉含量通常在麵粉總量的20%～40%。

麵粉的分類方式

在對麵粉進行分類時，主要以蛋白質和灰分這兩個存在於麵粉當中的物質來進行探討。

以麵粉中的蛋白質含量區分

一整顆小麥在剔除了麥麩和胚芽之後，剩下的胚乳就是小麥占比最大的部位，胚乳是在小麥結構當中蛋白質含量最多的一個部位。蛋白質是麵包在操作過程中產生多種物理現象的關鍵，因為有一些蛋白質會跟水結合，比如麵粉中含有麥穀蛋白和麥醇溶蛋白，這兩種蛋白質在和水結合之後會產生彈性和黏性，便會形成平時所看到的麵筋。因此麵團在發酵時，可以先令它膨發，之後再給它排氣，讓麵團在經過擀長、搓長的整型過程之後，利用這種聚合的能力，又重新產生出可以膨脹的效果。所以麵粉的蛋白質含量越高，麵粉筋度也會越高，麵團的吸水性就越好，需要攪拌的時間也就越長。但是如果麵團的麵筋太強，麵團在發酵時麵筋就會容易發生斷裂，導致麵團膨脹不起來；相反，如果麵團的麵筋太弱，麵團就會容易發生塌陷。

我們製作麵包時經常會用到手粉，而手粉會影響麵包的口感，所以使用手粉的原則是越少越好。因為高筋麵粉的顆粒比較大，不容易黏黏，所以通常使用高筋麵粉作為手粉；而低筋麵粉容易結塊，不適合做手粉。

用蛋白質的含量作為劃分麵粉的標準，根據蛋白質含量的多少可區分出高筋、中筋、低筋這三種不同筋度的麵粉，但不同麵粉廠其分類定義不同，在數字上可能會有些許誤差。通常用到的高筋麵粉蛋白質含量在11.5%以上，低筋麵粉大部分在9.5%以下，而蛋白質含量在9.5%～11.5%的這些麵粉，便統稱為中筋麵粉。當然這個數值並不絕對，不同的分類機構可能會有些許浮動，不過大致上都會在9.5%～11.5%來做區分。

以麵粉中的灰分含量（礦物質）區分

麵粉中的灰分是指小麥中比較靠近皮層部分的、平時不常被接觸到的礦物質。對於灰分，通常也會用百分比來表示。平時麵粉包裝袋上顯示麵粉中存在礦物質的百分比就是所謂的麵粉灰分含量。如果麵粉中的灰分含量越高，利用這種麵粉做出的麵包，其麥香味就會越濃郁。

歐系麵粉分類當中，主要就是以麵粉中礦物質含量的多少來作為區分標準的，通常會用「T」加數字來表示。以法國產的麵粉為例，有T45、T55、T65這三種平時比較常見的麵粉，其中「T」代表麵粉的型號（type）；「T」後面的數值是為了區分麵粉中的礦物質含量。比如，T45通常表示麵粉中礦物質含量在0.5%以下，T65表示麵粉中礦物質含量在0.6%以上，而礦物質含量在0.5%～0.6%的麵粉就被統稱為T55麵粉。灰分是小麥中所含的礦物質，同時也決定了小麥風味的豐富程度，所以麵粉中灰分的含量越高，礦物質含量就越多，麵粉的顏色就越深。同樣，不同商家出品的麵粉，可能有時灰分含量是一樣的，但對於麵粉中的蛋白質含量設定也會不一樣，因此，在使用麵粉前要先確認好麵粉的具體蛋白質含量是多少，再去調整水分含量，否則麵團的狀態就很難掌控好。另外有些麵粉的外包裝上會寫有T80、T130、T150等。當型號的數字超過100時，就得先看包裝袋上寫的是小麥麵粉還是裸麥麵粉了，因為小麥麵粉所含有的灰分並不像裸麥麵粉那麼高，如果數字超過150時，那這個麵粉肯定就是裸麥麵粉了。

麵粉在麵包中的作用

麵粉中的主要成分是澱粉和蛋白質

麵粉中澱粉的含量通常在72%～80%，澱粉在經過高溫加熱後會產生溶脹、分裂形成均勻糊狀，這種現象被稱為澱粉的糊化。在發酵麵團中，麵粉中的澱粉在澱粉酶的分解作用下會轉化成不同的糖分，可為麵團中的酵母菌發酵持續提供養分，從而提高麵團最後發酵時酵母菌的活性。在相同的溫度環境下，麵粉的澱粉被分解得越多，發酵時為酵母提供的營養成分就越多，那麼麵團在發酵時所產生的氣體就越多，最終烘烤出來的麵包體積就越大。麵團在焙烤過程中，澱粉的作用也很重要，當麵團的中心溫度達到54℃左右時，酵母菌會使麵團中的澱粉酶加速分解，使麵團變軟，同時澱粉吸水糊化，與網狀麵筋相結合，形成麵包焙烤完成後的內部組織。

麵粉中的蛋白質主要有麥醇溶蛋白、麥穀蛋白和球蛋白等，其中麥醇溶蛋白和麥穀蛋白約占蛋白質總量的80%，是麵粉中形成麵筋的主要成分。

麥醇溶蛋白和麥穀蛋白在吸水後，會產生彈性和黏性，形成的軟膠狀物就是麵團攪拌時所拉扯看到的麵筋。麵筋具有良好的彈性、延伸性、韌性和可塑性。麵筋的形成在麵包製作工藝中具有重要意義。

在攪拌麵團時，由於蛋白質吸水形成面筋，可以讓使麵團吸收更多的水分，從而讓麵團更加柔軟，具有彈性和延伸性。在麵團基礎發酵時，麵筋會形成一層網狀結構，在酵母菌發酵吐出二氧化碳氣體時，可以包裹住氣體，不讓氣體外溢出來。經過酵母不斷地產氣，從而使麵團達到膨脹變大的效果。在烘烤的過程中，由於麵筋的網狀結構和澱粉經過加熱糊化後的填充，麵粉在麵包中起著「支架」的作用，在烘烤過程中，能使麵糰內部形成穩定的組織結構。

麵粉是形成麵包組織結構的主體材料

麵粉中的麥醇溶蛋白和麥穀蛋白與水融合後，再經過攪拌會漸漸聚集起來形成麵筋，在最終烘烤時起到支撐麵包組織的骨架作用；同時，麵粉中的澱粉吸水經過加熱後會膨脹，並在烘烤時經過加熱從而糊化，然後固定成型。

麵粉中麵筋的強弱，影響麵包組織的細膩程度

麵粉的麵筋越弱，則麵團的膨脹力就越差，成品的組織越粗糙，麵包不夠柔軟細膩；麵粉的麵筋越強，則麵團的膨脹力越好，成品的組織才會膨鬆柔軟，因此製作麵包時常以高筋麵粉為主。

麵粉可提供酵母發酵所需的能量

在一些烘焙配方中，糖含量偏少或者不含糖，此時麵團在發酵時所需要的能量大部分由麵粉提供。因為麵粉中含有的澱粉在澱粉酶的分解作用下，會被分解成葡萄糖，從而給酵母菌提供營養，提高發酵活性。

• 酵母

酵母的分類

現在市面上的酵母一般會分為兩大類：一類是野生酵母，一類是商業酵母。

野生酵母

在我們的自然界中，酵母菌是廣泛分布的，它們喜歡附著在各種含有糖類的果實上面。因此我們常常會用葡萄乾、蘋果、草莓等來培養酵母菌，這樣依靠人工培養出來的酵母菌就屬於野生酵母，也可稱為天然酵母。

商業酵母

商業酵母是指用利用工業化的方法大量培養出來，買回來後不需要再去培養就可以直接使用的酵母，非常方便。

現在市面上最常見的商業酵母主要有三類：新鮮酵母、半乾酵母和即溶乾酵母。

新鮮酵母屬於複合式酵母菌，它在製作時將酵母的菌株提出，然後在菌株培養液裡大量繁殖，之後使用過濾的方法把水分抽離出來，讓溶液變得相對濃縮之後就可以使用了。

由於新鮮酵母的含水量相對較高，所以沒開封時，它的保存期限在45天左右；開封後，新鮮酵母接觸到了雜菌，它的保存期就會大大縮短至2周以內，如果超過2周，酵母很可能會發黴，從而失去活性。同時，新鮮酵母需要放在冷藏的環境下保存。因為其含水量高，我們在使用時，它可以很容易地溶解在麵團中，所以完全不需要事先做任何處理，直接把它放到麵團裡攪拌即可。

新鮮酵母的活性和產氣性也是幾種商業酵母裡最高的。而且相對於即溶乾酵母來說，新鮮酵母會具有更加耐凍的特點，因為新鮮酵母的菌種更多，因此在做可頌這類產品和冷凍麵團時，當麵團需要放入冰箱冷凍變硬時，就需要盡可能地用新鮮酵母來製作。它和乾酵母的換算比例是3：1。

半乾酵母是在脫水時保留一定水分的酵母，它同時具有鮮酵母和乾酵母的特點。但由於它平時是在冷凍環境下保存的，酵母處於休眠狀態，此時活性較低，所以它在使用時必須提前20～30分鐘與水進行融合，一直到酵母在水裡開始活化、產氣，等冒泡之後才能使用，所以效率非常低，因此我們很少使用。它和乾酵母的換算比例是1.5：1。

即溶乾酵母是指酵母培養液裡的酵母

在大量繁殖後，用噴霧乾燥的方式製作出的酵母顆粒。在噴霧乾燥的過程中，酵母顆粒外層會形成一個薄薄的硬殼，硬殼是由部分酵母菌的屍體所構成的，這樣的硬殼碰到水後會很快溶解。我們在使用時，即使不把它事先泡水溶化，也可以直接把它加進麵團裡面攪拌，因為麵團本身的濕度就足以使即溶乾酵母溶解。

即溶乾酵母還有一個好處就是便於保存，因為這種酵母是處在休眠狀態的，所以常溫保存的期限可以長達一年。如果將它放在冰箱裡冷藏，並且嚴格密封保存，它的保質期很可能會超過一年。因操作容易、保質期長，因此即溶乾酵母在20世紀70年代左右被研發出來後就迅速普及。

即溶乾酵母又區分為兩種：一種是高糖酵母，一種是低糖酵母。這裡的高糖、低糖不是指酵母中的糖，而是指麵團的含糖量。一般我們都用配方中砂糖含量5%來區分麵團是屬於什麼麵團，當麵團的含糖量超過5%時就屬於高糖麵團，低於5%時就屬於低糖麵團。

高糖酵母和低糖酵母是兩種不同屬性的酵母菌，除了來源於不同菌種類型之外，重點還在於它們吃的養分不同。酵母的食物是糖，糖又分為很多種。一般絕大部分酵母吃的糖是葡萄糖，另有一部分酵母吃的糖是蔗糖或乳糖。不同的養分來源讓即溶乾酵母有了高糖和低糖的區分。通常低糖酵母適合添加在沒什麼糖量的麵團當中，它們大部分吃葡萄糖，葡萄糖就是麵粉中的澱粉被分解之後轉化而來的。高糖酵母可以吃我們往麵團中添加的砂糖所含的蔗糖，所以在使用時一定要先區分好。

另外，在高糖量的麵團環境中，當大量的糖和麵團裡的水相遇後，會形成高濃度的糖水。濃度高的糖水會伴隨一種物理現象，即「滲透壓」，「滲透壓」的效果對於酵母菌來說也會有影響。一般來說，當酵母菌被放到高糖濃度的溶液中時，因為「滲透壓」的作用，酵母菌細胞體內的一些水分包括很多其他物質都會被周圍的高濃度溶液壓榨、滲透出來，會直接造成酵母細胞的死亡。所以，如果低糖酵母這種適合低糖環境的酵母被放到高糖量的麵團環境中時，這些酵母菌通常沒有辦法耐「滲透壓」，就會在這樣的環境中大量死亡，發酵的狀況就不容樂觀。因此，在使用時，千萬不能將「高糖酵母」和「低糖酵母」搞錯。如果把低糖酵母錯放到高糖麵團裡，麵團在最後發酵的時候沒有力量，會發酵不起來，麵包的整個產氣效果會變得很差。當我們把麵包組織剖開看時，會發現氣泡不理想，口感也不夠膨鬆。

酵母在不同溫度環境下的存活狀態

0℃以下

在冷凍的環境下，酵母菌處於一種休眠狀態。所以平時做冷凍麵團時，如果不希望麵團有發酵的情況，就可以放到冰箱裡冷凍保存。但需要注意的是，麵團在冷凍的過程中，都會經歷一個冰晶期（約-4℃），在這個階段，麵團中酵母菌細胞內的水由液態變成固態，會使細胞壁因此破裂，導致部分酵母菌死亡。所以我們在做冷凍麵團時最好選用冷凍麵團專用酵母或增加酵母用量。

2～7℃

這個溫度是常規冷藏冰箱的溫度。在這個溫度下，酵母發酵是比較緩慢的，沒有太明顯的產氣或膨脹。當麵團內外平均溫度達到4℃時，麵團的膨脹就會停止。不過，麵團還會持續產生有機酸，所以麵團在冷藏時不會無限膨脹，但味道還是會越來越酸。

16～18℃

這個溫度區間可以視為判斷酵母發酵

作用是否明顯的過渡層。高於這個溫度，酵母會開始有肉眼可觀察到的明顯變化，即產生氣泡和膨脹。所以在判斷隔夜冷藏發酵的麵團能否操作時，都會以這個溫度作為標準。許多冷藏發酵箱的回溫機制也是以16℃來作為控制標準的。

26～28℃

這個溫度區間是酵母最適合生長的溫度。因為在這個環境中，酵母的繁殖力最旺盛，所以這個溫度也是大多數麵團基礎發酵所要求的溫度。

30～38℃

這是酵母菌產氣量最大的溫度區間，也是一般甜麵包和吐司麵包最後發酵的溫度。在這個溫度區間，酵母菌的新陳代謝達到最有效率的狀態，麵團可以創造出良好的氣孔以達到鬆軟口感，並形成濃郁的發酵風味。其中，在38℃時，酵母產氣量是最大的，但一般我們都不會用這麼高的溫度去進行發酵。因為38℃時，會導致麵團表皮部分溫度過高，產生過多太大的氣孔，而麵團中心溫度無法同時均勻達到38℃，這樣就會導致麵包組織粗糙、氣孔不一致，甚至麵包表面坍塌。因此，我們大多數是以低於35℃的溫度（32～35℃）來進行最後發酵，以求達到產氣效率、速度、組織均勻度三方之間的平衡。

45℃

當溫度達到45℃之後，酵母菌會因為溫度過高而開始死亡，活性越來越低。

60℃

當溫度到達60℃之後，酵母菌會被熱死，從而失去活性，停止一切生長。

• 鹽

鹽的分類

精鹽

利用離子交換膜電透析的方法來剔除海水裡的雜質，最後會得到氯化鈉。精鹽的氯化鈉含量高達99.9%，這種也是我們平常吃的食用鹽。

海鹽

海鹽是最早的食用鹽，它的來源是海水。把海水引到陸地之後，經過鹽田的不同區塊和日照日曬，隨著水分的蒸發，海水的濃度越來越高，當海水濃度高到一定程度之後，它就會開始結晶，這個固態的結晶就是海鹽。海鹽的氯化鈉含量偏低，在85%～92%。

岩鹽

岩鹽的來源是鹽礦，它屬於地表下的鹽層。古代的鹽湖乾涸之後，經過地殼變動擠壓，結晶的鹽湖沉積在地表之下，接著它會經歷不斷的地殼變動，然後擠壓形成山，或者直接被埋在地下。正因如此，鹽礦和許多不同礦物質在地層中結合，使得這種鹽有礦物質含量比較高的特點。同時因為它被擠壓在地層裡面，會接觸到很多石頭，就會產生不同的顏色，最常見的有黑色和粉紅色，比如粉紅玫瑰岩鹽。岩鹽的氯化鈉含量在95%左右，比海鹽高一些，食用時其鹹度比較明顯。因為岩鹽的礦物質含量高，加到麵團中後，能使麵筋的結構更為強韌，讓膨脹變得更有力量、更有彈性。

如何合理運用三種鹽

精鹽

它最大的特色就是鹹味非常明顯，

因為其氯化鈉含量高達99.9%，所以它的唯一特色就是鹹。它在味道和香氣上沒有什麼太大的亮點，所以現在我們使用精鹽製作麵包時，最好的理由大概就是價格便宜。而且因為其鹹度較高，故添加量又可以相對再少一點，所以現在很多麵包店使用的鹽以精鹽為主。

海鹽

它的味道和香味比較豐富，所以它的價格也會比其他兩種更貴。比如鹽之花，建議大家還是直接吃比較好，比如我們在煎牛排時，最後在牛排上就可以撒鹽之花。但如果用鹽之花來攪拌麵團，和一般的海鹽相比，並無法通過味道直接分辨出來，所以如果將海鹽用來攪打麵團，性價比並不高。

岩鹽

岩鹽的氯化鈉含量介於精鹽與海鹽之間，所以如果想要風味比較好，同時價格又比較適中，就可以選擇用岩鹽來製作包了。

鹽對麵包的作用與影響

產生風味

在麵團中添加適量的鹽可讓麵包產生淡淡的鹹味，再與砂糖的甜味相輔相成，增加麵包的風味。

抑制細菌的生長

添加鹽可以讓麵團比較耐放，因為酵母和野生的細菌對於鹽的抵抗力普遍都很微弱；鹽在麵包中所引起的滲透壓，可延遲細菌的生長，並影響酵母菌的生長。比如有些配方中添加雞蛋做成的中種，通常會發酵一個晚上。這種搭配雞蛋發酵的中種，我們通常都會在裡面加一些鹽，目的就是抑制因為加了蛋而容易產生的各種雜菌。尤其是這種長時間發酵的種麵，在發酵的過程當中，雞蛋很容易在高溫的情況下發生變質，從而滋生細菌。這時候，添加鹽的抑菌效果會非常明顯。

增強麵筋

鹽裡的礦物質對麵團的影響主要是增強麵筋，以及協助麵團形成健全的網狀結構。因為鹽裡面有鈣，鈣會增加水質的硬度；鹽裡面也有鎂，鎂會直接讓麵筋緊縮，讓麵團變得更緊實。所以我們在操作麵團時，如果忘了加鹽，通常麵團摸起來會比較濕黏，感覺沒有什麼彈性，在發酵的過程當中，麵團也比較容易崩裂，就是因為缺乏了鹽裡的礦物質。

有助於麵筋的穩定

鹽能改變麵筋的物理性質，增加其吸收水分的性能，使其膨脹而不致斷裂，起到調理和穩定麵筋的作用，還能增強麵筋強度，使麵包筋度得到改善。鹽影響麵筋的性質，主要是使其質地變密而增加彈力。筋度稍弱的麵粉可使用比較多量的鹽，強筋度的麵粉宜用比較少量的鹽。

調節麵團的發酵速度

因為食鹽有「滲透壓」作用，所以在麵團中能抑制酵母發酵，故鹽的添加量也會影響到麵團發酵的時間。完全沒有加鹽的麵團，其發酵速度較快，但是麵團內部的發酵情況卻極不穩定。尤其在天氣炎熱時，很難控制麵團正常的發酵時間，容易造成麵團發酵過度的情況，從而導致麵團味道偏酸，烘烤出來的麵包口感比較粗糙且容易掉渣，同時老化速度較快。因此，鹽可以說是一種有「穩定發酵」作用的材料。

改善麵包的色澤

在攪拌麵團時，可通過添加適量的鹽，形成適當的麵筋，可使麵團內部產生比較細密的組織，能使麵團在烘烤時受熱充氣膨脹，氣泡膜更加薄，使光線更好地透進去，這樣麵包內部組織的色澤較為輕白。

• 水

軟水和硬水的區分

製作麵包時，在水的使用上，特別需要注意水的硬度。水的硬度，即水中鈣離子和鎂離子的含量，可換算成相對應的碳酸鈣含量，並用ppm來表示。1ppm代表水中碳酸鈣含量為1mg/L。水的硬度大致分為四大類：軟水，水中碳酸鈣含量為0～75mg/L；中等硬水，水中碳酸鈣含量為75～150mg/L；硬水，水中碳酸鈣含量為150～300mg/L；極硬水，水中碳酸鈣含量大於300mg/L。中等硬水是最適合做麵包的。

如果用軟水做麵包，麵團就會變得很軟、很黏手，麵筋也會變弱，麵團烘烤時的膨脹力不夠；同時烘烤完成後的麵包體積會比較小，組織氣孔偏密；口感黏牙，沒有膨鬆感。如果出現這種情況，在攪拌麵團時可以適當增加鹽的用量，增強麵團的麵筋，提高膨脹力。

反之，如果用硬水攪拌麵團，麵團的狀態就會偏硬，麵團攪拌時麵筋容易斷裂，同時麵團基礎發酵比較緩慢，烘烤出來的成品口感偏乾，成品老化也會比較快。如果出現這種情況，在攪拌麵團時就可以適當增加酵母用量，或者增加用水量來改善麵團的軟硬度。

這就解釋了很多人在操作時常遇到的問題：明明配方相同，麵粉和做法都一樣，可在不同地方做出的麵團狀態卻不相同。在平時生活中，我們也可以用一些簡單的方法來測試當地水的硬度，即取一杯熱水，把肥皂切碎投入其中攪拌，若肥皂能完全溶解，冷卻後成為一種半透明液體（肥皂較多則成凍），即為軟水；若冷卻後水面有一層未溶解的白沫則為硬水，白沫越多，水的硬度越大。

水的pH

在製作麵包時用的水，選擇弱酸性（pH為5.2～5.6）的水較好，不建議使用鹼性過強或酸性過強的水。因為水的pH會影響麵包酵母的活性、乳酸菌的作用和麵筋的物理性狀。

當水的酸性過強時，麵團的麵筋被溶解，麵團易斷裂，麵筋弱，膨脹力不好。

當水的鹼性過強時，酵母的活性就會受損，麵筋的氧化作用受到阻礙。麵團發酵時間就被延長，這時可通過添加少量醋來改善。

水的用量對麵團的影響

麵團中添加水分的多少會影響麵團最終攪拌後的軟硬度。若水分較少，會使麵團的攪拌時間縮短，麵粉的顆粒無法充分與水融合，從而導致麵筋延展性不夠，在麵團筋膜擴展剛開始時，就容易使麵筋攪斷，無法再讓麵筋充分地擴展，最終做出來的麵包就容易口感偏乾、老化速度快、保質期短。相反，若水分過多，則會延長麵團的攪拌時間，一旦達到捲起階段，再攪拌就很容易造成麵筋攪拌過度，所以這時要特別小心。

另外，由於蛋白質含量不同，麵粉的吸水量也會不一樣，從而影響水分的添加。在使用牛奶和雞蛋時，要減少水的用量，因為牛奶和雞蛋中含有一部分水。水分較多的麵團，其狀態更加柔軟濕黏，面筋較弱，所以在操作時，需要使用更多的手粉去輔助操作。同時，麵團在發酵時，也需要多次進行翻面，以增強麵團筋度。

水在麵團中的作用

水化作用

水在和麵粉中的麥醇溶蛋白、麥穀蛋白相結合後，經過充分吸水形成麵筋，同時也能使麵粉中的澱粉吸水經過加熱糊化後，形成麵團烘烤後的內部組織結構。

溶解作用

水能溶解麵團中添加的鹽、糖和酵母等乾性輔料；在攪拌時利於麵筋的形成；同時在發酵時能夠促進蛋白酶和澱粉酶對蛋白質和澱粉的分解；讓各種材料能夠得到充分的溶解混合，更加有助於攪拌成均質的麵團。

控制麵團溫度

水的溫度對於麵團的基礎發酵有著很大的影響，在攪拌麵團時，可以通過調節水的溫度（冰水或溫水）使麵團達到理想的溫度，為酵母菌的繁殖生長提供適宜的環境。

控制麵團的軟硬度

在攪拌麵團時，可通過調節水量來控制麵團的軟硬度，從而使麵團達到最佳的柔軟度，讓成品的口感更加濕潤。

延長保質期

水分有助於保持麵包的柔軟性，減緩因水分流失而導致麵包發乾發硬，通過控制水分含量可減緩麵包老化速度。麵團中的水分添加越多，越有助於保持麵包的柔軟性，減緩因水分流失而導致麵包發乾、發硬，所以可以通過控制麵團的水分含量減緩麵包老化速度，延長保存時間。

製作麵包的輔料

• 蛋類

蛋在麵包中的作用

提高麵包的營養價值，改善麵包的風味

大部分雞蛋裡含有豐富的蛋白質、脂肪和多種維生素，所以加入雞蛋的麵團，最終烘烤出來的麵包成品通常會伴有濃郁的蛋香味，也能夠改善麵包的組織結構、增加麵包的營養和口味。

天然乳化劑

因為蛋黃中含有卵磷脂，所以蛋黃是生活中常見的天然乳化劑，加到麵團裡能夠使水和油脂充分地混合，利於麵筋的形成，使得麵團變得光滑，也能夠令麵包的成品內部組織細膩、柔軟。

上色作用

因為蛋黃中含有胡蘿蔔素，所以在麵包烘烤前刷一層蛋黃液可以令麵包變得更加好看，這樣烤出來的麵包才不會是白色的，能使麵包表面擁有誘人的金黃色。不過，做白麵包或白吐司時不需要這個操作步驟。

起泡性

麵團內加入雞蛋後，在攪拌時，蛋白與拌入的空氣形成氣泡，並融合麵粉、砂糖等其他原料固化成薄膜，這樣在發酵時可以增加麵團的膨脹力和體積。當烘烤時，麵團發酵時產生的氣體受熱膨脹，由於蛋白質產生變性作用而凝固，使烘烤完成後的麵包內部形成氣孔多的膨鬆狀，並且讓麵包的口感變得具有一定彈性。

熱變性

即雞蛋中含有的蛋白質通過加熱後會凝固。通常蛋白質發生性質改變的溫度為58～60℃，蛋白質變性後，會形成複雜的凝固物，當經過烘烤加熱後，凝固物水分蒸發後便成為凝膠。所以平時麵包烘烤時，表皮塗刷的蛋液含有蛋白，經過烘烤形成這種凝膠，然後使麵包表皮光亮。

蛋類在使用時的注意事項

1. 製作麵包時在麵團裡添加雞蛋，要注意麵團發酵的時間，如果發酵時間過長，麵團會由於蛋白質的性質改變而產生異味，從而影響最終成品的味道。

2. 在攪拌麵團前，最好先把雞蛋攪拌均勻，再添加進去和麵團攪拌，這樣能減少它們與麵粉混合時，部分蛋液凝結在麵粉中形成顆粒，導致麵團攪拌不夠光滑，從而影響成品的口感。

3. 如果需要通過額外添加配方之外的雞蛋來增加風味時，需要特別留意的一個重要問題是，雞蛋本身含有水分，所以配方中的水量要適量減少，水的減少量為另外添加雞蛋分量的70%～75%。

4. 添加了雞蛋的麵團，烘烤後的體積會膨脹得比較大，所以在選用模具的大小和控制發酵的時間時，要特別注意這一點。

5. 加入了雞蛋的麵團在烘烤時是很容易上色的，所以在烘烤時要隨時注意觀察上色的程度，如果發現上色過度可以通過調低烘烤溫度或在烘烤物上遮蓋一張錫紙來解決。

6. 雞蛋在麵團中的添加量在10%～30%效果最佳，因為蛋白中所含的蛋白質會遇熱而凝固，如果蛋白量增加過多，那麼做出的麵包成品則會比較硬。當麵團中雞蛋的添加量超過30%時，麵筋之間的接合能力會變差，所以配方中全蛋的添加量最好不超30%，若要添加更多，最好選用蛋黃。

• 糖類

糖的分類

精製白砂糖

簡稱白砂糖，為粒狀晶體，根據晶體的大小，主要有細砂糖和粗砂糖兩種。細砂糖主要用甘蔗或甜菜製成。其特點是純度高、水分含量低、雜質少。中國產砂糖的蔗糖含量高於99.45%、水分含量低于0.12%，平時製作蛋糕或餅乾時，使用的通常都是細砂糖，因為它更容易融入麵團或麵糊裡。

粗砂糖屬於未精製的原糖，其特點是純度低、水分含量高、雜質多、顏色淺黃。一般用來做產品表面的裝飾用或用來熬糖漿。一般粗砂糖不適合製作曲奇、蛋糕、麵包等糕點，因為它不易溶解，容易殘留較大的顆粒在產品裡，不夠細膩。

綿白糖

是一種非常綿軟的白糖，晶體細小均勻，顏色潔白，質地軟綿，純度略低於細砂糖，含糖量在98%左右，水分含量低於2%。因為綿白糖的顆粒較細，它可以作為細砂糖的替代品。

赤砂糖

粒狀晶體，呈棕黃色，雜質較多，水分和還原糖含量高，顆粒較粗。

紅糖

提取前的形態為黑糖，甜味中會夾雜有少許焦香味。紅糖屬於精製糖類，水分含量高，容易結塊，顆粒粗糙，甜味舒適。因此用紅糖製作的麵包，通常風味較重，表面顏色深。

麥芽糖漿

主要由大麥、小麥在麥芽酶的水解作用下製得，也叫作飴糖。平時做麵包常用的有麥芽糖和麥芽精。

蜂蜜

源於花粉，甜度較高，且有特殊風味。蜂蜜的保濕性高於一般糖類，可以很好地保持麵團裡的水分。烘烤麵包時在表面刷上蜂蜜不僅可以調味，也可以加速麵包表皮的上色，令麵包呈現出金黃色的誘人色澤。

楓糖漿

楓樹汁液提取物，微酸。楓糖漿會伴隨有楓葉的清香，糖度略低於蜂蜜。

糖在麵團中的作用

產生甜味

糖能令麵包烘烤完成後擁有宜人的甜味。

供給酵母能量

糖是一種富有熱量的甜味材料，是麵團發酵時酵母菌發酵的能量來源，麵團中加入的蔗糖，在發酵時會被酵母菌分泌的轉化酶分解轉化成葡萄糖及果糖，從而為酵母菌的持續發酵提供能量。

保持口感，延長保質期

砂糖具有很好的保濕性，加入麵團中可增強麵包的保濕度、抑制水分流失過快，可延緩麵包老化，延長保質期。

焦糖化作用

糖類在經過高溫加熱後，達到其熔點以上，就會在麵包表面焦化形成深褐色的色素物質，這就是我們常說的焦糖化反應和褐變反應，所以糖類能用來給麵包類產品增色。

影響發酵與攪拌時間

糖類通常在麵包中的添加量為4%～16%，如果麵團中砂糖量超過了16%，會令滲透壓增加，使麵團中酵母菌細胞的水量平衡失調，導致麵團發酵速度轉慢。另外，砂糖也會與麵團中的蛋白質爭相吸水，從而影響麵筋形成的速度，所以平時製作的甜麵團，如果砂糖的含量達到了20%，那這樣的甜麵團的攪拌時間也會延長。

• 乳製品

牛奶

牛奶是廣泛用於烘焙配方中的一種重要原料，它常用來取代水，因為它既提高了產品的營養價值也提高了烘焙產品的奶香味。平時常用到的牛奶品類有全脂牛奶和脫脂牛奶這兩大類。

如何正確地選擇牛奶

全脂牛奶和脫脂牛奶最大的不同點在於脂肪含量不一樣。其中全脂牛奶含有約

3.5%的脂肪，但是脱脂牛奶通常不含有脂肪或脂肪含量在1%以下。

關於要選用什麼牛奶去製作麵包這個問題，主要與最終產品想呈現出來的效果有關。全脂牛奶是烘焙配方中常用的牛奶，因為烘焙原材料中的所有液體原料都起著黏黏作用，甚至包括配方中添加的水。其中脂肪的作用尤為重要，它主要起到軟化、保濕的作用。這也就意味著，如果麵團中的脂肪含量偏低，就會導致烘焙出來的成品口感偏乾。

脱脂牛奶滿足了現代人追求「高蛋白、低脂肪」的營養需求。脱脂牛奶的產生，緣于人們對膳食健康的特殊需求。但是，脱脂牛奶也有不足之處。牛奶在脱脂過程中，一些有益健康的脂溶性維生素也會跟著消失，比如維生素A、維生素D、維生素E和維生素K。而缺少了維生素A、維生素D，人體對鈣質的吸收就會受到影響。

牛奶在麵團中的作用

增強麵包的營養價值。牛奶中含有大量的氨基酸和多種維生素等，加入到麵包中後，可以提高麵包的營養價值。

改善麵包風味。因為牛奶是乳製品的一種，加入到麵團中，可以讓麵包烘烤完成後，帶有明顯的奶香味，同時可以讓麵包組織細膩、柔軟、膨鬆而富有彈性；牛奶含有的乳糖在烘烤時經過高溫加熱，使麵包表面產生誘人的金黃色，增加風味。

改善麵包的工藝性能。在攪拌麵團時，油脂和水通常難以相融，加入少量牛奶能夠充當一個媒介，較好地把油脂和水混合均勻，同時能加強麵團麵筋的韌性，增強麵筋的延展性，使烘烤後的麵包外型完整，表面更有光澤。

使麵包具有較好的保水性。因為牛奶中含有少量油脂，麵團中加入牛奶，可以提高麵團的油脂含量，烘烤完成後，可以包裹住麵包中的水分，減緩水分的流失，使麵包保持較長時間的柔軟性。

改善麵包表皮色澤。牛奶中含有的乳糖在發酵時並不會被酵母菌所吸收掉，所以會保留在麵團裡，在經過高溫烘烤後，能夠使麵包表皮烘烤的顏色更加金黃有光澤。

奶粉

平時常用到的奶粉有全脂奶粉和脱脂奶粉這兩類。

全脂奶粉是指以新鮮牛奶為原料，經濃縮、噴霧乾燥製成的粉末狀食品。全脂奶粉的營養成分含量為：蛋白質25.5%，脂肪26.5%，碳水化合物37.3%。

脱脂奶粉是指以牛奶為原料，經分離脂肪、濃縮、噴霧乾燥製成的粉末狀食品。脱脂奶粉的營養成分含量為：蛋白質36%，脂肪1%，碳水化合物52%。

奶粉在麵團中的作用

增強吸水能力和麵筋強度。奶粉的蛋白質含量比較高，加到麵團中可以增強麵團麵筋，增加麵包的體積，同時奶粉的吸水量近乎100%，當麵團中加入奶粉後，麵團吸水力更強勁，從而減少麵團不成團的可能。

增加攪拌韌性。奶粉可以增加麵團的吸水性，提高麵團的柔軟度，但是要配合充分的攪拌。奶粉可以增強麵筋的韌性，增加麵團的攪拌韌性，讓麵團不會由於攪拌時間的增長而導致攪拌過度。

延長麵團的發酵彈性。麵團發酵時，伴隨著酵母菌不斷地發酵產氣，麵團裡的二氧化碳氣體也會越多。發酵時間越長，酸度增加越大，因為奶粉裡含有大量蛋白質，可緩衝酸度的增加。同時奶粉可以延長麵團的發酵彈性，讓麵團不會由於發酵時間的增長而導致麵筋減少，影響麵包的品質，因此麵團發酵彈性的增長更有助於麵包品質的管控。

影響麵包的表皮顏色。牛奶內的主要碳水化合物為乳糖，因為乳糖在發酵時不會被酵母吸收而揮發掉，所以會保持原來的糖量。同時麵團在烘烤時的顏色成因有三種：糊化作用、焦糖化作用及褐化作用。麵包表皮著色主要以褐化作用為主，因為麵包經過發酵後，麵團中經過酵母發酵完所吸收後剩餘的蔗糖並不多，因此焦糖化作用的影響較小。然後褐化作用主要是由還原糖與蛋白質經過高溫烘烤時結合形成的金黃顏色，因此麵團中奶粉量增加，乳糖量也會隨之增加，麵包的表皮顏色也會越深。

延長保存時間。麵包老化的原因通常會有幾點：除了麵包中水分減少而引起硬化外，麵包烘烤完成後內部澱粉的退化作用也是最大原因之一。加入奶粉的麵包通常會具有較強的鎖水性，能夠延緩水分的減少，因此可以讓麵包保持柔軟的時間更長。

起司

起司，又名乳酪、乾酪，是一種發酵的牛乳製品，其性質與常見的優酪乳有點類似，都是通過發酵過程來製作的，也都含有豐富的乳酸菌，但是起司的濃度比優酪乳更高。所以就工藝而言，起司是發酵的牛奶；就營養而言，起司等同於濃縮的牛奶。

煉乳

煉乳其實就是將牛奶濃縮1/3～1/2，再加入40％的蔗糖製作而成的乳製品。煉乳在加糖後再經過加熱濃縮，會產生少量的類黑精，會展現出濃鬱的風味和抗氧化性。所以如果想讓麵包更加體現乳製品風味時，可以選擇添加煉乳來改善風味。

奶油

鮮奶油也叫淡奶油，它是通過對全脂牛奶分離得到的。分離的過程中，牛奶中的脂肪因比重不同，品質輕的脂肪球會浮在上層成為奶油。鮮奶油的脂肪含量一般在30％～36％，打發成固體狀後就是烘焙後用來裝飾的奶油。

植物奶油又叫人造奶油，大多數是由植物油氫化後，加入各種人工香料、防腐劑、色素及其他添加劑製成的。

與植物奶油相比，動物奶油含水分多、油脂少，易融化，打發完成後，在室溫下存放的時間稍長就會變軟變形，因此需要在0～5℃的環境下冷藏保存。

而植物奶油由於不含乳脂成分，熔點要比動物奶油高，因此穩定性強，所以能做出各種花式，甚至還能製作各種立體造型，並且能在室溫下也能保持長時間不融化。

• 油脂

奶油

奶油是用牛奶加工製成的一種固態油脂，是把新鮮牛奶加以攪拌之後將上層的濃稠狀物體濾去部分水分之後的產物。主要用作調味品，奶油從味道上區分為有鹽奶油和無鹽奶油。從製作工藝上區分為發酵奶油和非發酵奶油。

有鹽奶油

有鹽奶油的含鹽量在1.5％左右，它的水分含量和無鹽奶油基本上是一樣的。有鹽奶油通常被用來作為調味料，可以抹在麵包上直接食用。

無鹽奶油

無鹽奶油就是不含鹽分的奶油，它的水分含量和有鹽奶油基本上是一樣的。烘焙配方中的奶油一般默認為是無鹽奶油。因為無鹽奶油保持了清淡的奶油原味，所以，在烘焙中若未特別指明要用有鹽奶油，那麼基本上都是指無鹽奶油。

發酵奶油

發酵奶油是指在製作時，加入酵母、發酵粉和乳酸菌製成的奶油。經過發酵處理後的奶油會有獨特的發酵酸味，奶香味也會更加明顯，質地會更加柔軟，建議冷藏保存。

非發酵奶油

非發酵奶油的主要配料為巴氏消毒鮮奶油和牛奶，非發酵奶油的質地比發酵奶油更加均勻細膩，氣味單一。建議冷凍保存。

片狀奶油

片狀奶油也叫起酥奶油。它和普通奶油一樣含有大量的飽和脂肪酸，且水分含量少。但它的熔點比普通奶油的熔點要高，大概在35℃左右，所以它比較適合用來製作像可頌、千層類的起酥性產品。

橄欖油

橄欖油是由新鮮的油橄欖果實直接冷榨而成的油脂。因未經加熱和化學處理，保留了天然營養成分，被認為是迄今所發現的油脂中特別適合人體營養的油脂之一。在油脂的使用上，如果希望麵團凸顯出副材料明顯的價值，那麼油脂就偏向於選擇味道清淡的以免喧賓奪主。例如，佛卡夏麵包就是橄欖油香氣四溢的；而像歐式鄉村類麵包、法棍等，為了凸顯小麥的原始風味與口感，大部分麵團裡都不添加油脂。

油脂使用時的注意事項

1. 在攪拌麵團時，不要把酵母和油脂放在一起接觸混合。若放在一起，酵母表面會被油脂包覆，從而影響酵母菌的活性，同時也不易融入麵團中。

2. 在攪拌麵團時加入的奶油，最好軟化至膏狀來使用，這種狀態最容易融入麵團裡，如果過硬，會很難攪拌融化，如果化成液體後再添加，則會產生油水分離。

3. 如果麵團中的油脂添加量很多，麵團攪拌好的溫度、基礎發酵時的溫度和最後發酵箱的溫度都需要特別注意。儘量把溫度控制在比所用油脂的熔點低4～5℃的溫度去發酵，否則溫度過高，會使奶油融化並滲到表面，導致麵團不光滑，影響麵筋，也會影響後續的操作。

4. 大部分麵團中奶油的添加量在3%～18%是比較合適的，如果添加更多，雖然有利於麵團的軟化，能提高麵包的保濕性、延長保存期限，但也會造成麵包氣泡膜過厚、氣孔粗糙，影響口感。

油脂在麵團中的作用

增加麵包的風味

油脂的添加可以增加麵包的香味，讓產品入口時不乾澀，口感更加柔軟。

延緩老化，增加麵包的保質期

適量的油脂添加可以讓麵包更加柔軟，能更好地延緩麵團中澱粉的老化，從而可以增加麵包的保質期。

提供熱量和營養素

在麵團中加入油脂，可以給人體提供所需的熱量和油溶性維生素。

增加膨脹性

在麵團中加入適量的油脂，可以讓麵包的膨脹性更好一些，油脂在麵團攪拌時，會將空氣中的小氣泡帶進麵團內，從而使麵團的體積增大，使麵包更加柔軟。

增加鬆軟度

油脂在麵團中也具有潤滑和軟化麵筋韌性的作用，可以讓麵團在發酵中變得有更好的組織和光澤度，麵包也會變得更加柔軟和順滑。

麵包製作工藝流程

• 配料

此步驟是製作麵包的第一個流程，在攪拌前必須嚴格按照配方上每種材料的用量配稱齊整，不能過多或缺少，否則將直接影響下一步的操作。同時也可以將一些原材料進行預先處理：比如奶粉容易結塊，可以先跟麵粉混合後分散在砂糖中；奶油也要提前拿出，先在室溫下軟化成膏狀，再添加到麵團裡攪拌。

• 攪拌

攪拌的6個階段

食材的混合

麵團從分散的材料形成整體混合物。

麵粉的吸水過程

這時候，麵粉中的澱粉吸水，除了成團之外，同時也會開始產生彈性與初步形成麵筋。但是，這時麵筋之間的結合還是比較少的，將麵團撐開時，麵筋的膜還會很厚，切口處會呈現粗糙破碎的狀態。

麵筋的形成

此階段，隨著麵筋的結合、水合的進行，麵團表面會逐漸光滑。如果這時去拉扯麵團，就能感受到麵團已帶有伸展性和連線性，同時對伸展的抵抗力也比較強。

完成階段

這個階段，也是平時大多數麵團最終攪拌好時的狀態。這時候，麵團的表面平滑光亮且完整，表面不會再有粗糙的顆粒感，用手拉開麵團薄膜時，拉開的裂口處也不會再有鋸齒狀紋路，麵團也具有良好的彈性和延展性。

攪拌過度

這個階段麵團表面會出現類似含水的光澤度，拉取時會發現麵團產生流動性，不會再有明顯的彈性，攪拌到這種程度的麵團會失去膨脹的力量，烘烤時麵團的膨脹性會變得很差。

麵筋斷裂

到這個程度的時候，麵團會開始水化，完全沒有任何彈性和延展性，麵團也不會有連接感。同時麵團會很濕黏，麵包要是攪拌到這個狀態時，基本上就用不了了。

攪拌不足或攪拌過度的影響

攪拌不足

這時候麵團的麵筋還沒達到完全擴展的階段，麵筋形成的狀態還不夠，就會導致麵團在操作時麵筋過於緊繃，不好操作。同時麵團在最後發酵時，麵筋容易斷裂，導致麵包烘烤時無法膨脹變大、體積過小，成品內部氣泡膜過厚。水分流失過快，成品保質期不長。

攪拌過度

當攪拌時間過長時，麵團就會缺乏彈性，變得軟塌黏手，操作性也會變得很差。同時，烘烤時，麵團的體積也會變小甚至回縮，內部的組織變得很粗糙，跟攪拌不足時的狀態基本相近。

不同的攪拌方式

緩慢式

緩慢式是指攪拌時全程只用慢速來攪拌，讓麵筋在緩慢、長時間的攪拌下形成。這樣的方式能讓麵筋充分擴展，且沒有任何過度拍打撞擊，不會造成麵筋斷裂。以這種方式攪拌的麵團具有結構健全的麵筋網路，對於爐內膨脹的烘烤彈性，持氣鎖水效果都比較好，且麵包老化程度比較慢，麵包能維持相對長時間的良好口感。但此方式唯一不好的地方，就是它的生產效率過慢，消耗的時間太長。

強迫式

強迫式是指將材料用慢速混合成團之後，很快就利用快速強力的攪拌方式，這樣能有效縮短攪拌時間，讓麵團的彈性一下子就形成，對於需要提高生產效率的大型工廠或店家而言是不錯的選擇。但是麵筋內的澱粉鏈要能完整排列，是需要時間的，如果太早使用，容易造成麵筋排列不完整，使麵包失去良好的組織，口感老化程度快且明顯。

改良式

因為緩慢式與強迫式攪拌各有優缺點，為了提高麵包品質與生產效率，改良式攪拌法便誕生。改良式是指使用一定時間的慢速攪拌，等麵團形成足夠的麵筋時，再改用快速攪拌縮短後半段的時間，通常前半段的慢速會以不少於5分鐘時間來設定。這就是綜合了緩慢式與強迫式的優點，同時捨去了雙方的缺點，而改良出的攪拌方法，也是現在普遍使用的方式。

• 基礎發酵

攪拌完成之後的麵團都會進入基礎發酵階段，也有人把這次的發酵稱為一次發酵。此階段是指還沒進入到分切成小塊之前的麵團狀態，這個階段最重要的目標是讓酵母繁殖和生長，但是由於酵母在發酵的前兩個小時繁殖力並不強，所以拉長基礎發酵的時間就成了創造好味道與好口感的關鍵。同時，酵母生長和繁殖最適應的環境溫度是28℃，所以，平時我們基礎發酵時所用的溫度都是28℃左右，這也是大部分麵包店都比較容易控制的室溫。

• 分割、滾圓

當麵團基礎發酵完成之後，需要把整塊麵團根據想要的重量，分割成不同的小塊，然後滾圓。

滾圓的目的：由於在分割過程當中，麵團的麵筋會遭到破壞，同時分割完的麵團是不規則的，這時候不便於整型，所以需要先把麵團滾圓，就有利於後面再去整型成各種造型了。

• 鬆弛

因為麵團分割之後會經歷滾圓的過程，當麵團經歷過揉搓的步驟後，麵筋會再度被收緊，如果這時直接進行擀壓，麵團麵筋很容易斷裂，所以要留有足夠的時間讓麵團內部的酵母產氣軟化麵筋，等麵團的狀態恢復到比較好的延展性時，再進行下一步的整型操作。

• 整型

這個步驟主要就是用不同的手法把麵團做出不同的造型，目的都是為了使產品最終呈現出好的效果，使其達到一個最完美的狀態。

• 最後發酵

最後發酵又叫作二次發酵，它是麵團熟成的最後階段。

最後發酵的目的是讓麵團內部的酵母產生大量氣體，並且維持應有的麵團彈性，讓麵團在進爐後可以有足夠的力量膨脹，產生足夠的氣體，形成組織創造出理想的鬆軟口感。通常最後發酵時的溫度都會維持在30～35℃，當然有些成品的種類不同，最後發酵的條件也會不一樣，比如可頌、布里歐等大量使用油脂的產品，最後發酵時的溫度比所用油脂的熔點低5℃左右是最為理想的，假如奶油的熔點是32℃，那發酵箱的理想溫度則為28℃。

不良成品的常見原因

最後發酵溫度過高

麵團在進入發酵箱進行最後發酵時，如果溫度太高，麵團中央部分和外側的溫度差異就很大，會讓麵包形成不均勻的內部組織。烘烤時表面也會容易起泡，不光滑。

相對濕度高

當最後發酵濕度過高時，由於麵團溫度比最後發酵環境的溫度低，麵團表面會有水蒸氣凝結，最終造成麵團過濕，會形成斑點和褶皺，也容易形成表皮大氣泡，烘烤時表面上色也會不均勻。

相對濕度低

當最後發酵濕度過低時，麵團表皮的水分急速蒸發，會形成表皮裂紋。這樣的麵團，烘烤時體積較難變大，而且容易開裂。麵團表皮也會由於醣化不足，而導致上色不良，同時顏色不均、缺乏光澤。

最後發酵不足

如果將發酵不足的麵團拿去烘烤，這時麵筋的伸展不夠充分，會導致麵團體積小，同時容易引起表皮龜裂；內部組織緊密，氣泡也不規則，不夠膨鬆柔軟；麵包表皮的著色也較濃，色澤泛紅；食用時口感扎實，也品嘗不出麵包的風味。

最後發酵時間過長

麵包的支撐力變差，會形成腰部塌陷的現象。更嚴重時，麵團在烘烤過程中會出現塌陷，麵包體積因此變小，同時因為發酵時間過長，麵團中的糖分被過度消耗，烘烤時會由於糖分不足，上色也差，內部組織粗糙，香氣也不佳。

• 烤前裝飾

當麵團最後發酵完成後，便可進行烤前的裝飾，例如：在表面塗刷蛋液，或通過黏穀物、篩麵粉等方式給麵包裝飾上不同的圖案。同時也會在一些麵團表面進行劃刀，也是為了讓烘烤後的成品更加好看。

• 烘烤

烘烤時，根據麵包的品類和麵團的大小，選擇的烤箱、溫度和時間都會不一樣。但最終烘烤完成之後的產品中心溫度必須要達到95℃以上，因為只有在95℃以上，麵團裡的澱粉才會完全糊化。

烘烤不當造成的影響

溫度過高

此時麵包的體積會因為溫度過高，烘烤時快速定型，體積比較小，同時雖然麵包表皮的顏色會比較濃郁，但是內部口感會因為烘烤不足而過於濕黏，如果是甜麵包，表面還容易產生斑點，出現烘烤不均匀，以及表皮和內部分離的情況。

溫度過低

烤出的麵包體積會偏大，但是麵包表皮顏色會比較淡，且缺乏光澤，麵包表皮過厚，成品口感乾澀且粗糙，風味也不好。

蒸氣過多

當烤箱內部蒸氣過多時，雖然麵團膨發得比較好，但是麵團表皮會很厚，同時很容易在麵包表皮形成水泡。

蒸氣過少

麵包表皮會出現裂紋，表皮和內部容易剝離，而且表面上色會比較暗淡，沒有光澤。

• 出爐、冷卻

當麵包出爐後，應迅速把麵包轉移到烤網上冷卻，避免麵包繼續停留在烤盤上，導致麵包底部蒸氣無法擴散出去，在麵包底部形成水蒸氣，進而使麵包底部水分過多，容易造成坍塌，同時也會影響食用時的口感。特別是吐司麵包，出爐後一定要立刻脫離吐司模具，不能讓它在模具內部停留太長時間。

• 包裝

麵包出爐後，麵包中心溫度必須要降到38℃以下，才能進行包裝。如果溫度過高就裝進包裝袋，會在袋子表面形成水蒸氣，容易導致麵包表皮發黴。同時在包裝時，也要避免直接用手接觸到麵包，否則接觸細菌過多也會導致麵包容易發黴變質。

烘焙小知識

• 吐司縮腰的原因

1. 烘焙時間或溫度不夠。麵包在烤完剛出爐時，麵團當中含有的水分會以蒸氣的形式一直不斷地向外擴散。如果烘烤時，吐司兩側烤得不夠乾、不夠硬，就有可能會造成麵團中間的水分在出爐時仍然向外擴散，沉積附著在兩側的表皮上，就會讓兩側的表皮變得比較柔軟，從而撐不住整體麵包上半部的重量，所以當重量超過兩側可以支撐的限度時，吐司就會軟掉，繼而凹下去。又因為吐司是方形的，它沒辦法直接往下沉，所以兩側就會往中間陷下去，從而出現縮腰的現象。

2. 吐司麵團的體積越大，烘烤時熱量就越不容易傳導到麵團的中心點。所以在中心點的區域往往是最不容易烤透的，即麵團的中間部位會沉積較多水分，氣孔的密度也會比較高。在這種情況下，如果烘烤得不夠透徹，中心部位還沒有完全熟透就出爐，那麼最濕潤的區塊集中在中心位置，這也代表麵團中間的重量比周圍還重，就會產生下沉的拉力，從而將頂端和兩側的麵包外皮往中間拉扯，往中間收縮。

3. 麵包在出爐後沒有震動模具並及時脫模，團裡的熱氣不能很好地排出，熱氣與冷空氣相遇就會在模具邊上產生水汽，會讓麵包表皮偏軟。從而出現縮腰的情況。

4. 在麵團配方上，適當添加柔性材料可以起到潤滑麵筋、延緩麵包老化、使麵包變得柔軟的作用，如果添加過多會使麵團過於癱軟，無法支撐烘烤時的迅速膨脹，造成縮腰。

5. 沒有控制好麵團和模具的容積比（見P32）。奶油含量特別高的麵團，如果發酵過度會造成不帶蓋的頂部麵團過大、過重，都有可能造成縮腰。

• 吐司表皮過厚的原因

1. 烘烤過度。長時間持續低溫烘烤，使吐司表面發生焦糖化反應，形成過厚的表皮。這時需要調整至合適的溫度。

2. 發酵時間過長。在發酵時，如果過度發酵，會使表皮過度氧化，從而抑制麵包內部的烘焙彈性，膨脹力下降，內部受熱性弱化，就會拉長烘焙時間，表皮也會變厚。這時可以減少發酵時間。

3. 配方中油和糖的用量太少會使表皮厚而堅韌，這時候可適量增加配方中的油脂用量。

4. 表皮太乾。在最後發酵時，發酵箱濕度太低，導致麵團水分流失過多。在烘烤時，表皮會又厚又硬。在最後發酵時，發酵箱的濕度應控制在75%～85%，麵團表面不會乾即可。

• 吐司底部沉積的原因

1. 發酵不完全。當使用的酵母不對、酵母的用量不足或發酵的時間不足時，會造成吐司發酵不完全，使吐司的底部形成沉積。需要選擇合適的酵母及加大酵母的用量，通過延長發酵的時間來改善。

2. 吐司烘烤的溫度不足，沒有烤熟。下火溫度太低，會導致麵團在烘烤時無法進行再次膨脹，會產生底部沉積，同時有可能會出現不熟的狀況。吐司畢竟隔著一個吐司模，烤不熟的吐司組織下部看似濕乎乎的，顏色與上方不太一致。這時需要提高烘烤的溫度。

3. 整型不當。在吐司整型過程中，最後捲製時，麵團末端是捲在最底下的，只需輕鬆壓薄即可，不要過度按壓，否則麵筋被擀斷會形成「死面」，從而影響麵團膨脹，形成沉積。

• 吐司體積小、膨脹度不好的原因

1. 酵母用量不足或使用的酵母不對。一般吐司配方中乾酵母的用量為1%～2%。另外要根據配方當中糖的含量來選用低糖酵母或高糖酵母來攪打麵團。吐司的發酵時間較長，如果用低糖酵母來製作吐司，而後配方中糖的含量已經超過了5%，那麼酵母的作用力已經減弱，當然會影響麵團的膨脹。所以一定要選用合適的麵包酵母。

2. 使用麵粉的蛋白質含量低，麵團筋度太弱，導致後面烘烤時麵團的膨脹力不夠。做麵包一定要選用蛋白質含量豐富的高筋麵粉，高筋麵粉的蛋白質含量也不同，一般在11.5%～14.5%，使用的麵粉不同，烤出麵包的體積也有差別。

3. 麵團攪拌不到位或攪拌時間過長。做吐司的麵團，只需要揉到完全擴展階段，麵筋已充分擴展，具有很好的彈性和延伸性，有結實的「手套膜」的狀態即可。如果攪拌不到位，麵筋延伸性不好，麵筋組織的網狀結構無法包裹更多的氣體，從而影響麵團的膨脹。相反，如果麵團攪拌時間過長，麵筋失去彈性，麵團無法包裹更多氣體。所以一定要時刻留意麵團的狀態，掌握好揉面的時間。

4. 過度整型，破壞了麵筋。吐司在整型的過程中，要留意不要過度破壞麵筋，分割麵團時要儘量減少切割的次數。在擀捲時，力度要均勻，避免用力過度擀斷麵筋。捲制時輕鬆捲起即可，如果捲得太緊，也會影響麵團膨脹。

• 容積比

容積比反映模具體積與麵團重量的關係，可以用來確定與模具相匹配的麵團重量，比如方形吐司模具的容積比是4，那麼所需麵團克重的計算公式如下：

所需麵團的克重＝模具體積（長×寬×高）÷4

• 烘焙百分比計算公式

烘焙百分比，以配方中麵粉重量為100%，其他各種原料的百分比是相對於麵粉重量的比例而言的。

某種原料的重量÷麵粉總重量×100%＝該原料的烘焙百分比

• 水解法

水解法，指在麵團攪拌前，先把配方中的麵粉、麥芽精和水三種材料混合均勻，取出靜置30分鐘，讓其自然形成麵筋，從而縮短後續麵團的攪拌時間。

• 蒸氣的作用

1. 讓麵團表皮的澱粉迅速糊化，延長麵團的定型時間。

2. 讓麵包的表皮更有韌性（軟歐）或口感更加酥脆（硬歐）。

3. 起到保濕作用，讓麵包內部更加濕潤。

• 麥芽精的作用

1. 幫助麵包在烘烤時上色。

2. 給酵母菌在發酵時提供營養來源，使其發酵得更加良好。

麵團
及麵種製作

軟法麵團

材料（總量　2040克）

王后柔風甜麵包粉　1000克
細砂糖　30克
鹽　20克
奶粉　20克
鮮酵母　30克
肯迪雅乳酸發酵奶油　80克
牛奶　200克
水　460克
日式燙種　200克

製作方法

1 所有材料稱好放置備用。
2 細砂糖與水混合，攪拌至細砂糖完全化開。
3 將麵包粉、奶粉、鮮酵母和牛奶放入攪拌缸中，加入步驟2化好的糖水。
4 慢速攪拌至無乾粉、無顆粒。
5 加入日式燙種和鹽。
6 待日式燙種和鹽完全融入麵團，即可快速攪拌至麵筋擴展階段，此時麵筋具有彈性及良好的延展性，並能拉出較好的麵筋膜，麵筋膜表面光滑、較厚、不透明，有鋸齒。
7 加入奶油，慢速攪拌均勻。
8 轉快速攪拌至麵筋完全擴展階段，此時麵筋能拉開大片麵筋膜且麵筋膜薄，能清晰看到手指紋，無鋸齒。
9 取出麵團規整外型，蓋上保鮮膜放置於室溫環境下，基礎發酵40～50分鐘，取出即可分割成相對應產品所需克數，預整型滾圓，蓋上保鮮膜冷藏靜置備用即可。

小貼士

日式燙種不可直接與麵粉一起加入，否則會產生麵團顆粒，攪拌不均勻。

軟法麵團的應用

軟法麵團其實就是在硬的歐式麵包和軟的日式麵包之間找到的平衡。軟法麵包相對於口感軟糯的日式麵包來說更注重穀物的天然原香，並且低糖、低脂、無蛋、內部柔韌，比日式麵包更有嚼勁，比硬歐包更鬆軟，熱量低又能飽腹，是健康麵包的流行新趨勢。

軟法麵團的特點

在口感上，由軟法麵團做成的軟法麵包沒有法式麵包那麼硬，沒那麼難嚼；也沒有日式麵包那麼甜，沒那麼多熱量。吃起來略帶有法式麵包的口感和小麥香味，也具備甜麵包的柔軟濕潤。

在老化速度上，因麵團含水量偏高，所以成品老化速度較慢，能較長時間地保持新鮮濕潤的口感。

1

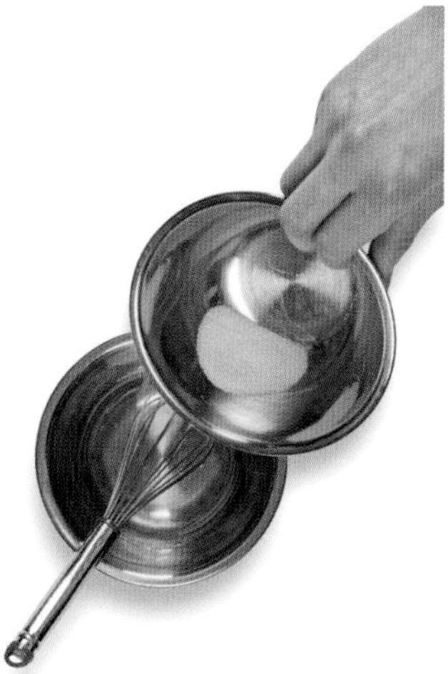

2

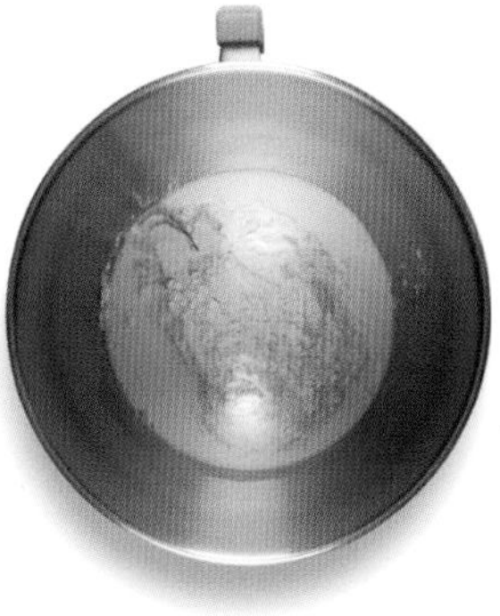

3

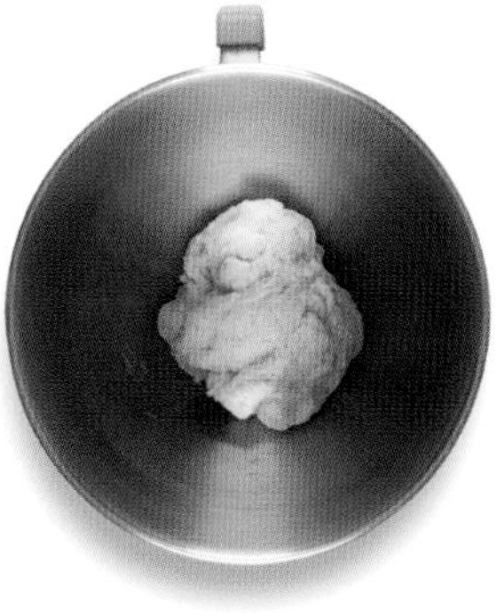

4

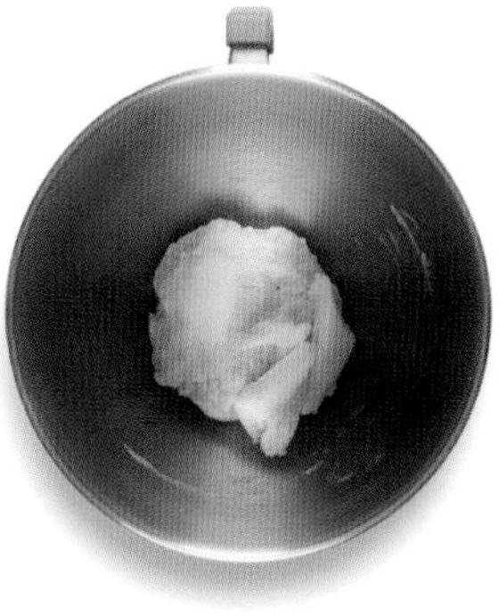

5

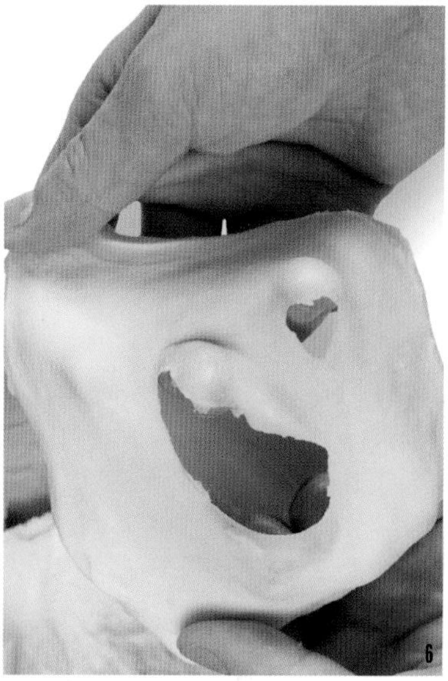

6

7

8

9

日式麵團

材料（總量　2043克）

王后柔風甜麵包粉　1000克
細砂糖　180克
鹽　13克
水　400克
奶粉　40克
肯迪雅鮮奶油　100克
肯迪雅乳酸發酵奶油　100克
鮮酵母　40克
全蛋　150克
蜂蜜　20克

製作方法

1 所有材料稱好放置備用。
2 將麵包粉、奶粉、鮮奶油、鮮酵母、全蛋和蜂蜜放入攪拌缸中。
3 將細砂糖與水混合，攪拌至細砂糖完全化開。
4 將步驟3化好的糖水加入步驟2的攪拌缸中，慢速攪拌至無乾粉、無顆粒。
5 往步驟4的攪拌缸中加入鹽。
6 待鹽完全融入麵團，即可快速攪拌至麵筋擴展階段，此時麵筋具有彈性及良好的延展性，並能拉出較好的麵筋膜，麵筋膜表面光滑、較厚、不透明，有鋸齒。
7 加入奶油，慢速攪拌均勻。
8 轉快速攪拌至麵筋完全擴展階段，此時麵筋能拉開大片麵筋膜且麵筋膜薄，能清晰看到手指紋，無鋸齒。
9 取出麵團規整外型，蓋上保鮮膜放置於室溫環境下，基礎發酵40～50分鐘，取出即可分割成相對應產品所需克數，預整型滾圓，蓋上保鮮膜冷藏靜置備用即可。

小貼士

溶解後的細砂糖可以更好地被麵粉吸收，從而能節約攪拌麵團的時間。

日式麵團的定義

一般的日式麵團中，糖含量在15%～20%，油脂不低於8%（最低一般不低於4%），其特點是多糖多油，內部鬆軟，口感香甜，並會摻入各種餡料。

製作工藝可分直接法、中種法。甜麵包的花色品種多，按不同配料及添加方式可分成清甜型、飾面型、混合型、水果麵包等。

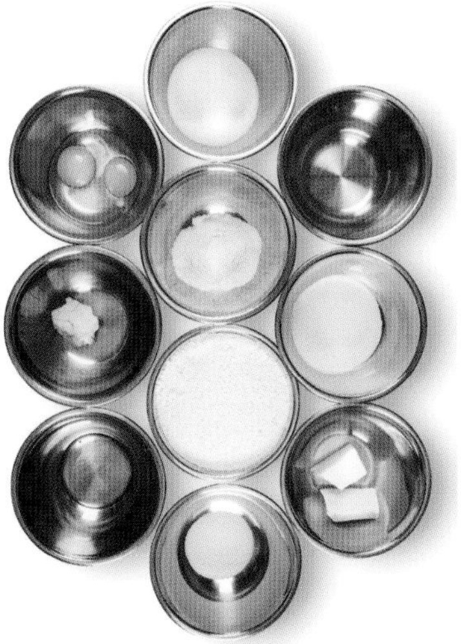
1

2

3

4

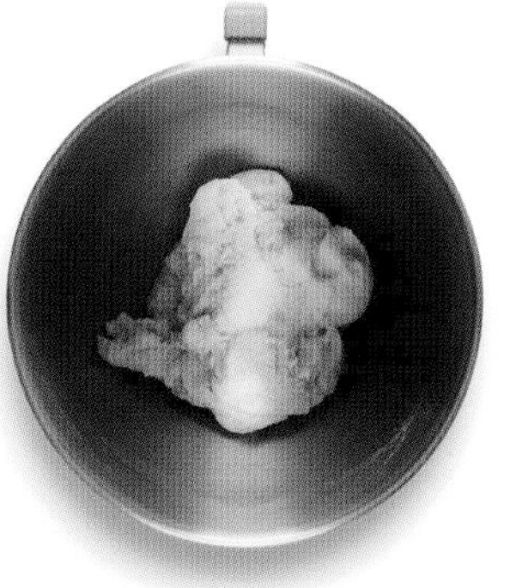
5

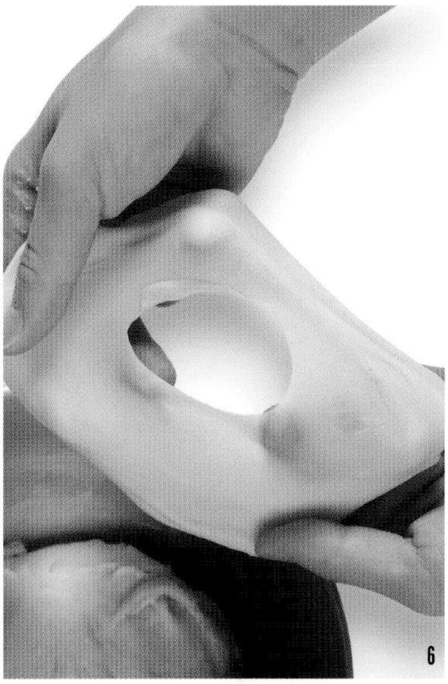
6

7

8

9

布里歐麵團

材料（總量　2333克）

王后柔風甜麵包粉　1000克
細砂糖　150克
奶粉　20克
鮮酵母　45克
牛奶　350克
全蛋　200克
蛋黃　150克
鹽　18克
肯迪雅乳酸發酵奶油　400克

製作方法

1 所有材料稱好放置備用。
2 將麵包粉、鮮酵母、全蛋、蛋黃和奶粉放入攪拌缸中。
3 將細砂糖與牛奶混合，攪拌至細砂糖完全化開。
4 將步驟3化好的細砂糖和牛奶加入步驟2的攪拌缸中，慢速攪拌至無乾粉、無顆粒。
5 麵團成團後，加入鹽，繼續慢速攪拌至七成麵筋。
6 攪拌至能拉出表面粗糙的厚膜，孔洞邊緣處帶有稍小的鋸齒。
7 加入在室溫下軟化至膏狀的奶油。
8 先慢速攪拌至奶油與麵團融合，再轉快速攪拌至十成麵筋，此時能拉出表面光滑的薄膜，孔洞邊緣處光滑無鋸齒。
9 攪拌好後把麵團取出，把麵團表面收整光滑成球形。麵團溫度控制在22～26℃，然後把麵團放置在22～26℃的環境下，基礎發酵40分鐘即可。

小貼士

在該配方的基礎上再加30克可可粉，便能製成巧克力布里歐麵團。

布里歐麵團的應用

布里歐並不特指某一款麵包，而是一個麵包種類的統稱。它是「高糖、高油、高熱量」的代表。

布里歐是麵包裡的一個品種，很多麵包都可以用基礎的布里歐麵團來製作，所以布里歐麵團也是麵包中的一個基礎麵團。其麵團特點是配方中含有大量的砂糖、雞蛋和奶油。傳統的布里歐麵團裡奶油占比要求最少是麵粉總量的30%，同時配方中的液體主要由雞蛋、牛奶、鮮奶油和奶油組成（本頁配方未加鮮奶油）。布里歐麵包的口感特點是：外表酥脆，內部柔軟。

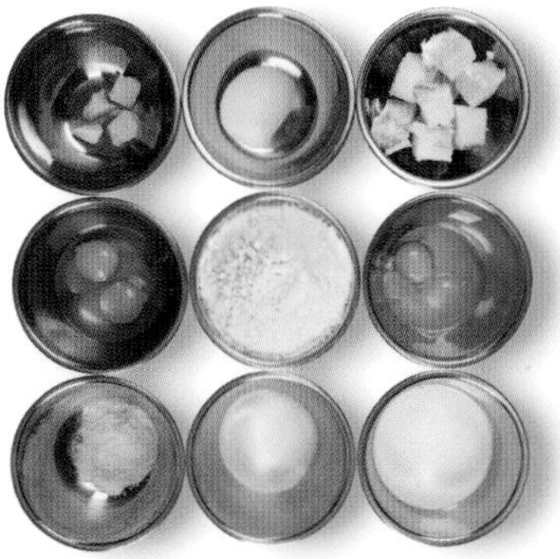

1

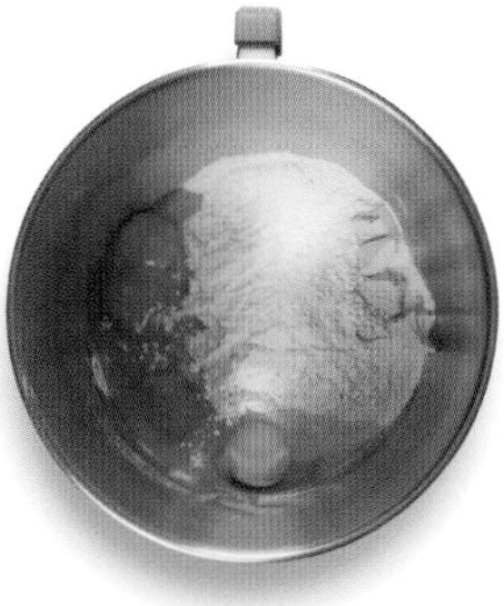

2

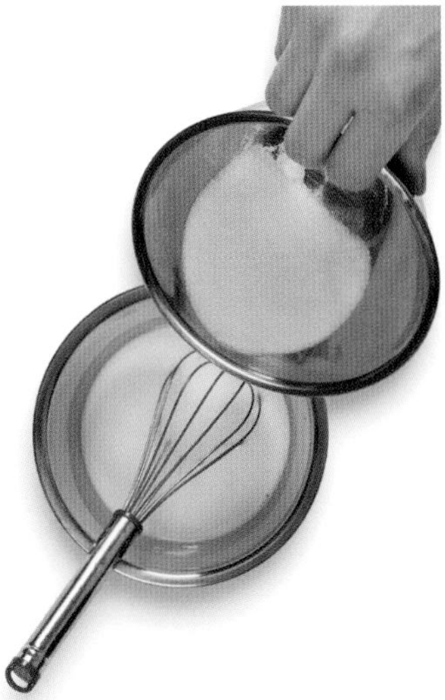

3

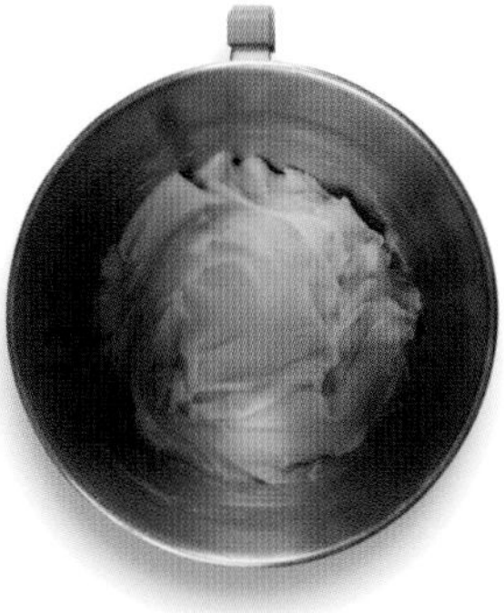

4

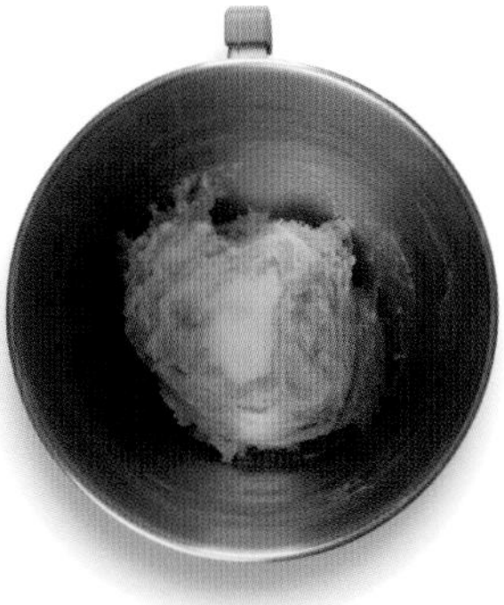

5

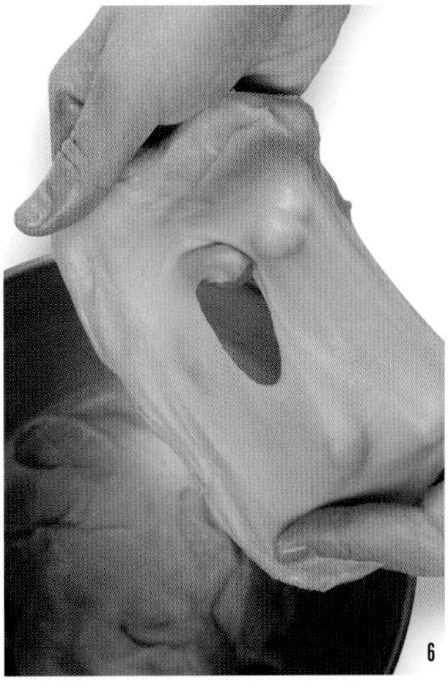

6

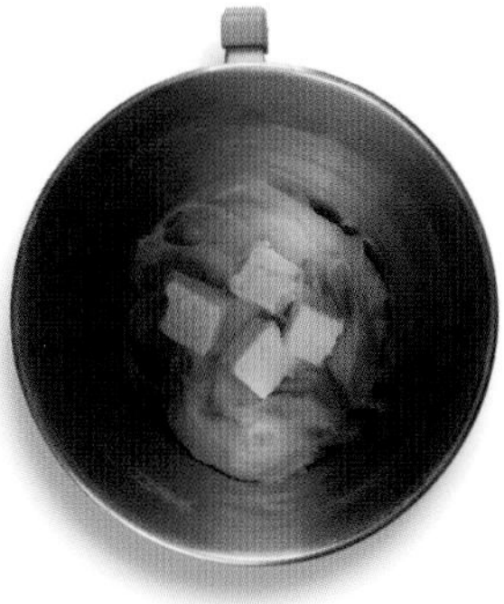

7

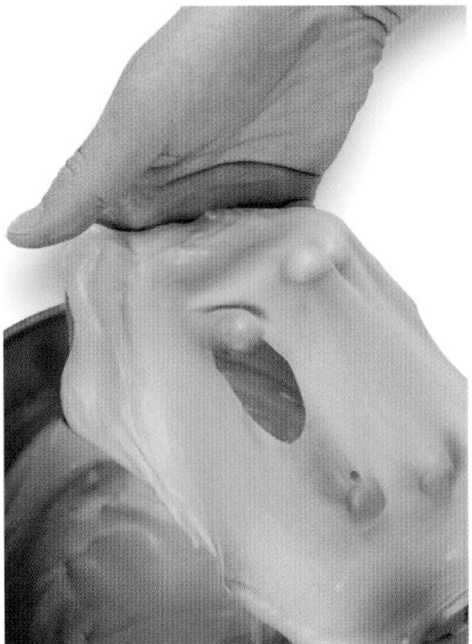

8

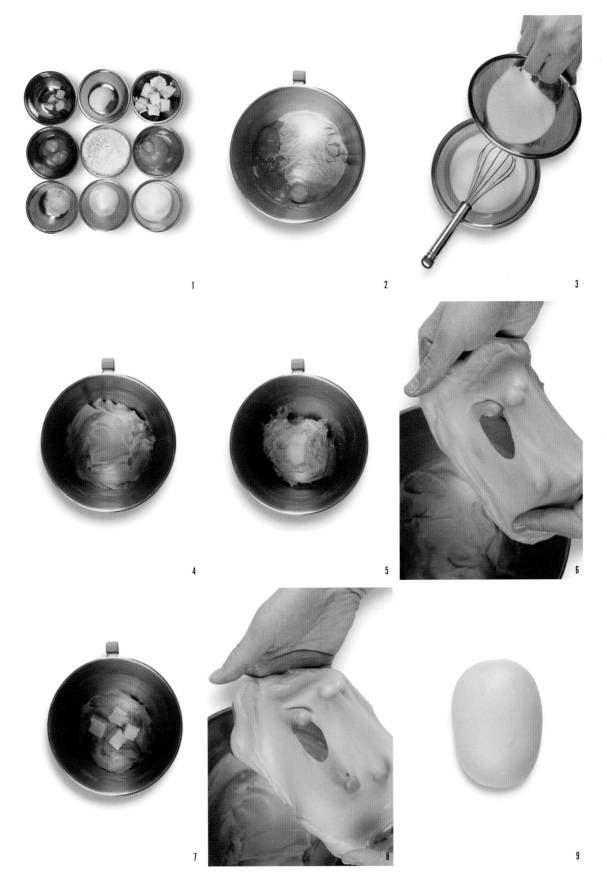

9

可頌麵團

材料（總量　2250克）

伯爵傳統T45麵粉　800克
伯爵傳統T65麵粉　200克
細砂糖　130克
鮮酵母　40克
牛奶　100克
水　330克
全蛋　50克
鹽　20克
肯迪雅乳酸發酵奶油　80克
肯迪雅布列塔尼奶油片　500克

製作方法

1 所有材料稱好放置備用（T45麵粉和T65麵粉已混合，奶油片未體現在圖片中）。
2 將細砂糖與水混合，攪拌至細砂糖完全化開，連同T45麵粉、T65麵粉、鮮酵母、牛奶、全蛋、奶油一起倒入攪拌缸中。慢速攪拌成團至沒有乾粉，加入鹽。
3 把麵團攪拌至八成麵筋，此時能拉出表面光滑的厚膜，孔洞邊緣處帶有稍小的鋸齒。
4 攪拌好後把麵團取出，分割成1000克一塊，表面收整光滑成球形。麵團溫度控制在22～26℃，然後把麵團放置在22～26℃的環境下，基礎發酵40分鐘。
5 麵團鬆弛好後，擀壓成長40公分、寬20公分的長方形，密封冷凍至變硬後，再轉移至冷藏冰箱裡隔夜鬆弛。
6 麵團隔夜鬆弛好後，從冰箱取出，底部朝上，取250克奶油片擀壓成邊長20公分的正方形薄片，放在麵團中心位置，其中左右兩條側邊與麵團的長邊保持平整。
7 用擀麵棍貼著奶油片的上下兩邊，把麵團壓薄，防止麵團對折後，邊緣過厚。
8 把麵團從兩邊往中間對折，接口處捏合到一起。
9 用擀麵棍在表面輕輕按壓，讓麵團和奶油片黏合到一起。
10 把步驟9的麵團逆時針旋轉90°，如圖把麵團折疊的兩邊用美工刀劃開，以防麵團在起酥時麵筋過強導致收縮變形。
11 將麵團順著接口的方向放在起酥機上，依次遞進地壓薄，最終壓到5公厘（mm）厚，把麵團兩端切平整，然後先往中心對折一次，接著再對折一次，共四層。
12 把麵團逆時針旋轉90°，再次用美工刀把麵團兩側劃開。
13 再次用起酥機把麵團接依次遞進地壓薄，最終壓到5公厘（mm）厚，把麵團兩端切平整，兩邊各往中間折1/3，共三層，然後把麵團稍微壓薄。
14 用保鮮膜密封包裹起來，放入冷藏冰箱裡鬆弛80分鐘。然後再拿出來進行壓薄、切割即可。

可頌麵團的應用

可頌麵團又叫作維也納發酵起酥麵團，其特點是在製作時，會包裹入大量奶油，經過起酥形成層次分明的酥層，因此也延長了製作時間、增加了製作難度。其成品外表酥脆，內部濕潤。最經典的代表產品有原味可頌、巧克力可頌和葡萄可頌等。

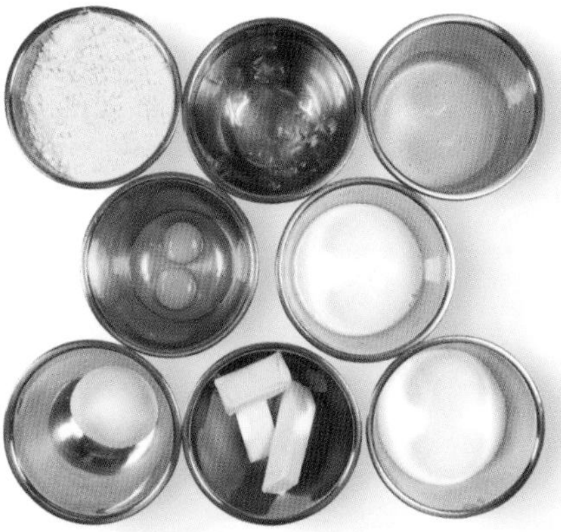

1

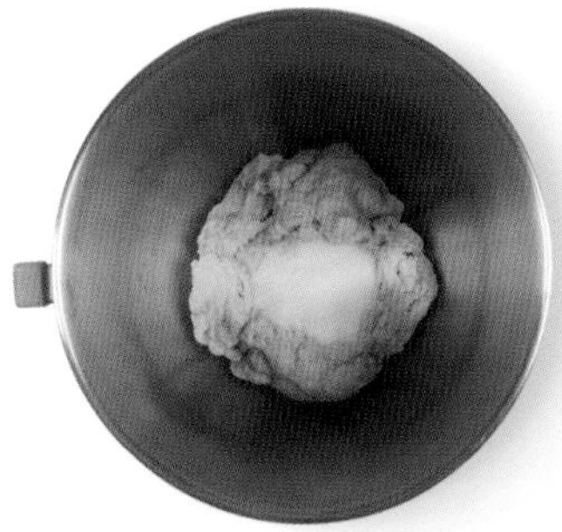

2

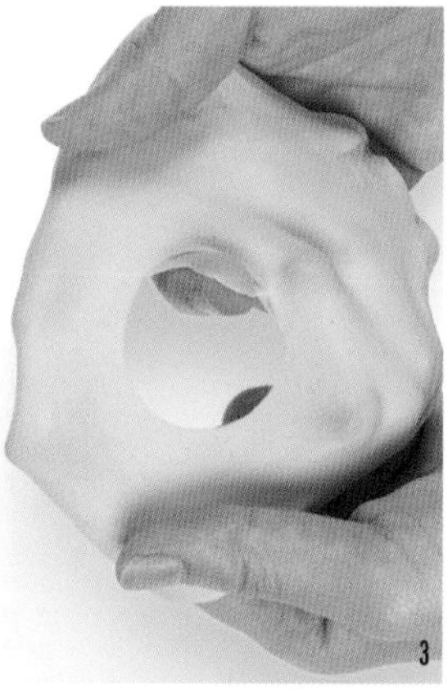

3

4

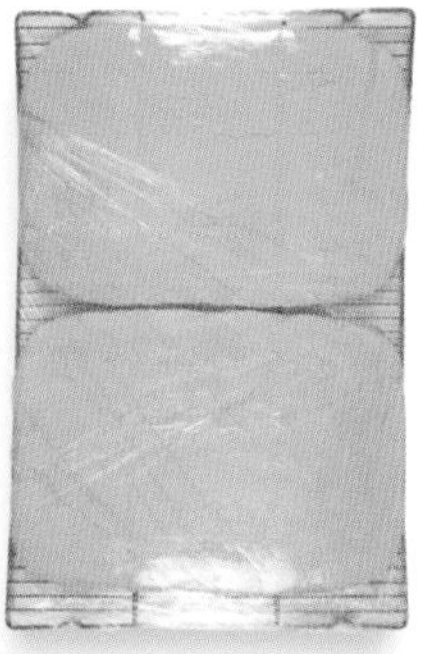

5

6

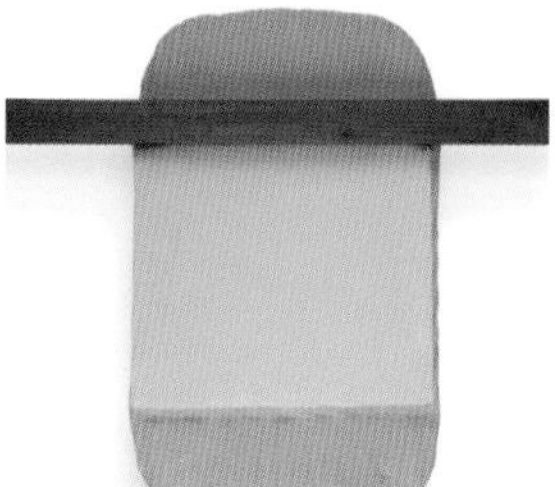

7

8

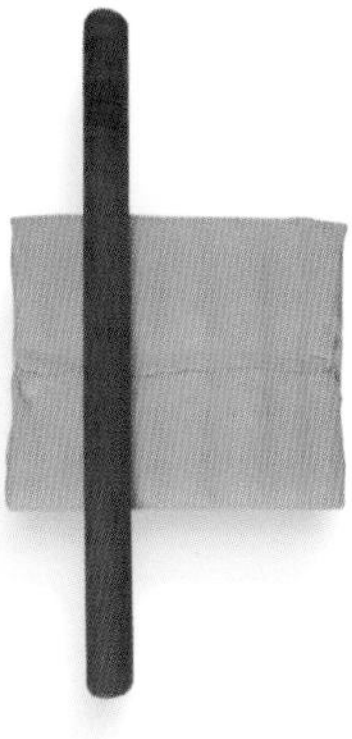

9

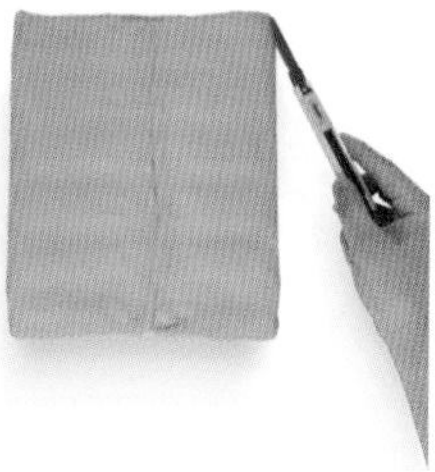

10

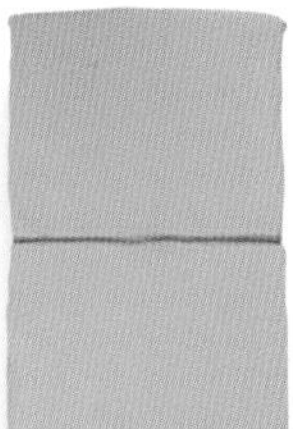

11

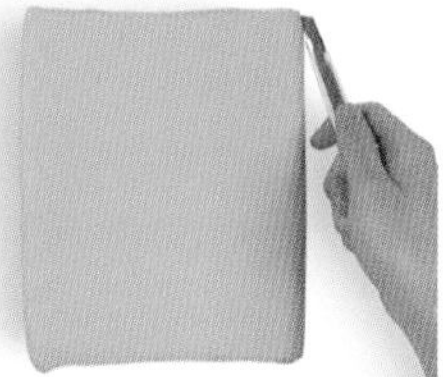

12

13

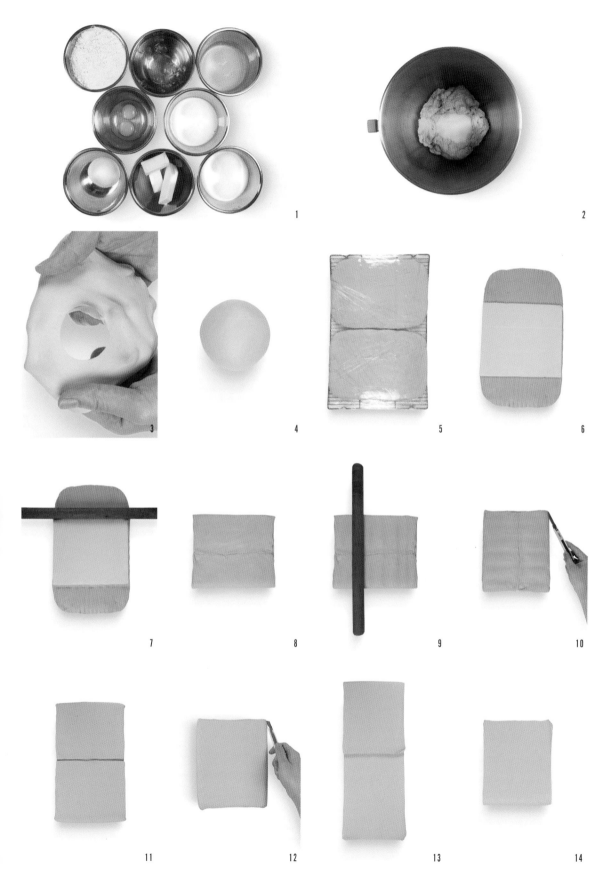

14

魯邦種

材料（總量　5130克）

第一天：

伯爵傳統T65麵粉　400克

伯爵傳統T170麵粉　100克

蜂蜜　30克

30℃的水　600克

第二天：

伯爵傳統T65麵粉　1000克

30℃的水　1000克

第三天：

伯爵傳統T65麵粉　1000克

30℃的水　1000克

製作方法

1 將第一天的材料稱好放置備用。
2 把30℃的水和蜂蜜混合，攪拌均勻至融合。
3 加入T65麵粉和T170麵粉。
4 攪拌均勻至光滑無顆粒，放入發酵箱（溫度30℃，濕度75%）發酵6～8小時。等麵團表面發酵至佈滿氣泡時，轉入冷藏冰箱隔夜保存。
5 第二天，把魯邦種從冷藏冰箱取出，把第二天的材料準備好備用。
6 把麵粉和水加入魯邦種中，攪拌至均勻、無顆粒。
7 放入發酵箱（溫度30℃，濕度75%）發酵6～8小時。等麵團表面發酵至佈滿氣泡時，轉入冷藏冰箱隔夜保存。第三天把魯邦種取出，重複第二天的操作。發酵3天后即可正常使用，如要續養，把麵粉和水按1：1的比例添加進去，攪拌均勻發酵，發酵好放冷藏冰箱保存即可。

魯邦種的應用

將魯邦種形成的微酸味以及發酵香味運用到麵包製作中，首先，可以增加麵包味道的醇厚度，更加凸顯穀物本身的麥香味，還能很好地襯托出發酵形成的風味層次感；其次，能使麵包表皮略厚，繼而使麵包的表皮顏色漂亮；再次，魯邦種能增加麵包的酸度，讓麵包的風味更加飽滿自然；從次，能增加成品濕潤、不黏牙、有嚼勁的口感，幫助內部組織形成不規則的蜂窩狀孔洞；最後，使用魯邦種製作的麵包，延長了發酵時間，能延緩麵包的老化，使得麵包保鮮期延長。魯邦種比較適合做一些傳統歐包，比如法棍、法國鄉村麵包、黑麥麵包等，因為這一類麵包配方的材料比較單一，更容易突顯出魯邦種的風味。另外，雖然魯邦種也是酵母，但它的發酵能力相對於商業酵母來講是有限的，而且因為培育的差異關係，會導致它的發酵活性不穩定，可添加一些商業酵母來穩定麵團的發酵，魯邦種更多起到的是提供風味的作用。

1

2

3

4

5

6

7

日式燙種

材料（總量　1610克）

王后柔風甜麵包粉　500克

細砂糖　100克

鹽　10克

水　1000克

製作方法

1. 所有材料稱好放置備用。
2. 把細砂糖和鹽加入水中，攪拌均勻。
3. 用電磁爐把步驟2的水燒開，水溫要到95℃以上。
4. 水燒開後，直接把水沖進麵包粉裡。
5. 使用攪拌機把燙種攪拌至光滑沒有乾粉。
6. 用保鮮膜貼面密封起來，放冷藏冰箱降溫至30℃以下再拿出使用即可。

日式燙種的應用

麵包的鬆軟程度與麵團的含水量直接相關，如果想要做出口感柔軟的麵包，通常都會在麵團的含水量上去做調整。燙種法利用的是澱粉糊化原理，先將沸水和麵粉進行混合，將麵粉燙熟，使麵粉中含有的澱粉充分糊化，當澱粉糊化後，便能鎖住更多水分。所以把日式燙種加到麵團裡時，就能提高麵團的含水量。從而能夠增加麵包口感的濕潤度和彈性，同時也能延緩麵包成品的老化速度。

因為燙種在剛製作完成時，溫度會比較高，所以需要等燙種完全冷卻後（30℃以下）再拿去與配方中的其他材料攪拌成麵團來製作麵包；或將製作好的燙種放到冰箱裡冷藏，存放一晚之後再使用。這種操作工藝，就是平時我們所說的燙種法。

1

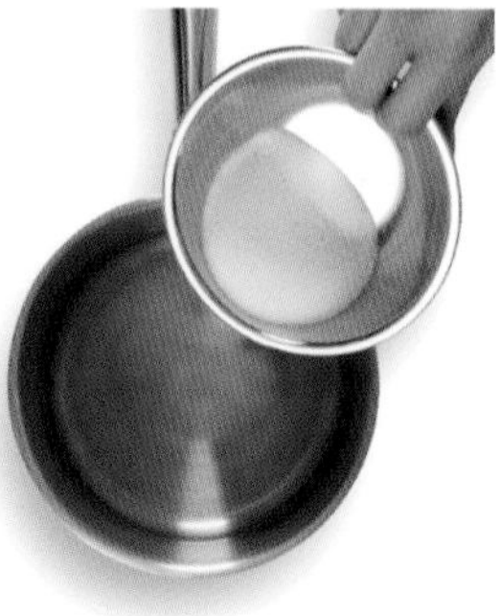

2

3

4

5

6

日式麵包及布里歐麵包系列

日式菠蘿包

材料（可製作38個）

日式菠蘿皮

王后精緻低筋麵粉　500克
肯迪雅乳酸發酵奶油　150克
全蛋　165克
糖粉　250克
泡打粉　1克

其他

日式麵團　2280克
細砂糖　適量

製作方法

1 將製作日式菠蘿皮的材料稱好放置備用。
2 奶油提前放置於室溫環境下，讓其軟化，加入糖粉一起打發至發白狀態。
3 將全蛋分批加入到步驟2打發的奶油中。
4 加入泡打粉和麵粉，攪拌至均勻、無顆粒，放入盆中常溫靜置30分鐘。
5 從冷藏冰箱中取出提前做好的日式麵團，讓其回溫變軟，分割成60克一個；將步驟4的日式菠蘿皮分割成約28克一個，放置備用。
6 用日式菠蘿皮包裹日式麵團，日式麵團底部兩邊不斷收緊並往菠蘿皮頂部進行按壓至菠蘿皮完全包裹日式麵團。
7 將包裹日式麵團後的菠蘿皮表面蘸細砂糖（底部不蘸）。
8 用塑膠面刀在日式菠蘿皮表面劃出5道印記，切記不要切斷。
9 將整型好的日式菠蘿包放置於烤盤中，室溫密封發酵50～60分鐘，放入烤箱，上火200℃，下火185℃，烘烤12分鐘即可。

小貼士

冷藏的日式麵團偏硬，更有利於麵包的塑型美觀。但製作日式菠蘿包的麵團若偏硬則不利於成型，而且製作出的成品菠蘿包比較扁，所以製作日式菠蘿包時，一定要讓日式麵團回溫變軟才能進行下一步操作。

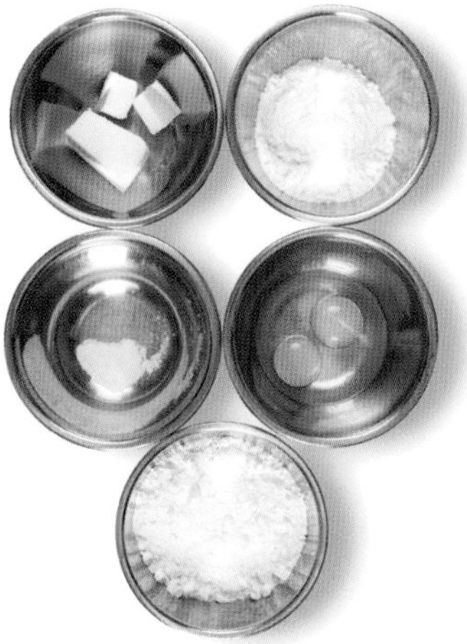

1

2

3

4

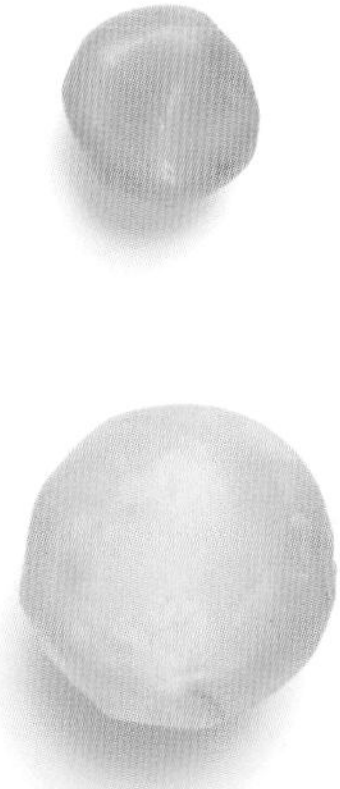

5

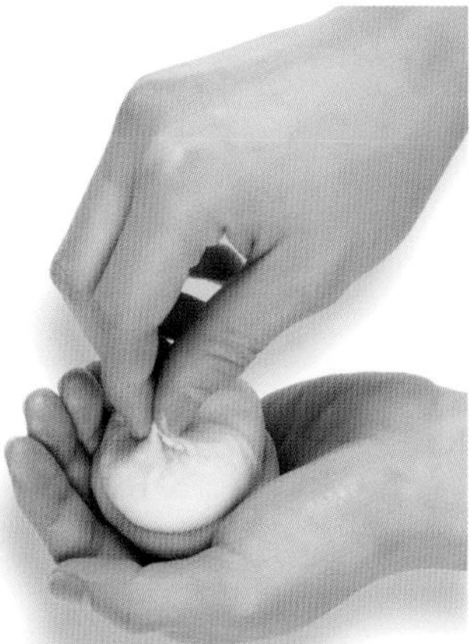

6

7

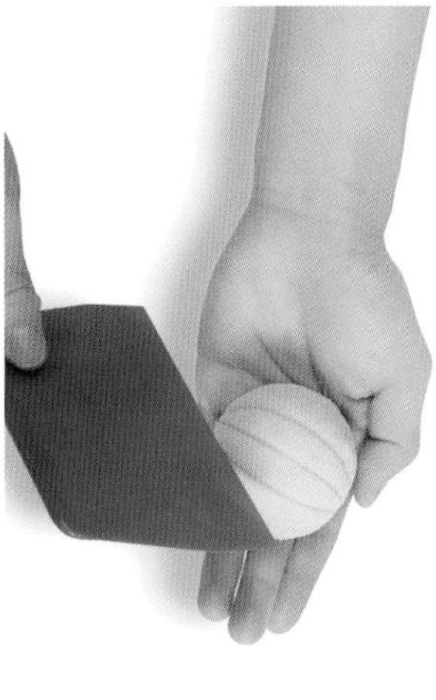

8

9

◎ 日式菠蘿包

◎ 日式紅豆包

日式紅豆包

材料（可製作13個）

日式紅豆餡

紅豆沙　250克

紅豆粒　250克

肯迪雅鮮奶油　20克

肯迪雅乳酸發酵奶油　30克

其他

日式麵團　780克

蛋液　適量

黑芝麻　適量

製作方法

1 將製作紅豆餡的材料稱好放置備用。

2 將紅豆沙、紅豆粒和奶油混合，攪拌均勻。

3 加入鮮奶油，攪拌均勻。

4 將攪拌均勻的紅豆餡放置於盆中，冷藏備用。

5 從冷藏冰箱中取出提前做好的日式麵團，分割成60克一個，放置備用。

6 將做好的紅豆餡分成約42克一個，揉圓，與日式麵團放在一起。

7 日式麵團表面蘸麵粉，用擀麵棍將其擀壓成中間厚兩邊薄的圓形麵皮，將步驟6分割好的紅豆餡放在麵皮中間。

8 用日式麵團包裹住紅豆餡，底部收口，放入烤盤。將烤盤放入發酵箱（溫度30℃，濕度80%）發酵50～60分鐘。

9 在發酵好的日式紅豆包表面均勻地刷上蛋液，黏上黑芝麻；上火230℃，下火180℃，烘烤10分鐘即可。

小貼士

蛋液一定要均勻地打散過篩，否則會影響成品的光澤度。

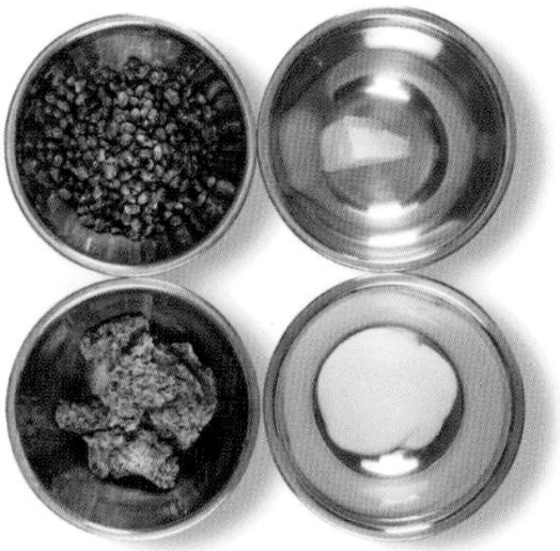

1

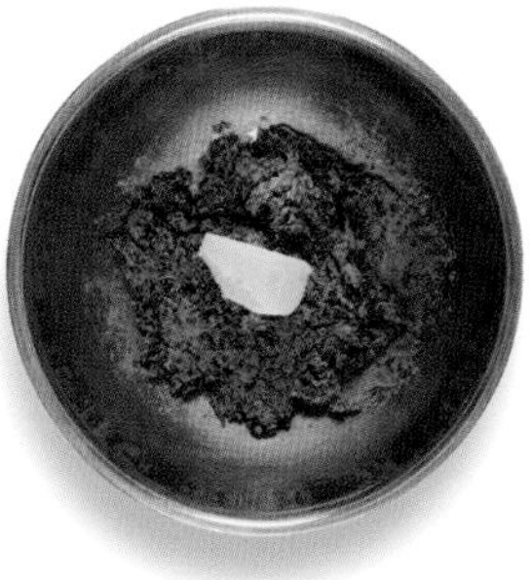

2

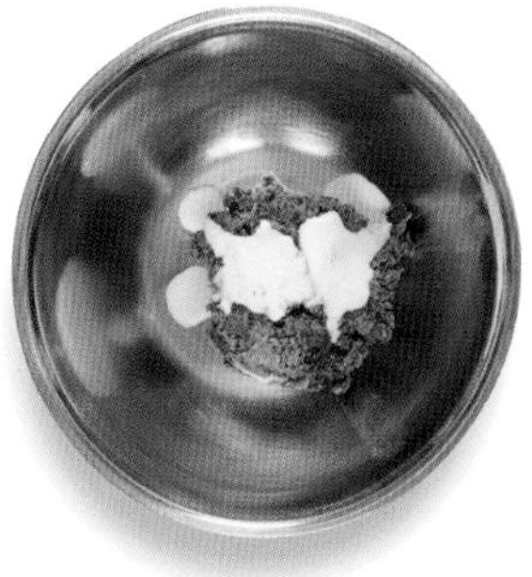

3

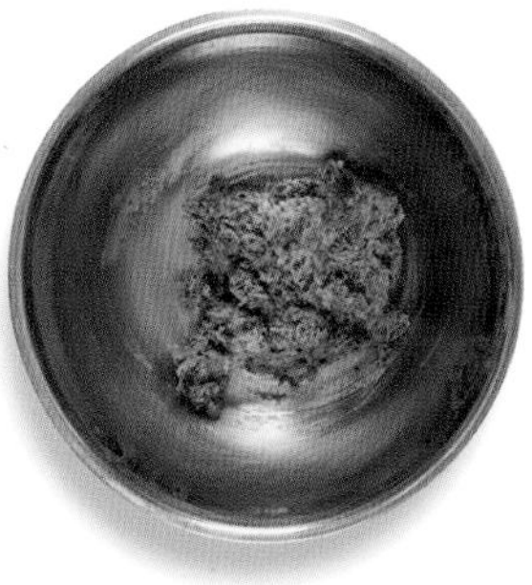

4

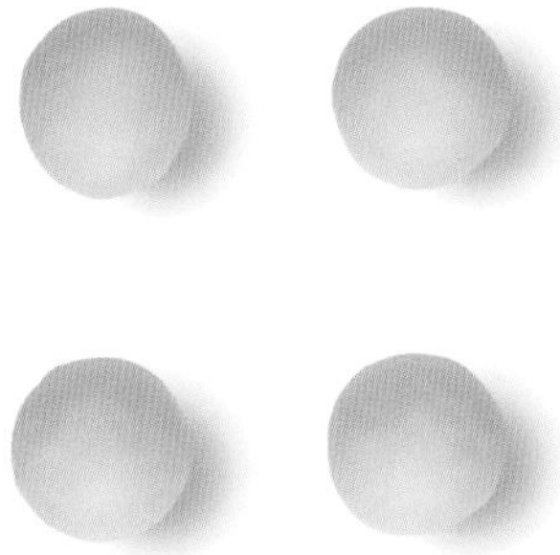

5

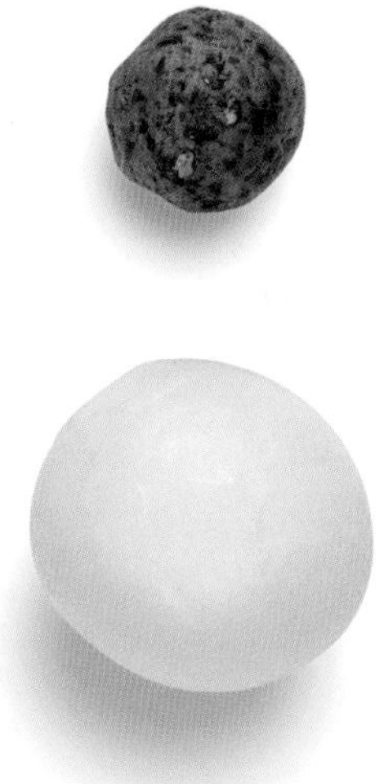

6

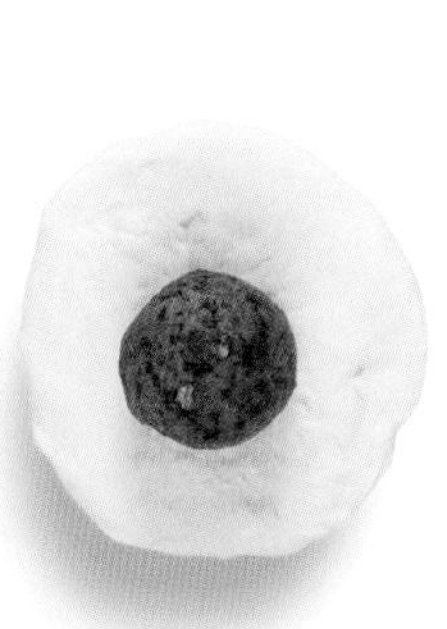

7

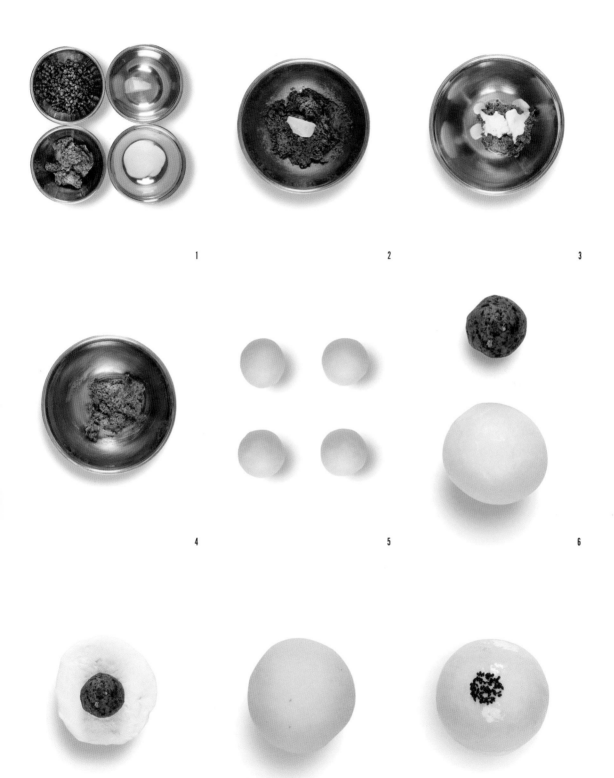

8

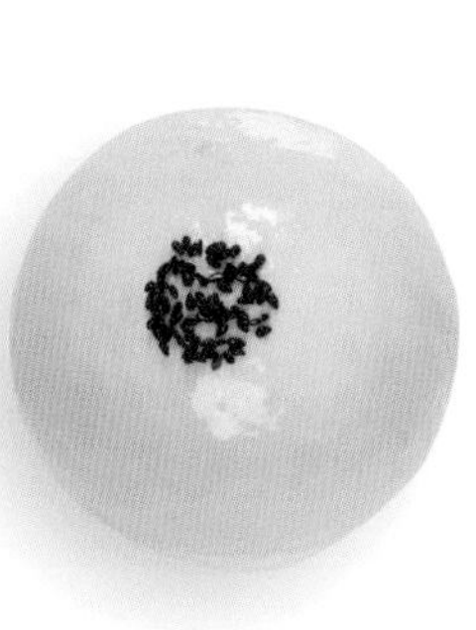

9

日式鹽可頌

材料（可製作30個）

王后柔風甜麵包粉　900克
王后精緻低筋麵粉　100克
肯迪雅乳酸發酵奶油　320克
細砂糖　50克
鮮酵母　25克
奶粉　30克
牛奶　50克
海鹽　適量
水　580克
鹽　20克

製作方法

1 所有材料稱好放置備用（海鹽除外）。
2 細砂糖與水混合，攪拌至細砂糖完全化開，連同麵包粉、麵粉、奶粉、牛奶和鮮酵母一起放入攪拌缸中，慢速攪拌至無乾粉、無顆粒，加入鹽。
3 待鹽完全融入麵團中，即可快速攪拌至麵筋擴展階段，此時麵筋具有彈性及良好的延展性，並能拉出較好的麵筋膜，麵筋膜表面光滑較厚、不透明，有鋸齒。
4 加入80克奶油，慢速攪拌均勻。
5 轉快速攪拌至麵筋完全擴展階段，此時麵筋能拉開大片麵筋膜且麵筋膜薄，能清晰看到手指紋，無鋸齒；取出麵團規整外型，蓋上保鮮膜放置於冷藏冰箱中低溫發酵40～50分鐘。
6 取出鬆弛好的麵團，分割成每個60克，預整型為水滴形，蓋上保鮮膜，冷藏靜置30分鐘備用。
7 如圖，擀至長為35公分的水滴形，在麵團頂端放一條8克奶油。
8 然後依次由上往下捲起成可頌形狀，放入烤盤。將烤盤放入發酵箱（溫度30℃，濕度80％）發酵40～50分鐘。
9 發酵好的日式鹽可頌表面噴水，撒海鹽。放入烤箱中，上火240℃，下火170℃，入爐後噴蒸氣2秒，烘烤10分鐘即可。

小貼士

冷藏低溫發酵的麵團可以讓鹽可頌麵包層次更加清晰，使麵包產生漸變色。

1

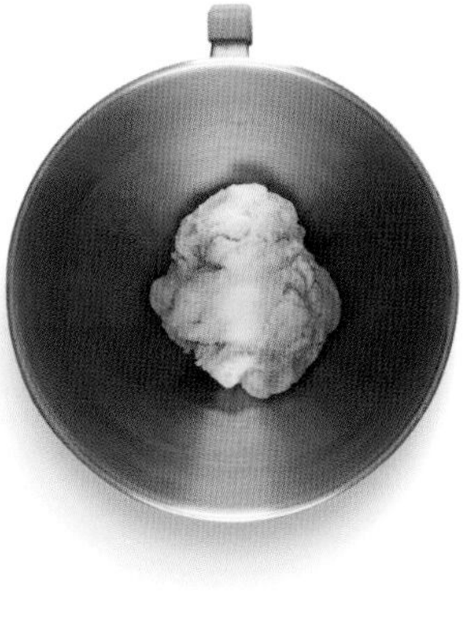

2

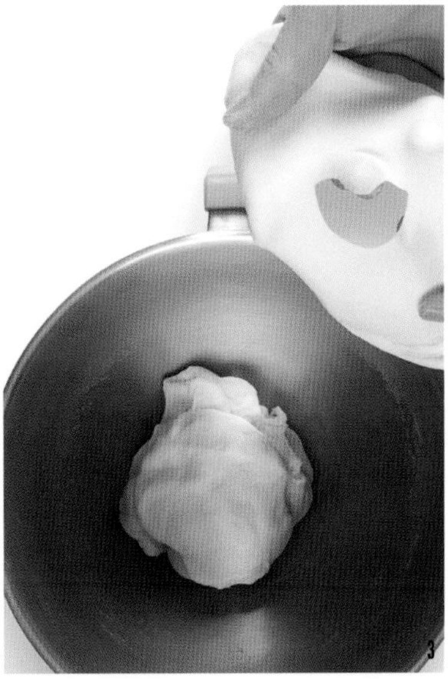

3

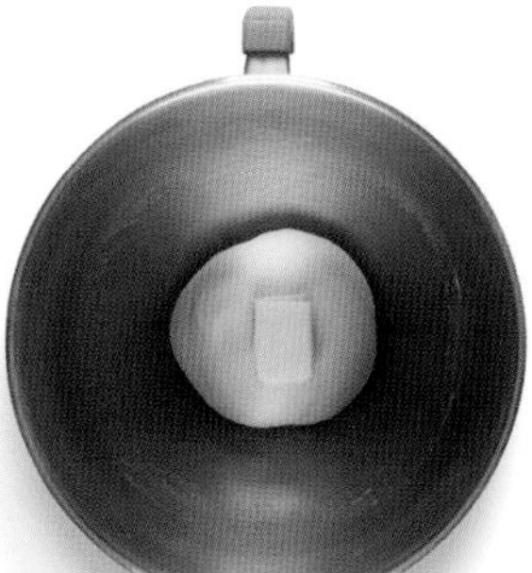

4

5

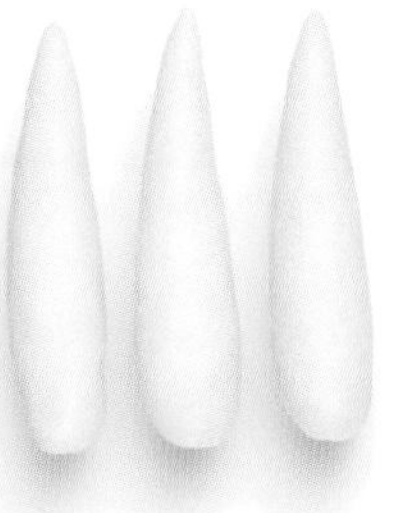

6

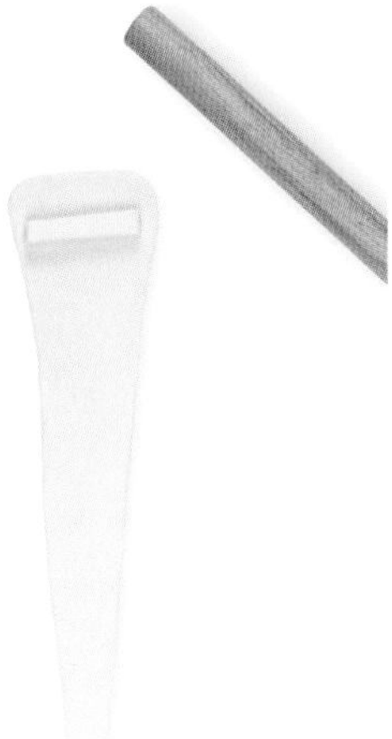

7

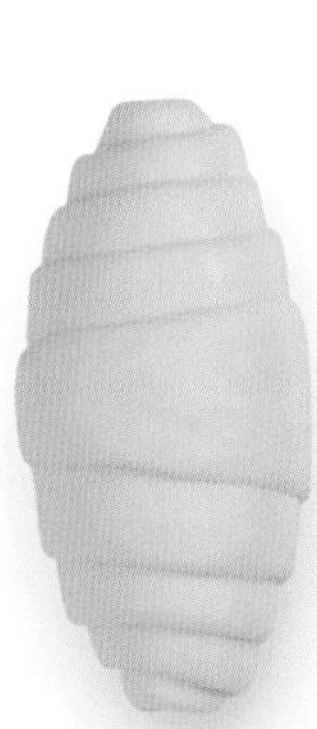

8

9

◎ 日式鹽可頌

◎ 日式果子麵包

日式果子麵包

材料（可製作23個）

牛奶卡士達醬

王后精緻低筋麵粉　30克

肯迪雅乳酸發酵奶油　100克

牛奶　500克

蛋黃　150克

細砂糖　120克

玉米澱粉　20克

其他

日式麵團　1380克

蛋液　適量

杏仁片　適量

製作方法

1 將製作牛奶卡士達醬的材料稱好放置備用。

2 細砂糖與蛋黃混合攪拌均勻，加入麵粉與玉米澱粉，再次攪拌均勻成蛋黃糊。牛奶倒入厚底鍋中，在電磁爐上燒開，然後緩慢地倒入攪拌好的蛋黃糊中攪拌均勻。

3 將步驟2攪拌好的液體再次倒入厚底鍋中，開小火，邊加熱邊攪拌直至濃稠冒泡，再加入奶油。

4 攪拌均勻，用保鮮膜貼面，冷藏備用。

5 從冷藏冰箱中取出提前做好的日式麵團，分割成60克一個，放置備用。

6 將麵團表面蘸麵粉（配方用量外），並用擀麵棍擀成橢圓形，翻面。

7 從冷藏冰箱中拿出步驟4做好的牛奶卡士達醬，裝入擠花袋並在日式麵團上擠40克，將麵團對折完全覆蓋。

8 用麵刀在麵團圓弧正中間切一條2公分的刀痕，然後左右兩邊也各切一個2公分的刀痕，放入烤盤。將烤盤放入發酵箱（溫度30℃，濕度80％）發酵50～60分鐘。

9 在發酵好的日式果子麵包表面均勻地刷上蛋液，放上兩片杏仁片，放入烤箱，上火230℃，下火170℃，烘烤10分鐘即可。

小貼士

在製作牛奶卡士達醬的過程中，牛奶放在電磁爐上，一定要不停地攪拌以防止糊底，燒開的牛奶一定要緩慢地倒入蛋黃糊中，防止高溫過快倒入變成蛋花湯。

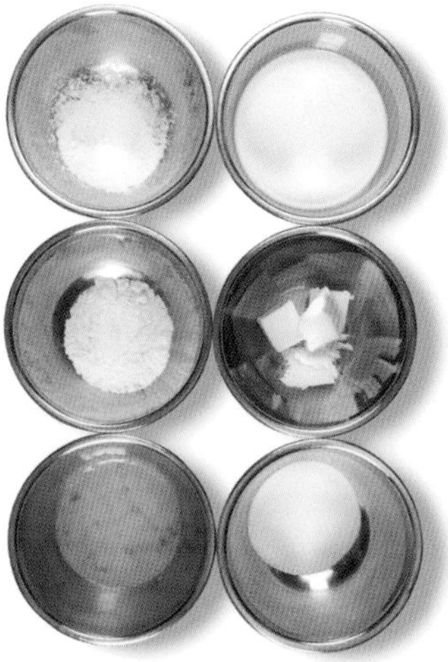
1

2

3

4

5

6

7

8

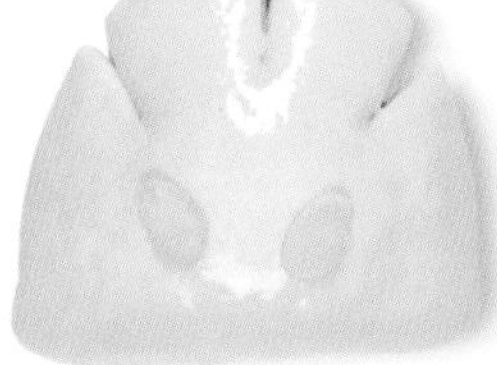
9

日式芋泥大鼓麵包

材料（可製作33個）

芋泥餡

新鮮芋頭　900克
新鮮紫薯　100克
細砂糖　180克
肯迪雅乳酸發酵奶油　80克
肯迪雅鮮奶油　80克

其他

日式麵團　1980克

製作方法

1 將製作芋泥餡的材料稱好放置備用。
2 新鮮芋頭與紫薯去皮，放入蒸鍋中蒸熟，然後連同細砂糖、奶油、鮮奶油一起放入攪拌缸中。
3 將步驟2的材料攪拌均勻，放入盆中冷藏備用。
4 從冷藏冰箱中取出提前做好的日式麵團，分割成60克一個，放置備用。
5 將日式麵團表面蘸麵粉，並用擀麵棍擀壓成中間厚兩邊薄的圓形麵皮。
6 將步驟3做好的芋泥餡裝入擠花袋中，在每個麵皮上擠約40克。
7 用日式麵團包裹住芋泥餡，底部收口，放入大鼓麵包模具中，將模具放入發酵箱（溫度30℃，濕度80％）發酵約40分鐘。發酵好後取出，表面蓋上烘焙油布，再壓上一個烤盤，放入烤箱，上火230℃，下火180℃，烘烤10～12分鐘即可。

小貼士

新鮮芋頭與紫薯一定要隔水蒸，這樣才不會導致糖分流失，可以增加化口性。

1

2

3

4

5

6

7

◎ 日式芋泥大鼓麵包

◎ 爆漿摩卡

爆漿摩卡

材料（可製作13個）

摩卡皮

王后精緻低筋麵粉　150克
肯迪雅乳酸發酵奶油　80克
糖粉　90克
全蛋　50克
可可粉　8克

巧克力爆漿餡

肯迪雅鮮奶油　180克
柯氏51%牛奶巧克力　150克

其他

日式麵團　780克
細砂糖　適量
奧利奧餅乾（OREO）　適量
防潮糖粉　適量

製作方法

1 將製作摩卡皮的材料稱好放置備用。
2 奶油提前放置於室溫環境下軟化，與糖粉混合，打發至發白狀態，分批次加入全蛋至完全融入奶油中，再加入可可粉和麵粉，攪拌至均勻、無顆粒。
3 將攪拌好的摩卡皮麵團放置於盆中，用保鮮膜包裹，室溫靜置30分鐘即可分割。
4 將製作巧克力爆漿餡的材料稱好放置備用。
5 將鮮奶油和牛奶巧克力混合，隔水加熱至化開，攪拌均勻後裝入擠花袋，室溫下放置備用。
6 從冷藏冰箱中取出提前做好的日式麵團，分割成60克一個，放置於室溫環境下，讓其回溫變軟，將步驟3的摩卡皮分成約28克一個，揉圓。
7 用摩卡皮包裹日式麵團，日式麵團底部兩邊不斷地收緊，往摩卡皮頂部進行按壓至摩卡皮完全包裹日式麵團。
8 將包裹後的摩卡皮表面蘸細砂糖（底部不蘸），放入八角模具中，室溫密封發酵50～60分鐘，放入烤箱，上火200℃，下火195℃，烘烤12分鐘。
9 擠入巧克力爆漿餡，在流出的爆漿餡上裝飾奧利奧餅乾，撒防潮糖粉即可。

1

2

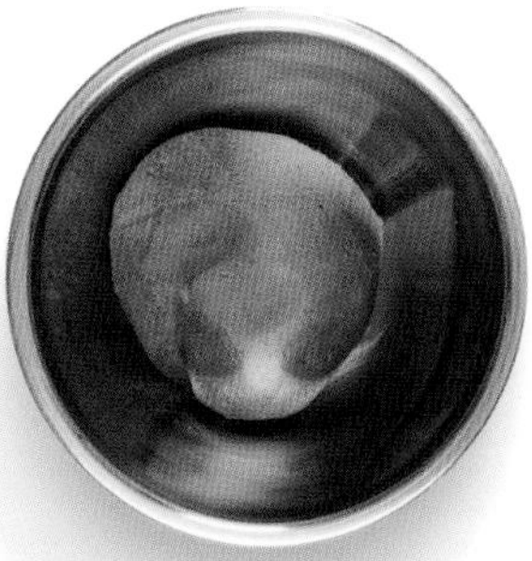
3

4

5

6

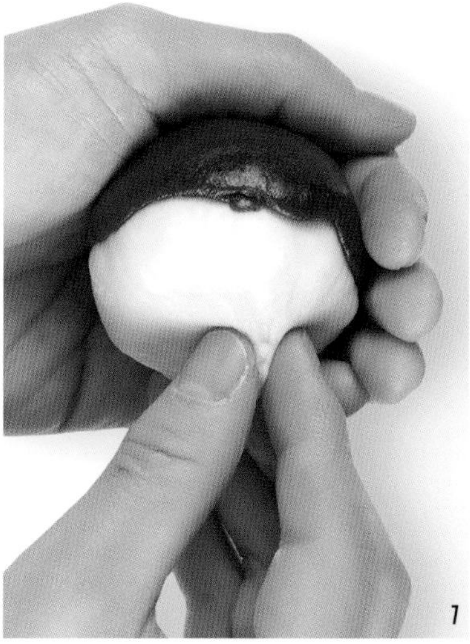
7

8

9

奶酥蔓越莓麵包

材料（可製作25個）

奶酥蔓越莓

肯迪雅乳酸發酵奶油　250克

糖粉　175克

全蛋　150克

奶粉　350克

蔓越莓碎　100克

其他

日式麵團　1500克

防潮糖粉　適量

製作方法

1. 將製作奶酥蔓越莓餡的材料稱好放置備用。
2. 奶油提前放置於室溫環境下軟化，與糖粉混合，打發至發白狀態，分批次加入全蛋至完全融入奶油中，加入奶粉和蔓越莓碎。
3. 攪拌均勻後放入盆中備用。
4. 從冷藏冰箱中取出提前做好的日式麵團，分割成60克一個，放置備用。
5. 將日式麵團表面蘸麵粉，用擀麵棍擀成長條形，翻面將底部收口成長方形，再擠兩條步驟3的奶酥蔓越莓餡，每條約20克。
6. 用餡尺把奶酥蔓越莓餡塗抹均勻。
7. 將抹好餡的麵皮捲起，逆時針旋轉90°，用刀一切為二，留一端不要切斷。
8. 將步驟7的麵團纏繞成麻花形。
9. 將步驟8的麻花兩頭結合成甜甜圈形，放入4寸*咕咕霍夫模具中，將模具放入發酵箱（溫度30℃，濕度80%）發酵40～50分鐘。發酵好後放入烤箱，上火220℃，下火200℃，烘烤12分鐘。烤好後在表面均勻地撒上防潮糖粉即可。

   *書中的「寸」指英寸，1英寸=2.54公分。

小貼士

奶酥蔓越莓餡中的奶油一定要打至發白，否則口感偏硬不夠鬆軟；整型好的奶酥蔓越莓麵團放入模具一定要平整，否則成品品質有高有低，影響美觀度。

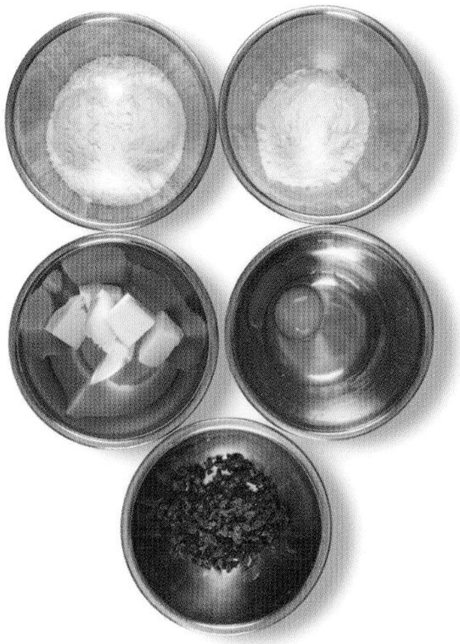

1

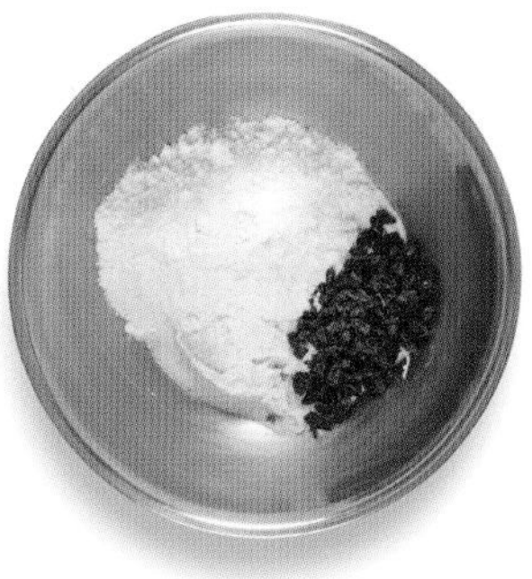

2

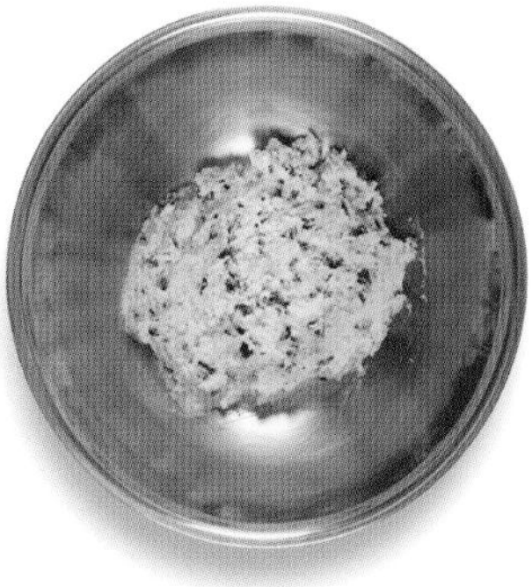

3

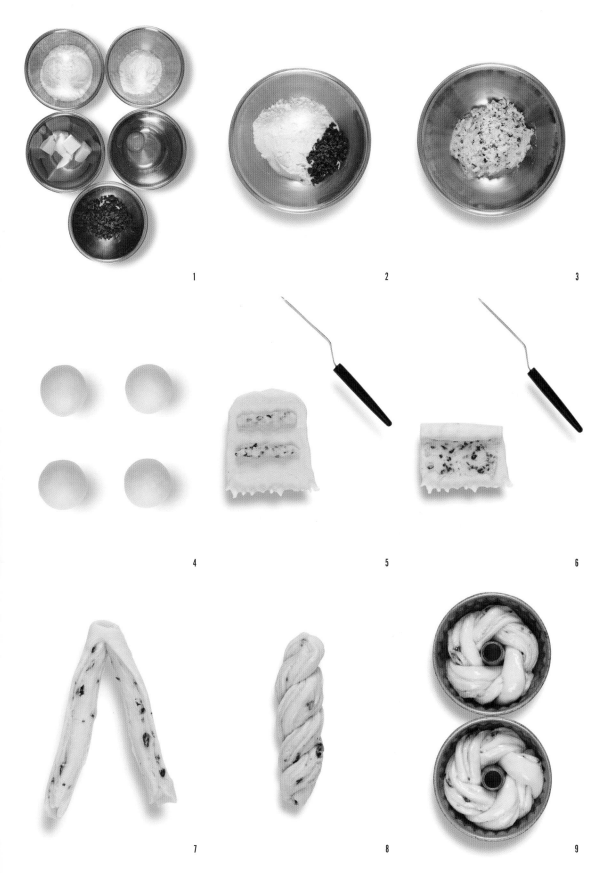

4

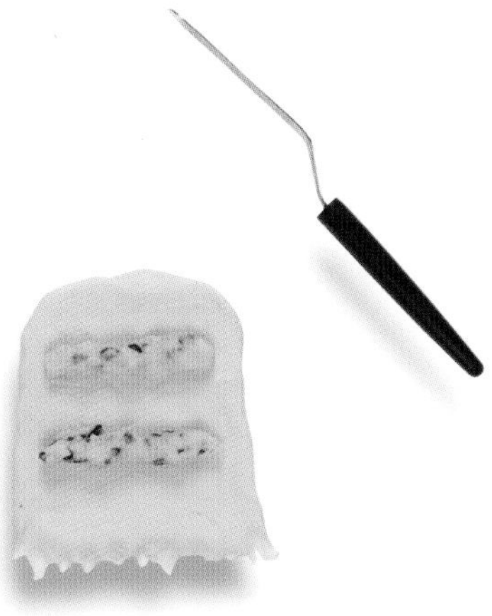

5

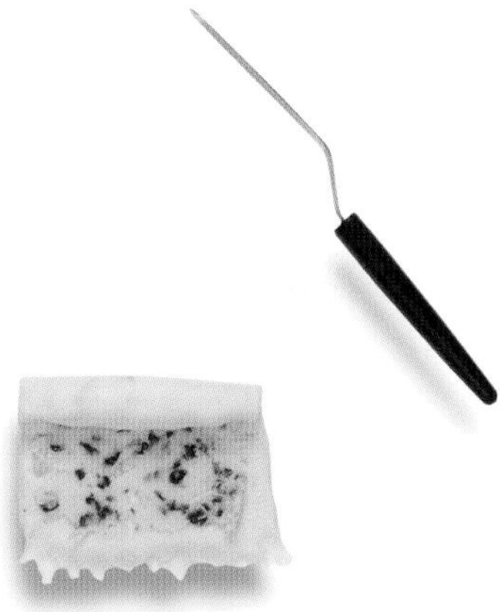

6

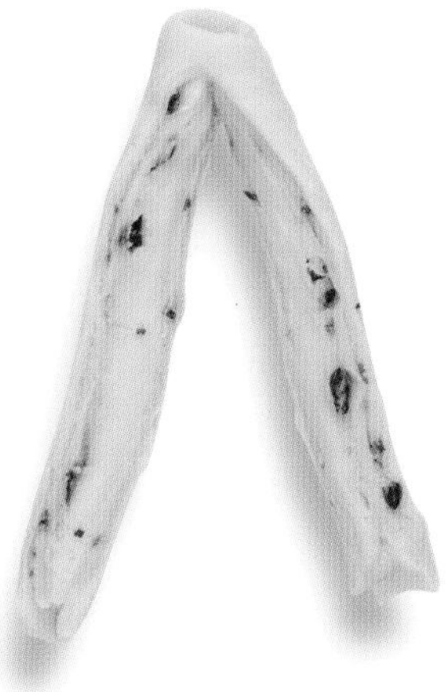

7

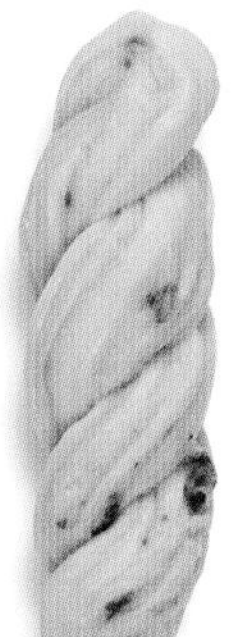

8

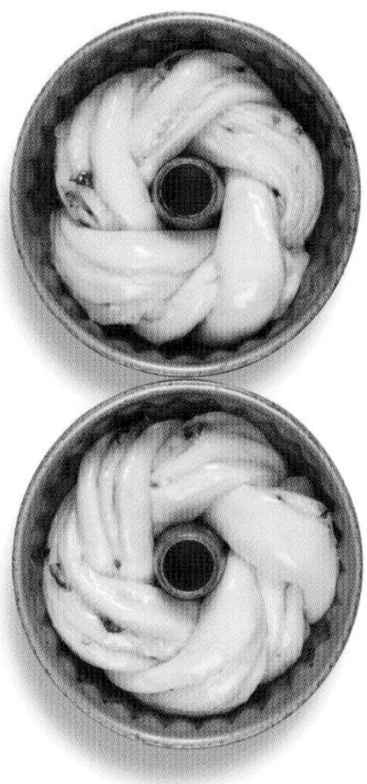

9

◎ 奶酥蔓越莓麵包

◎ 貝果

貝果

材料（可製作22個）

貝果麵團

王后柔風甜麵包粉　800克

王后精緻低筋麵粉　200克

肯迪雅乳酸發酵奶油　40克

細砂糖　80克

鮮酵母　20克

水　600克

鹽　15克

煮貝果水

水　1000克

細砂糖　50克

蜂蜜　30克

1 將製作貝果麵團的材料稱好放置備用。

2 將麵包粉、麵粉、鮮酵母和奶油放入攪拌缸中。

3 細砂糖與水混合，攪拌至細砂糖完全化開。

4 將步驟3的糖水倒入步驟2的攪拌缸中，慢速攪拌至無乾粉、無顆粒。

5 加入鹽，繼續慢速攪拌。

6 待鹽完全融入麵團，即可快速攪拌至麵筋擴展階段，此時麵筋具有彈性及良好的延展性，並能拉出較好的麵筋膜，麵筋膜表面光滑、較厚、不透明，有鋸齒。

7 出缸以後將麵團整成橢圓形，蓋上保鮮膜冷藏鬆弛10分鐘。

8 將鬆弛好的麵團分割成約78克一個，揉圓，蓋上保鮮膜冷藏鬆弛2個小時。

9 將鬆弛好的麵團表面微微撒上麵粉（配方用量外），並用擀麵棍擀成長20公分、寬12公分的長條形。

10 翻面，底部收口，由上到下捲起拉伸成16公分的長條形。

11 兩頭收口成甜甜圈形狀，再放入發酵箱（溫度30℃，濕度80%）發酵30～40分鐘。

12 將1000克水、50克細砂糖和30克蜂蜜放入厚底鍋中，在電磁爐上大火燒至沸騰。將發酵好的貝果放在沸騰的貝果水中，煮至50秒即可撈出，放置於烘焙油布上，放入烤箱，上火240℃，下火200℃，烘烤12分鐘即可。

小貼士

煮好的貝果可以根據個人喜好進行裝飾，如添加白芝麻、亞麻籽或奇亞籽等。

1

2

3

4

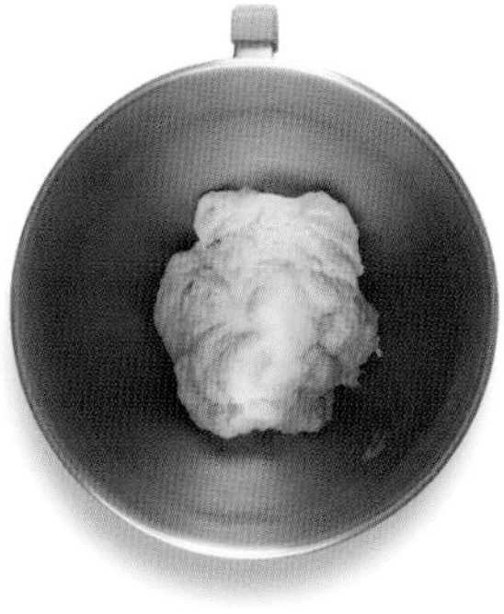

5

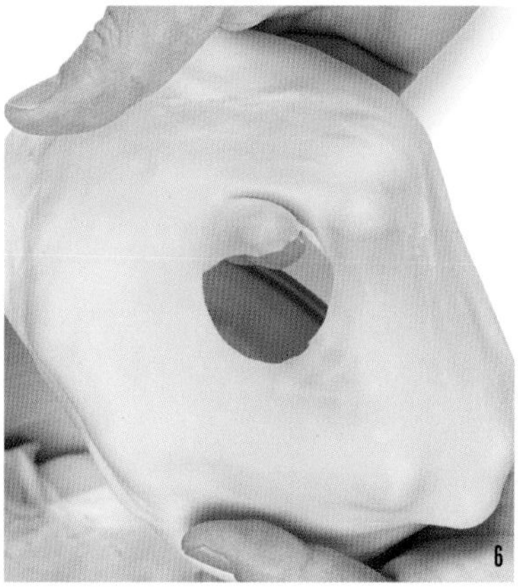

6

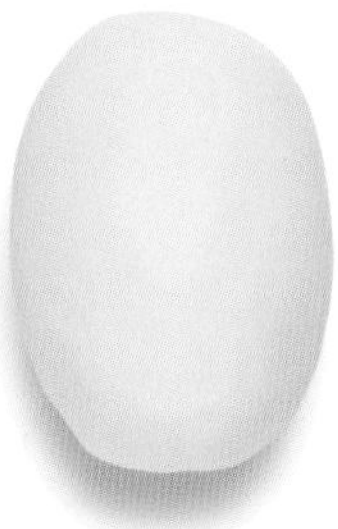

7

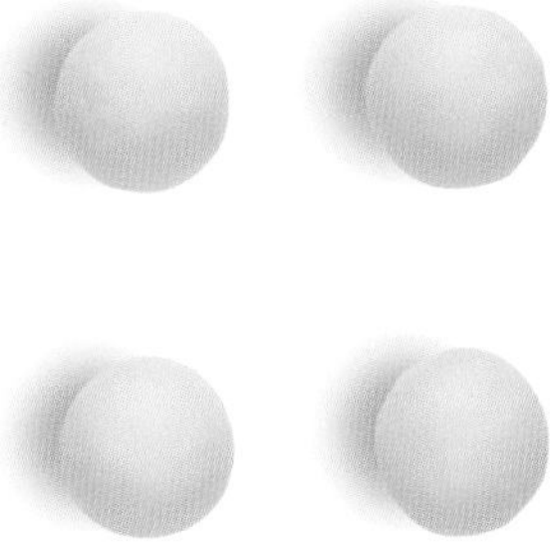

8

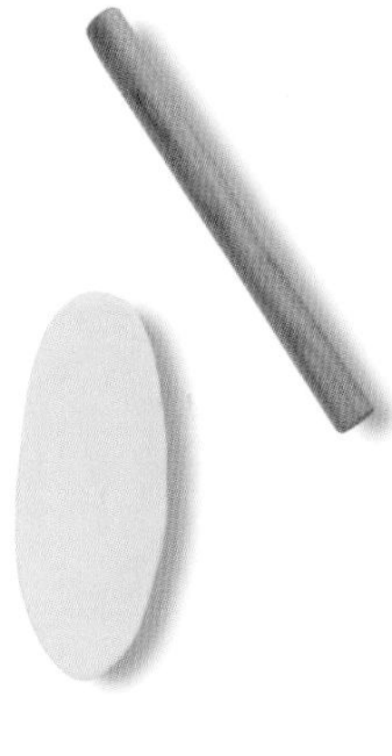

9

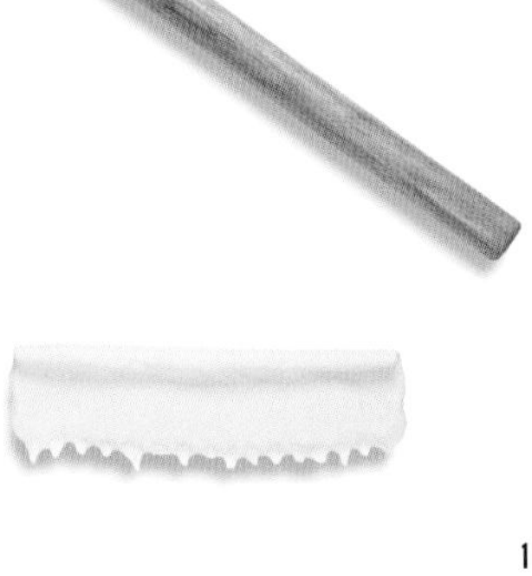

10

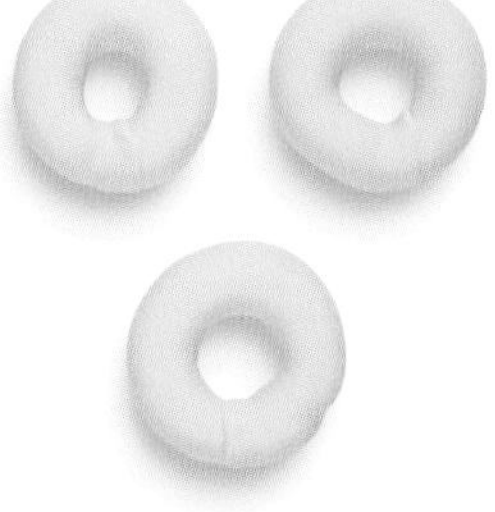

11

12

焦糖瑪奇朵

材料（可製作39個）

杏仁醬

杏仁粉　320克

糖粉　245克

蛋白　245克

玉米澱粉　20克

紫薯餡

新鮮紫薯　1000克

細砂糖　40克

肯迪雅鮮奶油　100克

肯迪雅乳酸發酵奶油　50克

其他

日式麵團　2340克

糖粉　適量

製作方法

1 將製作杏仁醬的材料稱好放置備用。

2 將蛋白用打蛋器打至微微發泡，然後加入杏仁粉、糖粉、玉米澱粉。

3 用攪拌器攪拌均勻，裝入擠花袋，室溫放置備用。

4 將製作紫薯餡的材料稱好放置備用。新鮮紫薯削皮，隔水放在旋風烤箱中210℃烘烤30分鐘，表面蓋烘焙油布，防止烤乾。

5 將烤好的紫薯與鮮奶油、奶油、細砂糖混合，攪拌均勻後冷藏備用。

6 從冷藏冰箱中取出提前做好的日式麵團，分割成60克一個，表面蘸麵粉。將紫薯餡分成約30克一個，揉圓放置備用。

7 日式麵團用擀麵棍擀至中間厚兩邊薄，將分好的紫薯餡放在麵皮上。

8 用日式麵團包裹紫薯餡，滾圓後放入八角模具中。

9 放入發酵箱（溫度30℃，濕度80%）發酵約50分鐘，在發酵好的麵團表面擠上杏仁醬，均勻地撒上糖粉，放入烤箱，上火200℃，下火195℃，烘烤12～15分鐘即可。

小貼士

杏仁醬裡的蛋白一定要微微打發，否則成品表面的杏仁醬沒有龜裂感，且表面的皮層較厚。

1

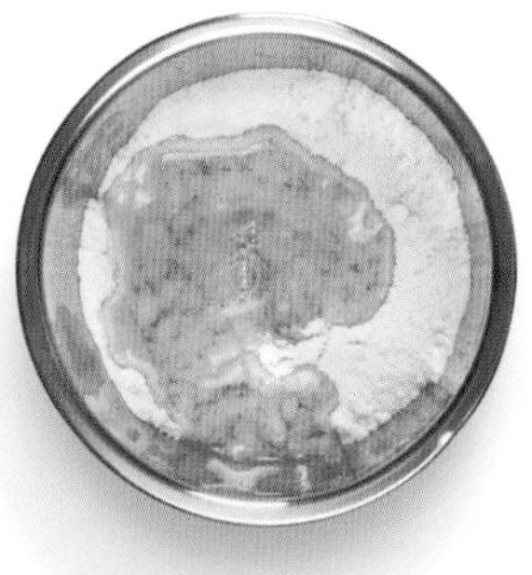

2

3

4

5

6

7

8

9

◎ 焦糖瑪奇朵

◎ 鳳梨卡士達麵包

鳳梨卡士達麵包

材料（可製作27個）

鳳梨餡

牛奶　500克

卡士達粉　180克

罐頭鳳梨　400克

其他

日式麵團　1620克

蛋液　適量

細砂糖　適量

製作方法

1 將製作鳳梨餡的材料稱好放置備用。

2 將牛奶與卡士達粉混合，攪拌均勻成卡士達醬，靜置備用。

3 將罐頭鳳梨切碎，表面撒細砂糖，在烤箱裡烘烤，烤至表面有些上色拿出冷卻，再倒入卡士達醬中。

4 攪拌均勻後裝入擠花袋，冷藏備用。

5 從冷藏冰箱中取出提前做好的日式麵團，分割成60克一個，放置備用。

6 將日式麵團表面蘸麵粉，用擀麵棍擀成長條形，翻面，一端收口成長方形，在另一端按圖示方向擠上步驟4的鳳梨餡，擠成條形（40克）。

7 用餡尺塗抹均勻，然後按圖示方向捲起。

8 將捲好的麵團放入冷凍冰箱中凍硬，然後平均切5刀。

9 將切面朝上放入4寸漢堡模具中，把模具放入發酵箱（溫度30℃，濕度80%）發酵40～50分鐘。在發酵好的麵包表面均勻刷上蛋液，然後撒上細砂糖，放入烤箱，上火220℃，下火190℃，烘烤12分鐘即可。

小貼士

烘烤罐頭鳳梨時，在表面撒細砂糖，高溫進行烘烤，表面產生焦糖色可以去除鳳梨的酸味（如果用新鮮鳳梨口感更好）。

1

2

3

4

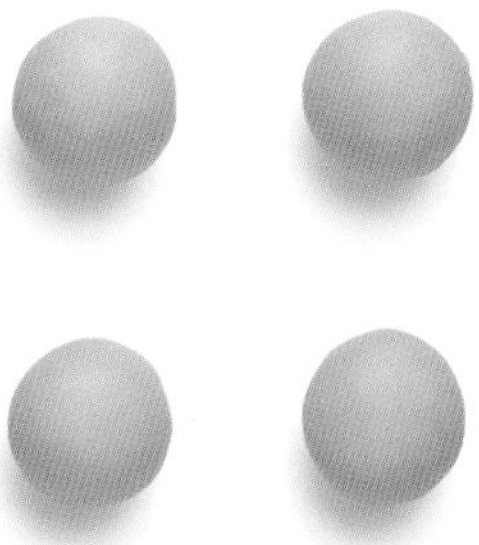

5

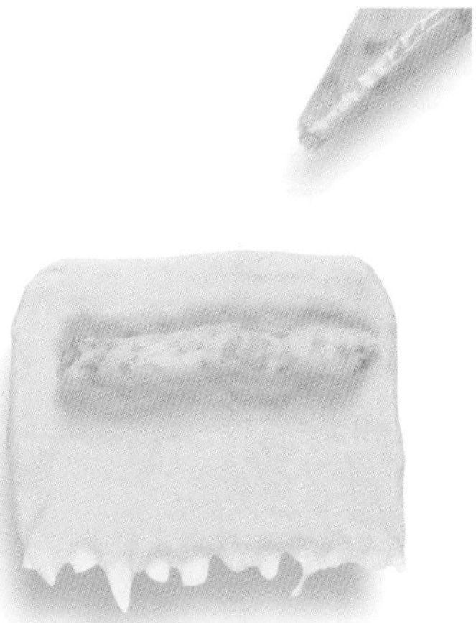

6

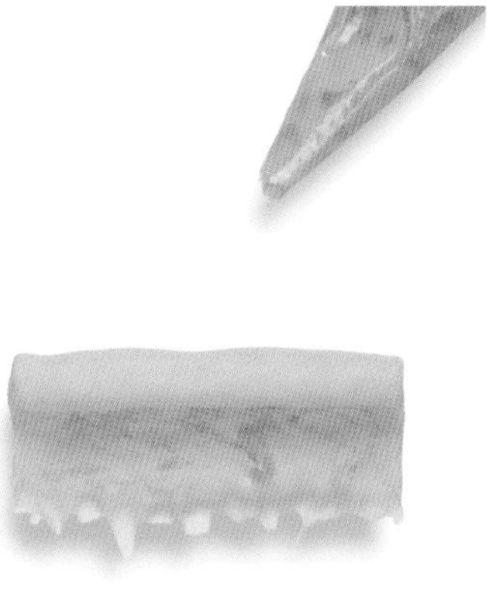

7

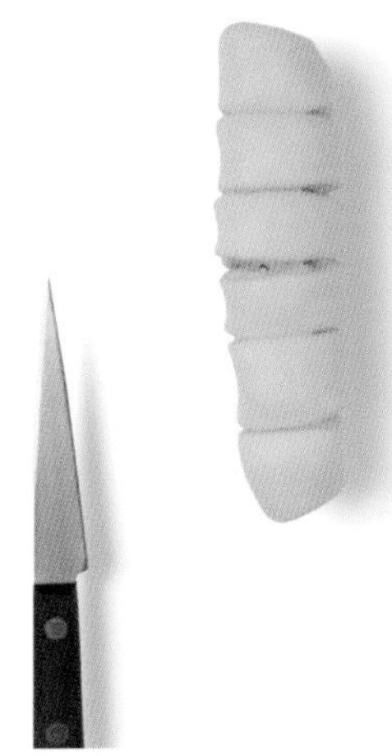

8

9

冰麵包

材料（可製作23個）

香草冰淇淋餡

牛奶　250克

卡士達粉　60克

肯迪雅鮮奶油　200克

其他

玉米澱粉　適量

麵團

王后柔風甜麵包粉　900克

王后精緻低筋麵粉　100克

肯迪雅乳酸發酵奶油　100克

細砂糖　80克

鮮酵母　30克

奶粉　20克

牛奶　300克

蛋白　100克

水　250克

鹽　16克

製作方法

1 將製作香草冰淇淋餡的材料稱好放置備用。

2 將牛奶與卡士達粉混合，攪拌均勻至細膩無顆粒；鮮奶油攪打至優酪乳狀（微微打發）。把兩者混合。

3 攪拌均勻，裝入擠花袋冷藏備用。

4 將製作麵團的材料稱好放置備用。

5 細砂糖與水混合，攪拌至細砂糖完全化開，將麵包粉、麵粉、奶粉、牛奶、鮮酵母和蛋白放入攪拌缸中，再加入化開的糖水。慢速攪拌至無乾粉、無顆粒，加入鹽。

6 待鹽完全融入麵團中，快速攪拌至麵筋擴展階段，此時麵筋具有彈性及良好的延展性，並能拉出較好的麵筋膜，麵筋膜表面光滑、較厚、不透明，有鋸齒。加入奶油，慢速攪拌均勻。

7 轉快速攪拌至麵筋完全擴展階段，此時麵筋能拉開大片麵筋膜且麵筋膜薄，能清晰看到手指紋，無鋸齒。將麵團整成橢圓形，蓋上保鮮膜，放置於室溫環境下基礎發酵40～50分鐘。

8 把發酵好的麵團分割成約82克一個，揉圓，蓋上保鮮膜，冷藏靜置備用。

9 從冷藏冰箱中取出提前做好的麵團，常溫放置軟化，揉圓，表面蘸玉米澱粉，放入烤盤。將烤盤放入發酵箱（溫度30℃，濕度80%）發酵50～60分鐘，然後移入烤箱，上火170℃，下火190℃，入爐後噴蒸氣3秒，烘烤14分鐘。烤好後取出，將冷卻好的麵包底部戳洞，然後將準備好的香草冰淇淋餡擠入，每個擠約22克，然後放入冰箱冷藏即可。

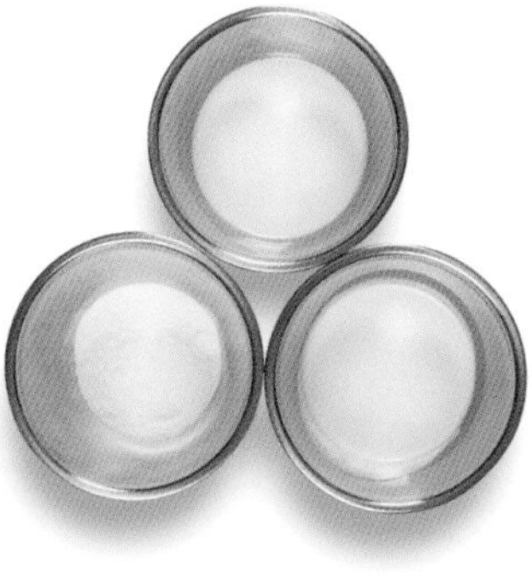

1

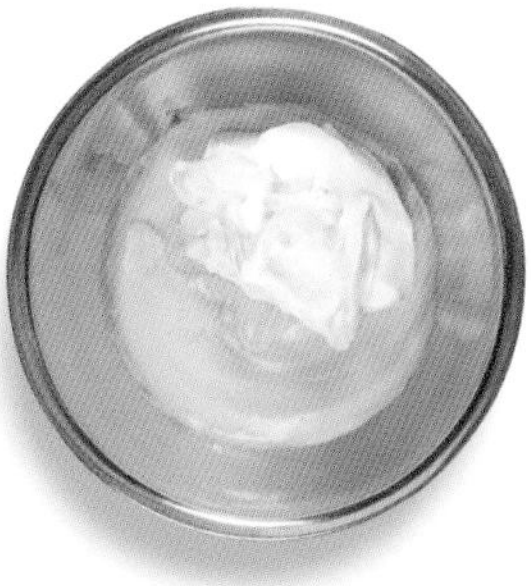

2

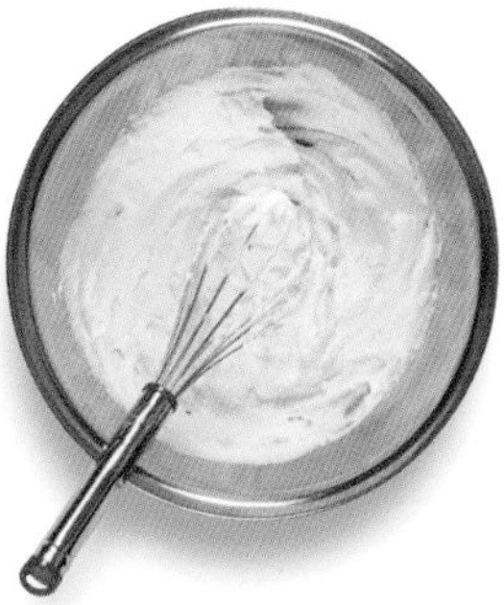

3

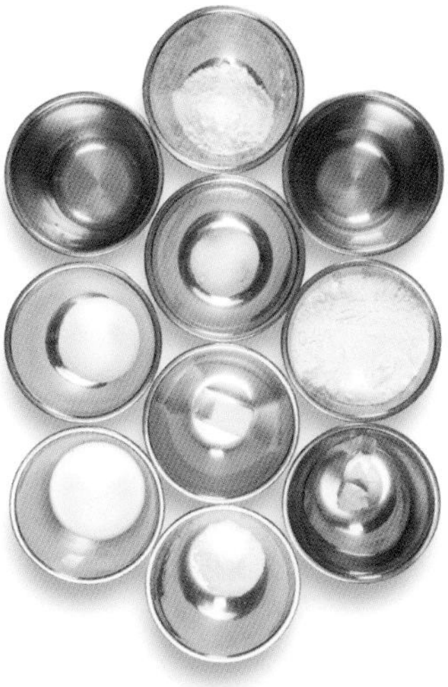

4

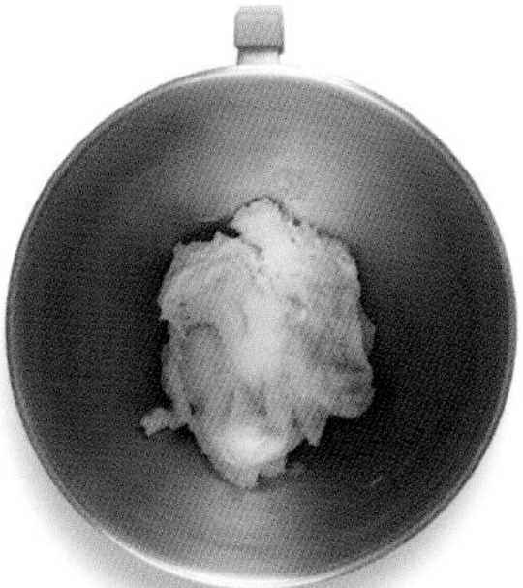

5

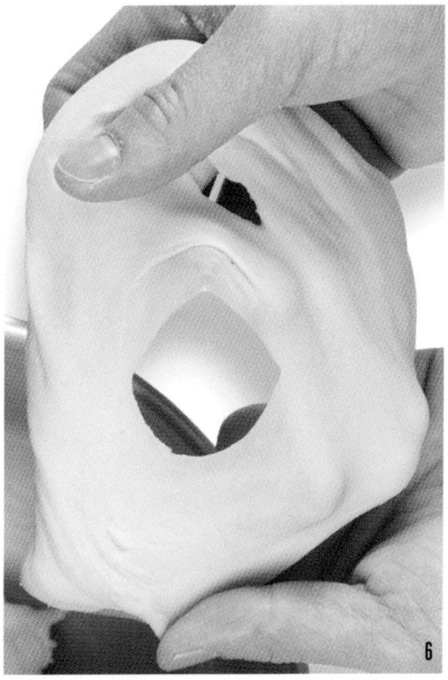

6

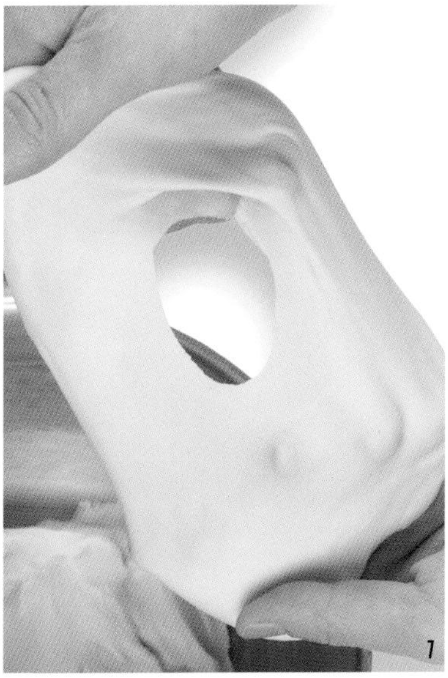

7

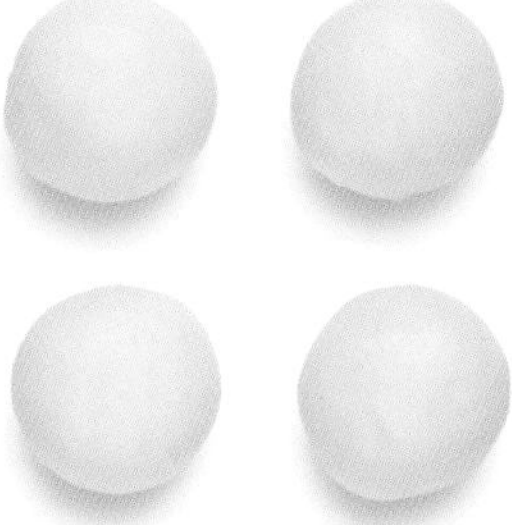

8

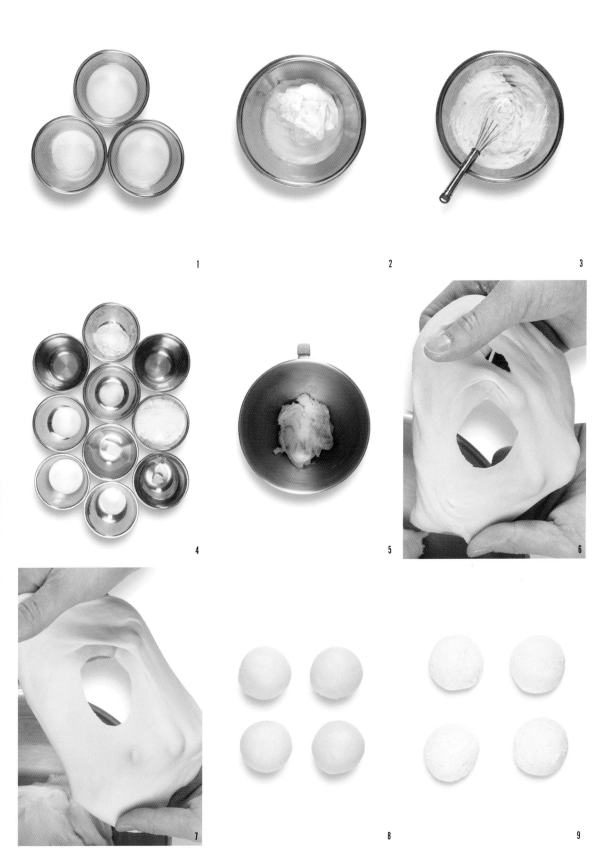

9

◎ 冰麵包

◎ 藍莓起司

藍莓起司

材料（可製作10個）

起司餡

肯迪雅鮮奶油　100克

奶油起司　250克

糖粉　50克

其他

日式麵團　600克

蛋液　適量

新鮮藍莓　30顆

製作方法

1 將製作起司餡的材料稱好放置備用。

2 奶油起司提前在室溫下軟化，與糖粉混合攪拌均勻。

3 向步驟2攪拌均勻的奶油起司中加入鮮奶油。

4 攪拌均勻，裝入盆中冷藏備用。

5 從冷藏冰箱中取出提前做好的日式麵團，分割成60克一個，放置備用。

6 將麵團表面蘸麵粉，用擀麵棍擀成直徑為12公分的圓形麵皮。

7 將擀好的圓形麵皮放入4寸漢堡模具中，並放入發酵箱（溫度30℃，濕度80%）發酵約40分鐘。

8 在發酵好的麵團皮四周均勻地刷上蛋液，將提前做好的起司餡裝入擠花袋中，在每個麵皮中擠入40克。

9 最後再放上三顆新鮮藍莓，放入烤箱，上火220℃，下火180℃，烘烤10～12分鐘即可。

1

2

3

4

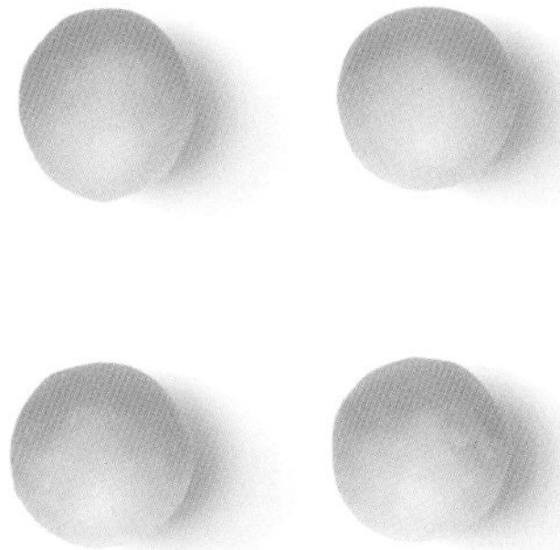

5

6

7

8

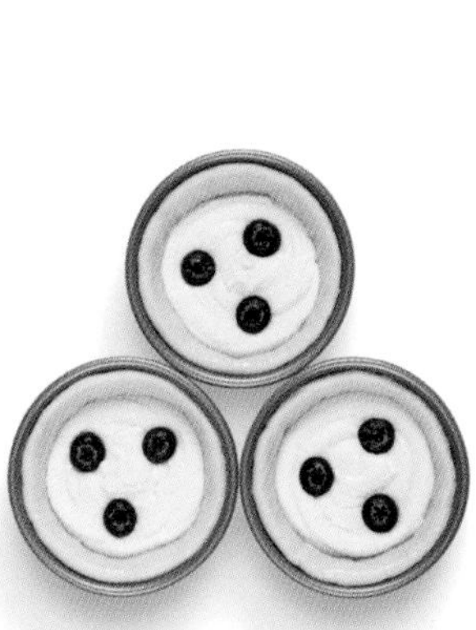

9

茄子起司麵包

材料（可製作12個）

軟法麵團　720克
起司粉　適量
培根　6塊
茄子　1根
黑胡椒粉　適量
莫扎瑞拉起司碎　120克

製作方法

1 茄子斜刀切成厚約4公厘（mm）的薄片，共切36片。培根放入烤箱，上火220℃，下火180℃，烘烤3分鐘，取出冷卻備用。
2 將提前做好的軟法麵團取出，分割成60克一個，滚圓，放在烤盤上，密封放在常溫下鬆弛30分鐘。
3 麵團鬆弛好後取出，用擀麵棍擀成長15公分、寬8公分的橢圓形長條。
4 麵團的一面用噴水壺噴一層水，然後蘸上一層起司粉。
5 將蘸有起司粉的一面朝上，均勻擺放在烤盤上，放入發酵箱（溫度30℃，濕度80%）發酵45分鐘。
6 麵團發酵好後取出，在蘸有起司粉的一面中心放半塊培根，撒適量黑胡椒粉。
7 在培根上斜著重疊放3片茄子，撒上適量起司粉和10克莫扎瑞拉起司碎。放入烤箱，上火230℃，下火170℃，入爐後噴1秒蒸氣，烘烤約13分鐘。出爐後，把麵包轉移到網架上冷卻即可。

1

2

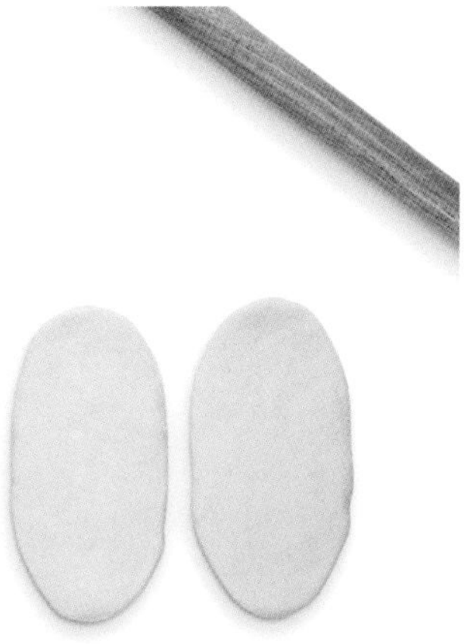

3

4

5

6

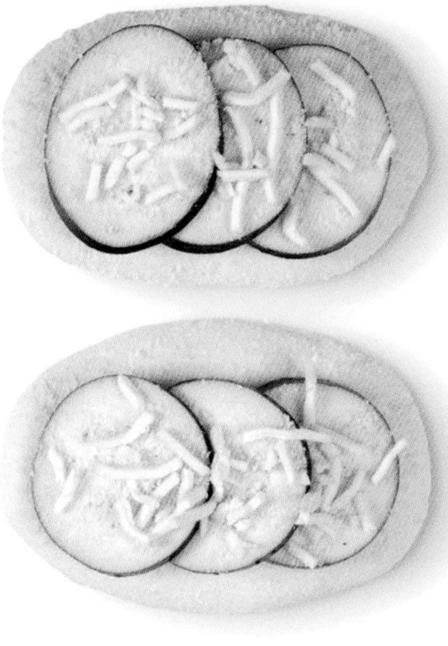

7

◎ 茄子起司麵包

◎燻雞起司麵包

燻雞起司麵包

材料（可製作11個）

雞肉餡

煙燻雞胸肉　250克

紅椒粒　50克

青椒粒　50克

玉米粒　50克

沙拉醬　50克

黑胡椒粉　5克

其他

日式麵團　660克

蛋液　適量

起司粉　適量

橄欖油　適量

莫扎瑞拉起司碎　適量

製作方法

1 將製作雞肉餡的材料稱好放置備用。

2 將煙燻雞胸肉切丁，與紅椒粒、青椒粒、玉米粒、沙拉醬、黑胡椒粉在盆中混合。

3 攪拌均勻，用保鮮膜包裹，冷藏備用。

4 從冷藏冰箱中取出提前做好的日式麵團，分割成60克一個，放置備用。

5 將麵團表面蘸麵粉，用擀麵棍擀成中間厚兩邊薄的圓形麵皮。

6 取出提前做好的雞肉餡，在每個麵皮上放約40克。

7 將麵皮包裹住雞肉餡，底部收口，表面均勻地刷上蛋液，蘸起司粉。

8 將整型好的燻雞起司麵包放入八角模具中，然後放入發酵箱（溫度30℃，濕度80%）發酵50～60分鐘。

9 發酵好的麵團用剪刀剪十字刀口，刀口處放莫扎瑞拉起司碎，放入烤箱，上火220℃，下火190℃，烘烤12分鐘，烤後在表面刷薄薄一層橄欖油即可。

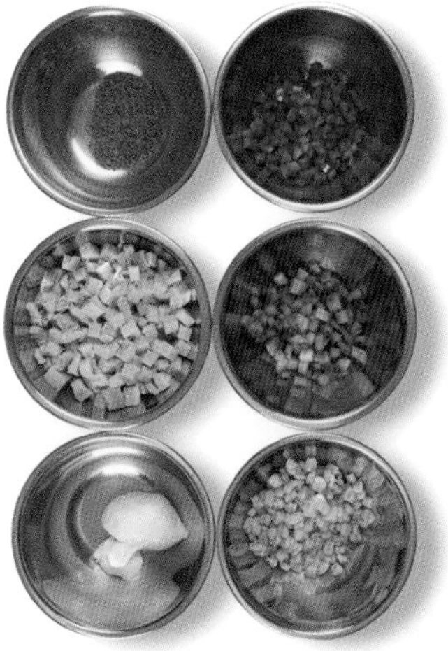

1

2

3

4

5

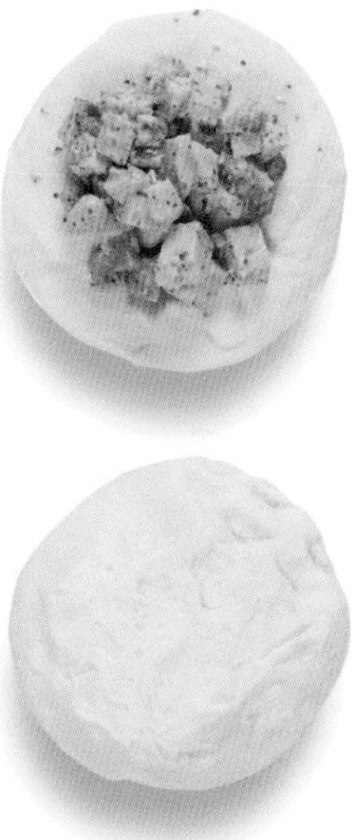

6

7

8

9

培根筍尖麵包

材料（可製作10個）

軟法麵團　900克
新鮮蘆筍　40克
培根　30克
黑胡椒粉　適量
蛋液　適量
莫扎瑞拉起司碎　適量
橄欖油　適量

製作方法

1 從冷藏冰箱中取出提前做好的軟法麵團，分割成30克一個，放置備用。
2 將麵團表面蘸麵粉，用擀麵棍擀成橢圓形麵皮。
3 翻面拉扯成長15公分、寬10公分的長方形，底部收口，沿長邊捲起。
4 每三條一組，分別搓成中間粗兩邊細的條形，長約13公分。
5 將三個長條形麵團像編麻花辮一樣進行編製。
6 編完後，放入烤盤，然後放入發酵箱（溫度30℃，濕度80%）發酵40～50分鐘。
7 將新鮮蘆筍去皮切成條，放入沸水中煮至再次沸騰後撈出備用；在培根表面均勻地撒上黑胡椒粉，然後放入烤箱烘烤5分鐘拿出備用。
8 在發酵好的麵團表面均勻地刷上蛋液，然後將筍尖與培根互相纏繞，放在麵團表面的中間。
9 在培根表面放莫扎瑞拉起司碎，上火230℃，下火190℃，烘烤12分鐘，烤好後在表面刷一層薄薄的橄欖油即可。

1

2

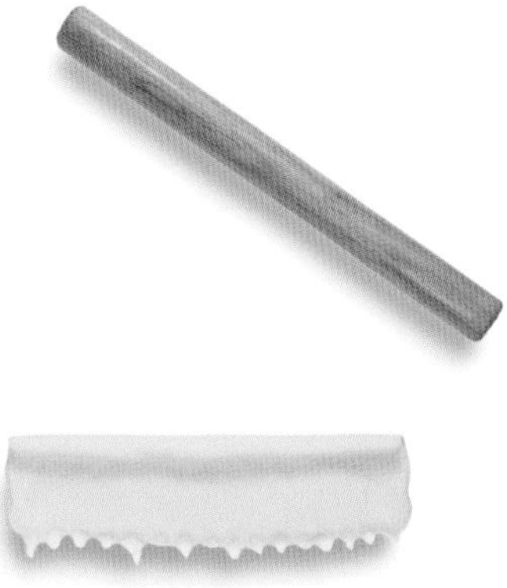

3

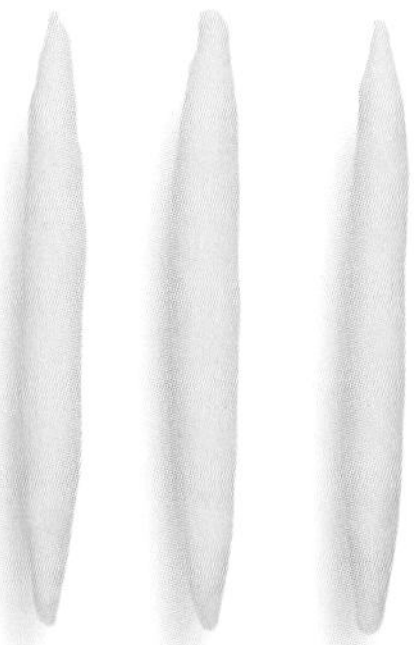

4

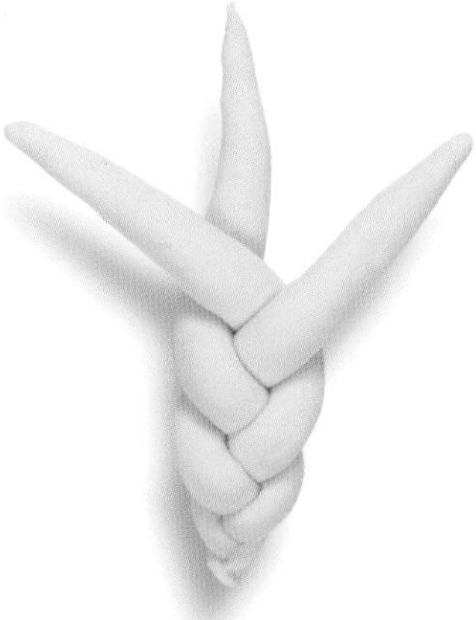

5

6

7

8

9

◎ 培根筍尖麵包

© 蔥之戀

蔥之戀

材料（可製作18個）

青蔥醬

青蔥　300克

全蛋　50克

黑胡椒粉　5克

培根　200克

其他

日式麵團　1080克

蛋液　適量

橄欖油　適量

製作方法

1 將青蔥洗淨脫水，蔥白與蔥葉切開，蔥葉切碎備用；培根切小丁然後擠乾水。
2 將青蔥碎、培根丁和黑胡椒粉混合。
3 加入全蛋。
4 攪拌均勻，放置備用。
5 從冷藏冰箱中取出提前做好的日式麵團，分割成120克一個，將麵團表面蘸麵粉，對折成長條形。
6 用擀麵棍擀成長條形，翻面，底部收口為長32公分、寬6公分。
7 在每個長條形麵皮上均勻鋪好約60克青蔥醬。
8 從短邊捲起，然後從中間一切為二。
9 橫截面朝上，放入4寸漢堡模具中，然後放入發酵箱（溫度30℃，濕度80%）發酵50～60分鐘。在發酵好的麵團表面均勻地刷上蛋液，上火220℃，下火180℃，烘烤12分鐘。烤好後在表面刷橄欖油即可。

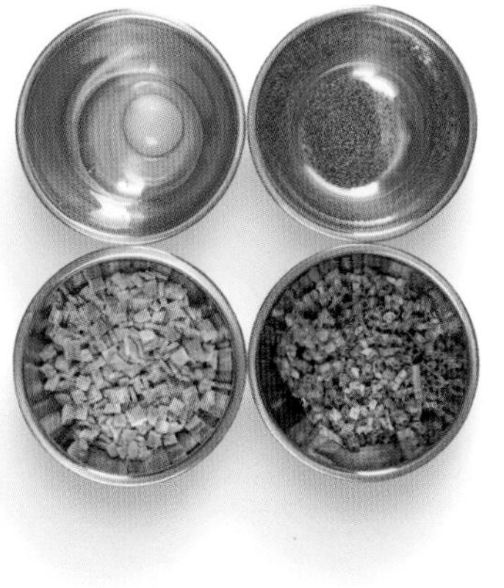

1

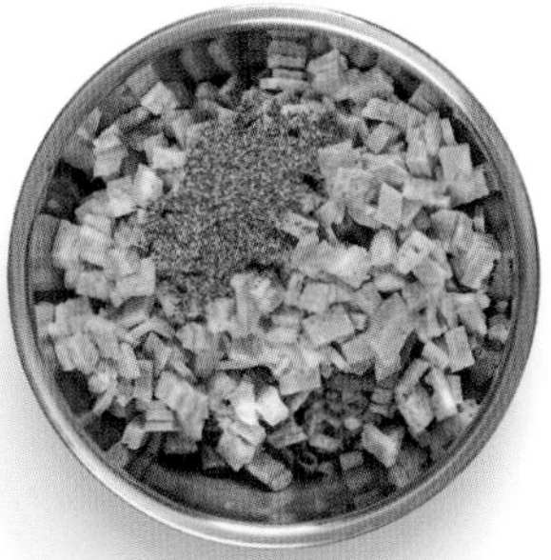

2

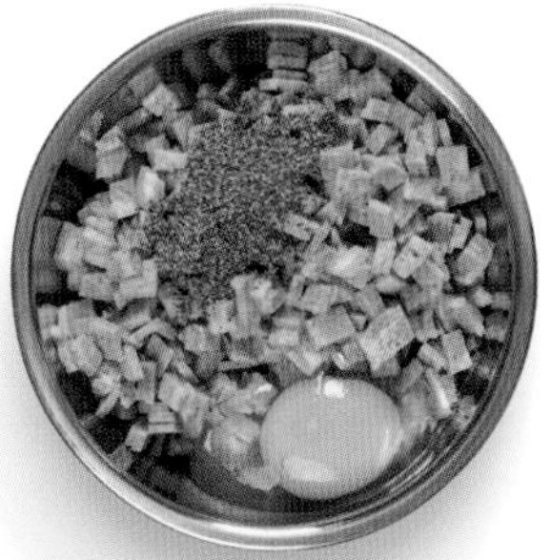

3

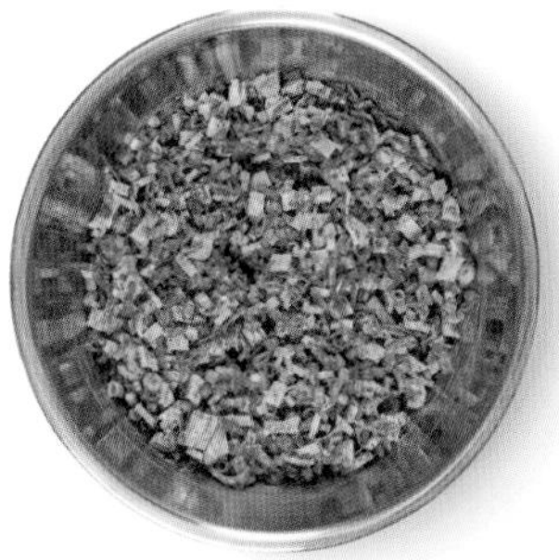

4

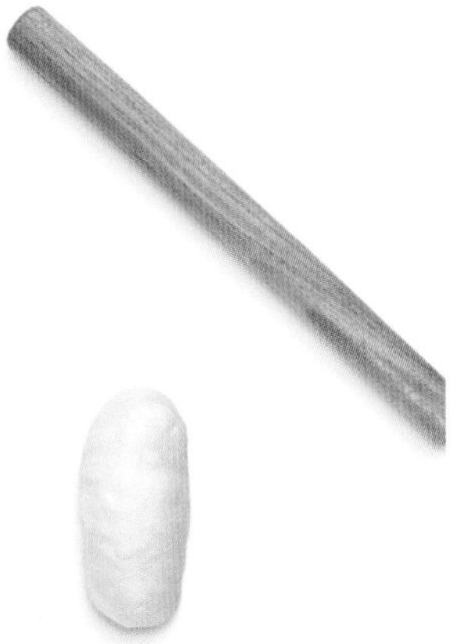

5

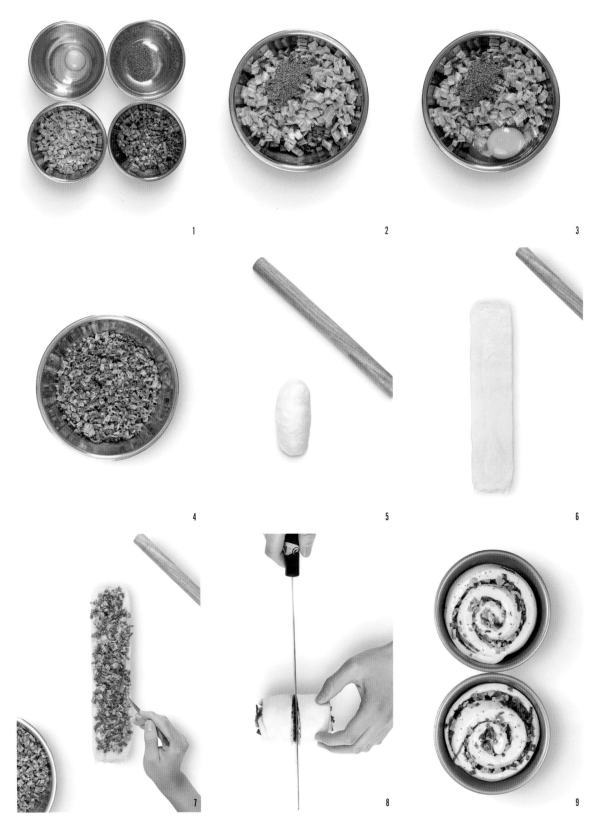

6

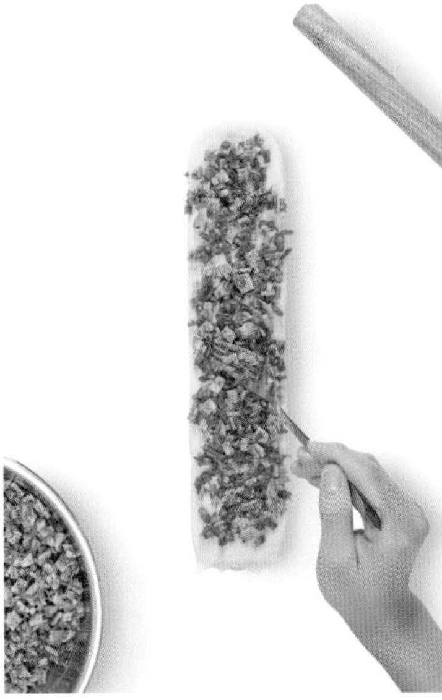

7

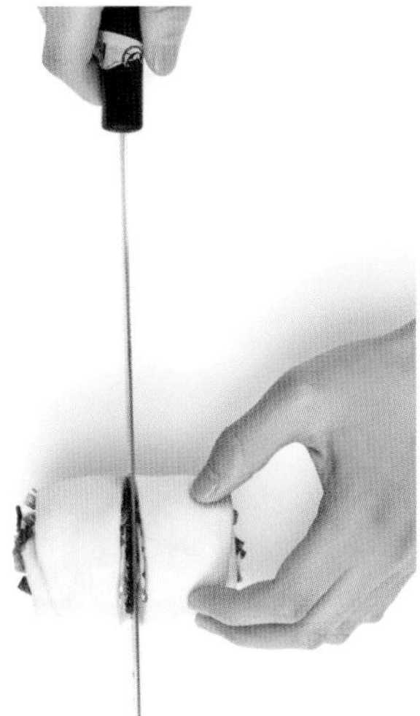

8

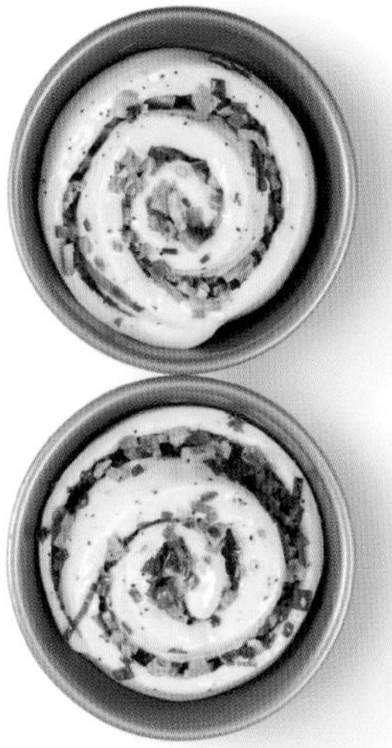

9

諾亞方舟

材料（可製作24個）

鮪魚餡

鮪魚　450克

洋蔥碎　200克

黑胡椒粉　5克

沙拉醬　200克

其他

軟法麵團　1440克

蛋液　適量

起司粉　適量

沙拉醬　240克

莫扎瑞拉起司碎　192克

香腸　360克

橄欖油　適量

製作方法

1 將製作鮪魚餡的材料稱好放置備用，把鮪魚罐頭裡的水完全擠乾，取450克鮪魚。

2 將鮪魚和黑胡椒粉混合。

3 加入洋蔥碎。

4 加入沙拉醬，攪拌均勻，放入盆中冷藏備用。

5 從冷藏冰箱中取出提前做好的軟法麵團，分割成60克一個，表面蘸麵粉，用擀麵棍擀成直徑13公分的圓形麵皮。

6 麵皮的一面刷蛋液，蘸起司粉。

7 將麵皮放入4寸漢堡模具中。

8 把提前做好的鮪魚餡裝入擠花袋，每個麵皮中擠入約35克，並放入發酵箱（溫度30℃，濕度80%）發酵40～50分鐘。

9 將發酵好的麵團取出，在鮪魚餡部分擠10克沙拉醬，然後放8克莫扎瑞拉起司碎，並在麵團的側面放兩個半片香腸（共15克）。放入烤箱，上火230℃，下火200℃，烘烤12分鐘，烤好後在表面刷一層薄薄的橄欖油即可。

1

2

3

4

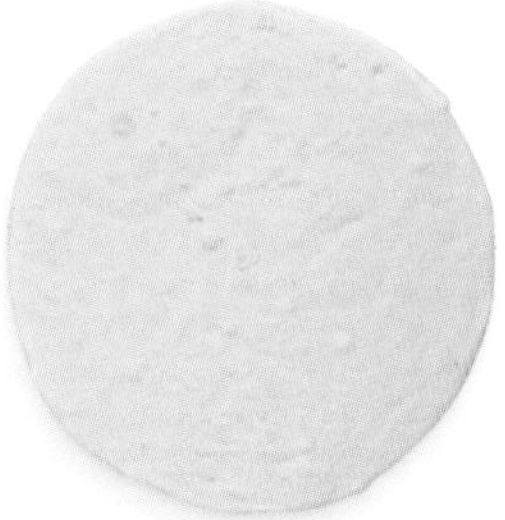

5

6

7

8

9

◎ 諾亞方舟

◎ 紫薯香芒

紫薯香芒

材料（可製作10個）

芒果果凍

寶茸芒果果泥　160克
肯迪雅鮮奶油　60克
玉米澱粉　20克
細砂糖　50克
全蛋　50克

紫薯酥皮

王后精製低筋麵粉　250克
肯迪雅乳酸發酵奶油　220克
細砂糖　100克
杏仁粉　40克
紫薯粉　35克
全蛋　50克

其他

布里歐麵團　700克
防潮糖粉　適量

製作方法

1 將製作芒果果凍的材料稱好放置備用。
2 把全蛋和玉米澱粉混合，攪拌均勻至沒有顆粒。把鮮奶油、細砂糖和芒果果泥放到煮鍋裡，加熱至冒小泡的狀態，然後離火，加入全蛋和玉米澱粉的混合液，邊加邊攪拌。
3 攪拌均勻後，再次用小火一邊攪拌一邊加熱至濃稠。煮好後，裝入擠花袋，擠到直徑4公分的半球形矽膠模具中，放到冷凍冰箱凍硬備用。
4 將製作紫薯酥皮的材料稱好放置備用。
5 把奶油和細砂糖混合攪拌均勻；加入全蛋，攪拌均勻；加入紫薯粉、低筋麵粉和杏仁粉，攪拌均勻成團。
6 將步驟5的麵團用兩張烘焙油紙包起來，用擀麵棍擀成1公厘（mm）厚的長方形麵皮，放入冷凍冰箱凍硬。
7 凍硬後取出，用直徑10公分和直徑4公分的鋼圈模具先壓好形狀，再放回冷凍冰箱裡凍硬備用。
8 將提前做好的布里歐麵團取出，分割成70克一個，滾圓，放在烤盤上，密封放入冷藏冰箱鬆弛30分鐘。
9 麵團鬆弛好後取出，用擀麵棍擀成直徑9公分的圓形麵皮。
10 用鐵刮板把步驟9的麵皮均勻地切成八等份，中心留出直徑約2公分的圓形不用完全切斷，把麵皮光滑的一面朝上，放入4寸漢堡模具裡，均勻地擺放在烤盤上，然後放入發酵箱（溫度30℃，濕度80%）發酵60分鐘，發酵好後，麵團約到模具的七分滿。
11 將步驟7凍好的紫薯酥皮取出，去掉中間的小圓形。步驟10的麵團發酵好後，在表面蓋一張刻好的圓環形紫薯酥皮。
12 將步驟3凍好的芒果果凍脫模，將平整的一面朝下，放在紫薯酥皮的空心處，輕輕往下按壓，果凍的圓弧面朝上。放入烤箱，上火190℃，下火180℃，烘烤15分鐘。烤好後脫模，轉移到網架上冷卻。等完全降溫後，在麵包表面用模板篩上防潮糖粉裝飾即可。

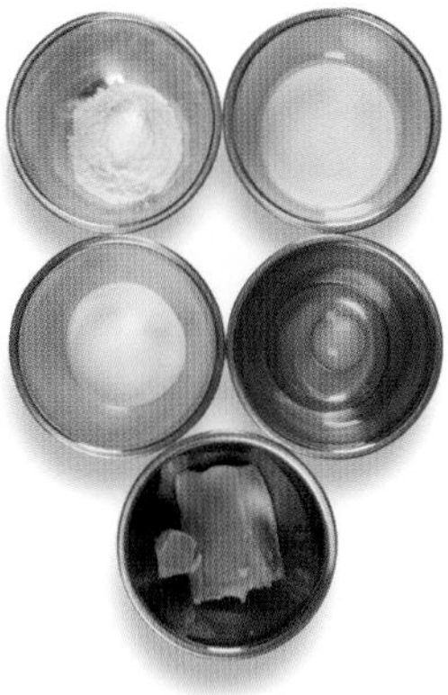
1

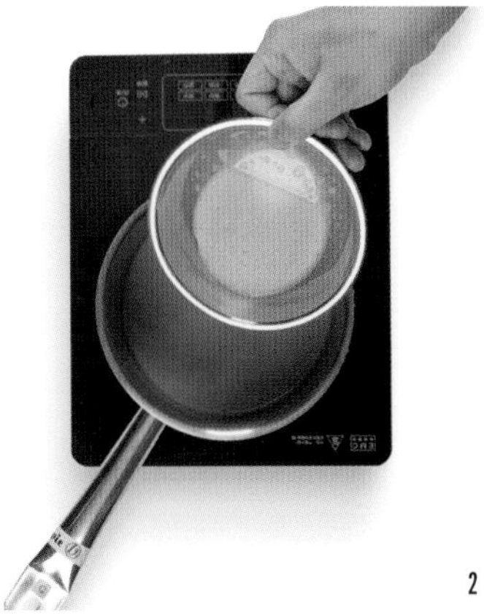
2

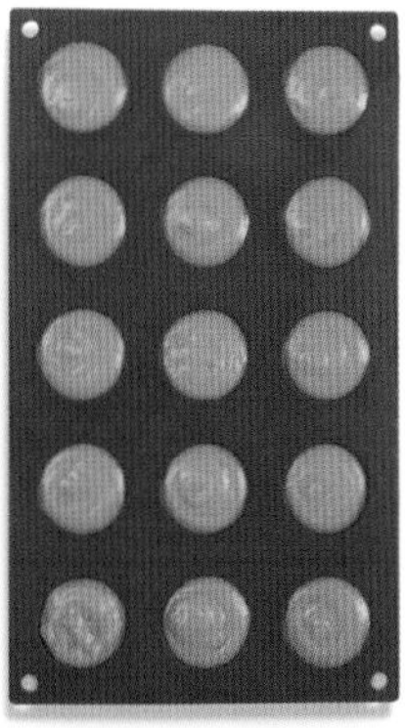
3

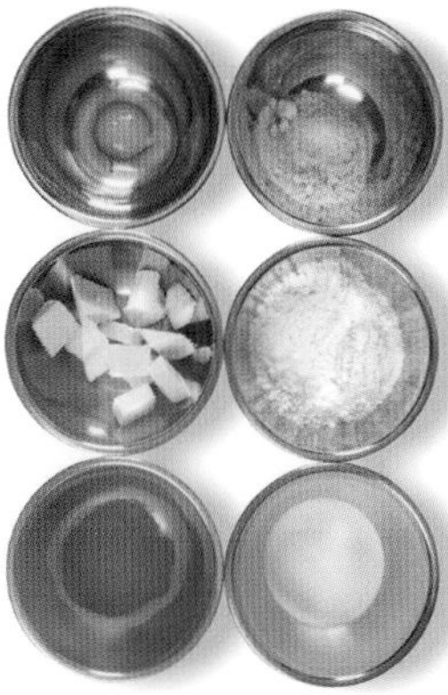
4

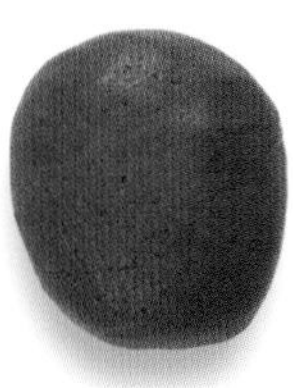
5

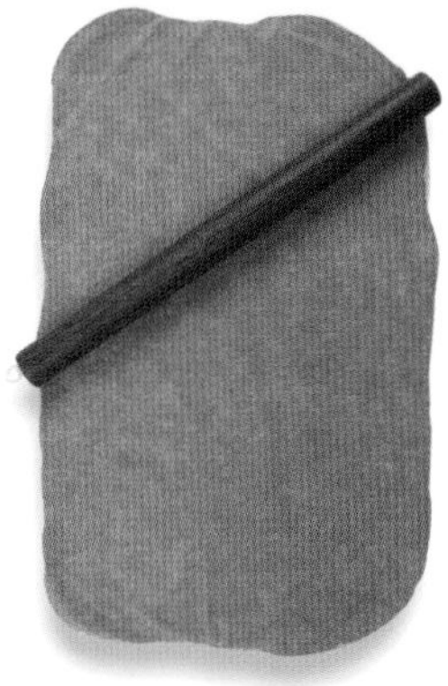
6

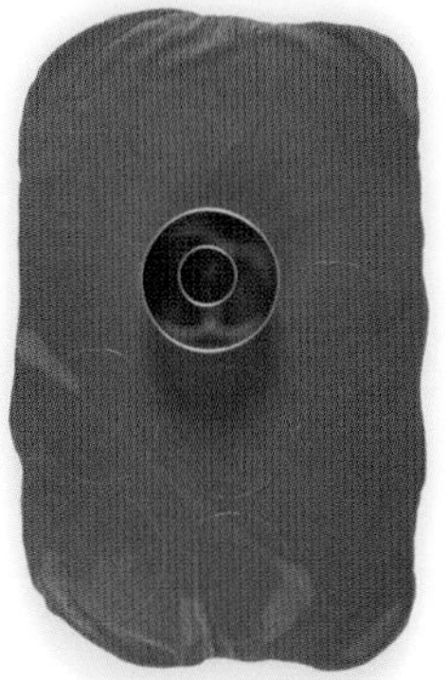
7

8

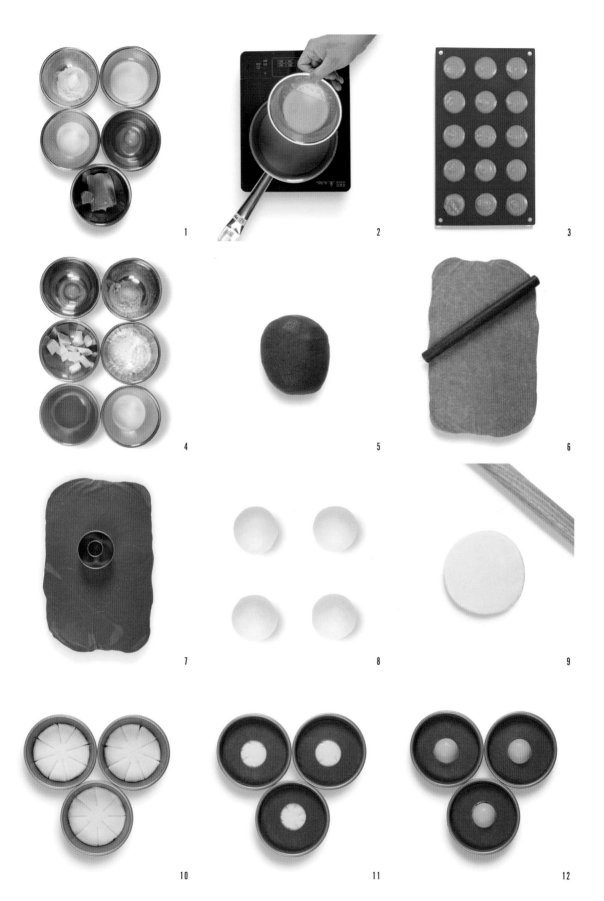
9

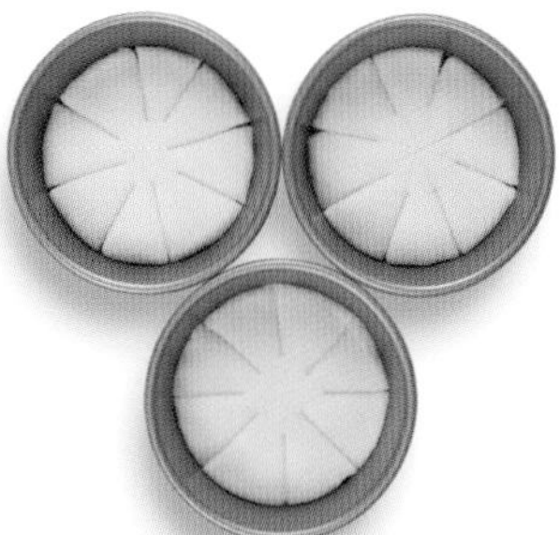
10

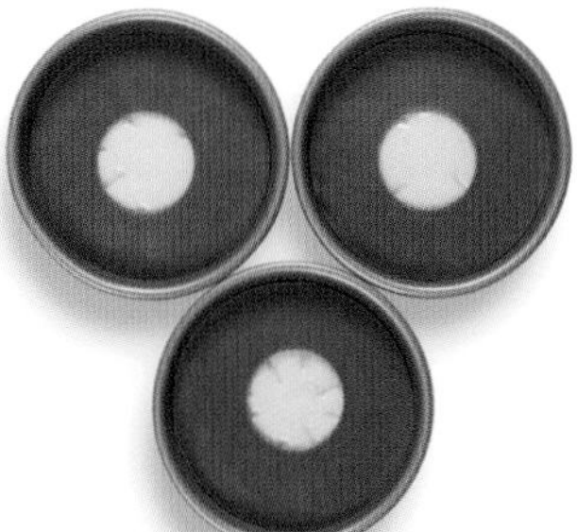
11

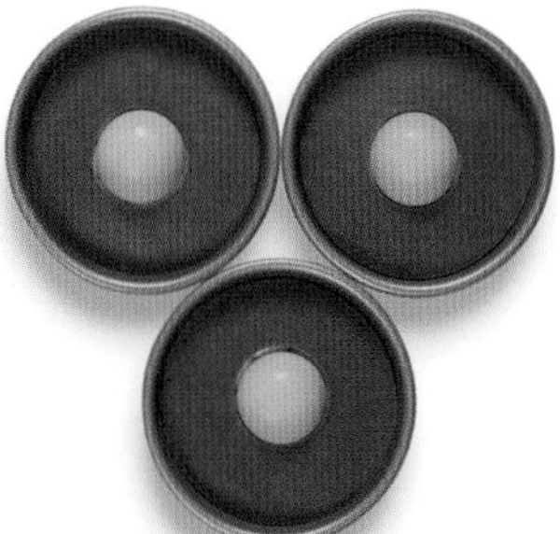
12

肉桂葡萄捲

材料（可製作10個）

肉桂餡

肯迪雅乳酸發酵奶油　50克

細砂糖　50克

全蛋　50克

肉桂粉　15克

杏仁粉　65克

其他

布里歐麵團　500克

葡萄乾　30克

蛋液　適量

杏仁片　適量

製作方法

1 將製作肉桂餡的材料稱好放置備用。

2 把細砂糖和奶油混合，軟化並攪拌均勻，加入全蛋再次攪拌均勻，接著把杏仁粉和肉桂粉加進去，完全攪拌均勻。

3 將提前準備好的布里歐麵團取出，滾圓，放在烤盤上，密封放入冷藏冰箱裡鬆弛30分鐘。

4 麵團鬆弛好後取出，用擀麵棍擀成長30公分、寬20公分的長方形麵皮。然後把麵皮翻面。

5 在麵皮上擠200克步驟2的肉桂餡，用抹刀塗抹均勻，再均勻地撒上30克葡萄乾。

6 沿短的一邊把麵皮捲起，揉搓均勻成長30公分的圓柱，兩端粗細保持一致。

7 用刀把步驟6的圓柱麵團均勻地切成厚度為3公分的塊。

8 把麵團的切面朝上，均勻擺放在烤盤上，放入發酵箱（溫度30℃，濕度80%）發酵70分鐘。

9 麵團發酵好後，在表面均勻地刷一層蛋液，再撒上一些杏仁片。放入烤箱，上火190℃，下火170℃，烘烤13分鐘。烤好後脫模，轉移到網架上冷卻即可。

1

2

3

4

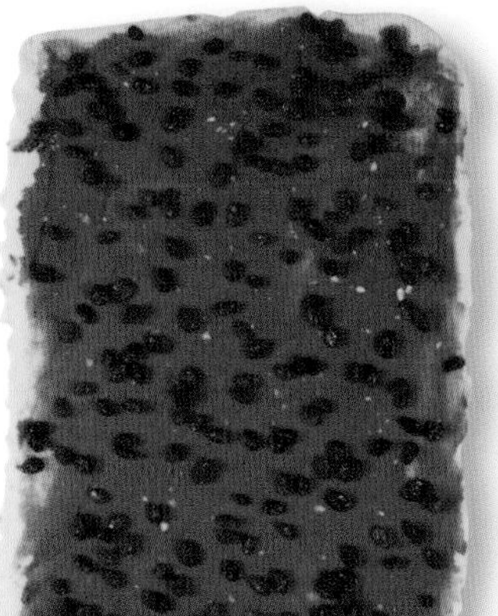

5

6

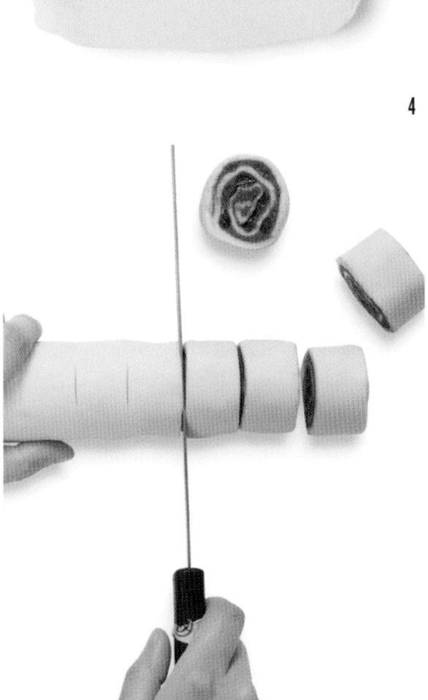

7

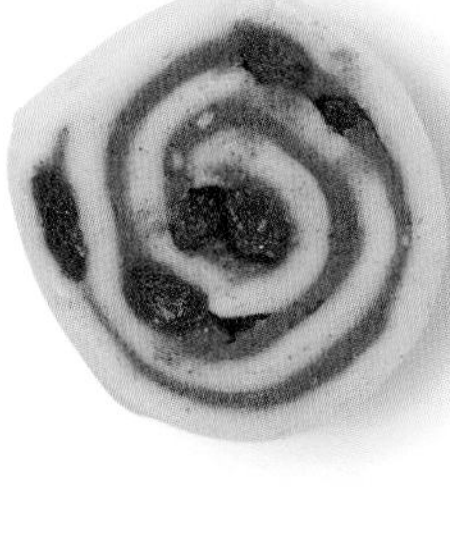

8

9

◎ 肉桂葡萄捲

◎ 焦糖布里歐

焦糖布里歐

材料（可製作10個）

巧克力杏仁餅乾

王后精緻低筋麵粉　255克

肯迪雅乳酸發酵奶油　150克

糖粉　100克

鹽　1克

全蛋　50克

可可粉　20克

杏仁粉　50克

焦糖醬

肯迪雅鮮奶油　50克

細砂糖　100克

其他

布里歐麵團　350克

巧克力布里歐麵團　350克

脫模油　適量

糖粉　適量

巧克力小花　10個

製作方法

1 將製作巧克力杏仁餅乾的材料稱好放置備用。

2 將奶油、糖粉、鹽混合，打至發白狀態，然後加入蛋液攪拌均勻，最後加入低筋麵粉、可可粉和杏仁粉攪拌均勻，放在烘焙油布上，用擀麵棍擀成3公厘（mm）厚，用直徑10公分的菊花邊刻模壓出10個月牙形，放入烤箱，160℃烘烤12分鐘，取出冷卻備用。

3 將製作焦糖醬的材料稱好放置備用。

4 將細砂糖放入厚底鍋中，小火燒化成焦糖色，然後關火，加入鮮奶油，攪拌均勻，放在盆中冷藏備用。

5 從冷藏冰箱中取出提前做好的布里歐麵團和巧克力布里歐麵團，分別分割成35克一個，放置備用。

6 將兩種麵團表面蘸少許麵粉（配方用量外），用擀麵棍擀成長15公分、寬12公分的長方形，翻面，底部收口，沿長邊捲成12公分的長條。

7 將步驟6的兩根長條形麵團搓長至18公分，互相纏繞。

8 在4寸咕咕霍夫模具裡噴一層脫模油，擠入15克步驟4的焦糖醬。

9 將步驟7的麵團兩頭接起成甜甜圈形，放入模具，並放入發酵箱（溫度30℃，濕度80％）發酵約50分鐘，發酵好的麵團表面蓋烘焙油布，並壓上烤盤。放入烤箱，上火220℃，下火190℃，烘烤12～15分鐘。烤好後取出冷卻，表面放步驟2的巧克力杏仁餅乾，撒上糖粉，裝飾上巧克力小花即可。

1

2

3

4

5

6

7

8

9

熔岩巧克力

材料（可製作30個）

巧克力醬

肯迪雅鮮奶油　200克

柯氏51%牛奶巧克力　200克

麻糬

肯迪雅乳酸發酵奶油　36克

細砂糖　108克

糯米粉　252克

牛奶　432克

玉米澱粉　75克

巧克力酥粒

肯迪雅乳酸發酵奶油　250克

王后精緻低筋麵粉　350克

可可粉　50克

糖粉　175克

奶粉　100克

其他

巧克力布里歐麵團　1800克

蛋液　適量

糖粉　適量

杏仁粒　60顆

製作方法

1 將製作巧克力醬的材料稱好放置備用。

2 巧克力與鮮奶油混合，隔水加熱至化開後倒入直徑4公分的矽膠模具中，然後放入冷凍冰箱中備用。

3 將製作麻糬的材料稱好放置備用。

4 將牛奶與細砂糖混合，攪拌至細砂糖化開，加入糯米粉、玉米澱粉攪拌均勻，放在電磁爐上蒸熟至不流動的狀態，然後加入奶油。

5 把奶油全部揉進去，用保鮮膜包裹放置備用。

6 將製作巧克力酥粒的材料稱好放置備用。

7 奶油軟化後加入糖粉、可可粉、奶粉和低筋麵粉，攪拌均勻，放在盆中冷凍存儲。

8 將步驟5做好的麻糬分為約30克一個，揉圓，按扁；把步驟2做好的巧克力醬從冷凍冰箱中取出，把巧克力醬放在麻糬上包裹好。

9 從冷藏冰箱中取出提前做好的巧克力布里歐麵團，分割成60克一個，放置備用。

10 將麵團表面蘸少許麵粉（配方用量外），用擀麵棍擀成中間厚兩邊薄的圓形麵皮，把步驟8包裹好巧克力醬的麻糬放在麵團上。

11 將巧克力布里歐麵團包裹住麻糬，底部收口。

12 表面刷蛋液，蘸巧克力酥粒，放入4寸漢堡模具中，並放入發酵箱（溫度30℃，濕度80%）發酵50分鐘。放入烤箱，上火220℃，下火190℃，烘烤12～15分鐘，烤好後取出冷卻，表面撒上糖粉，放2顆杏仁粒即可。

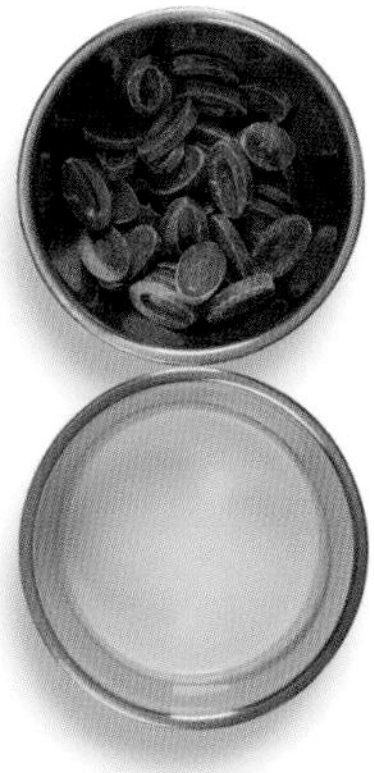
1

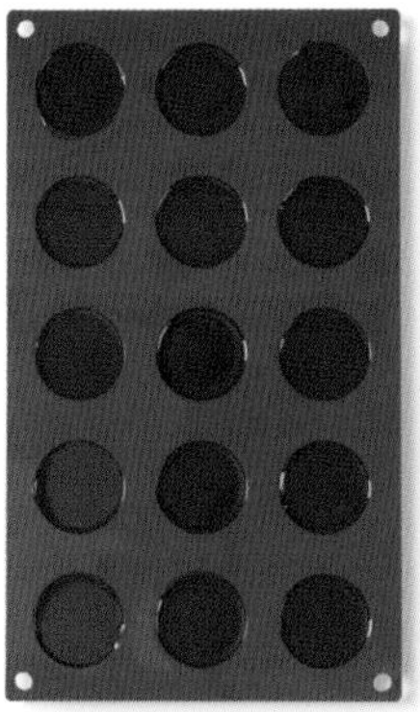
2

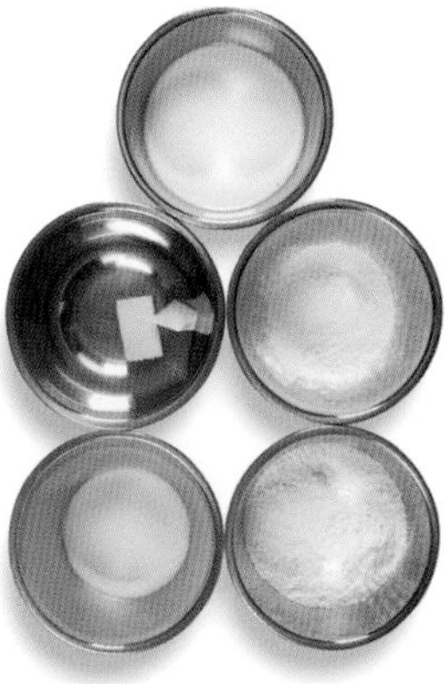
3

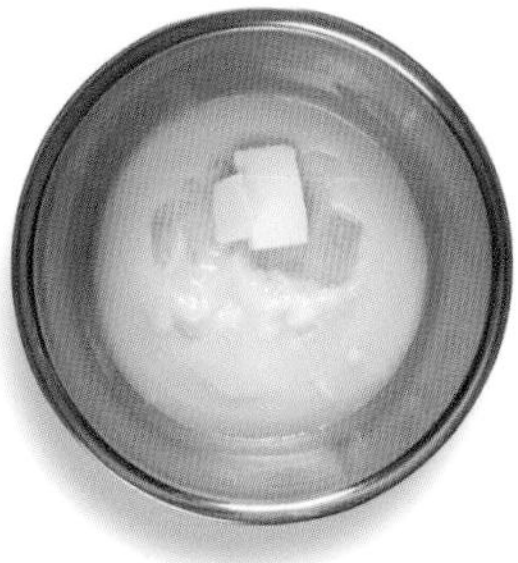
4

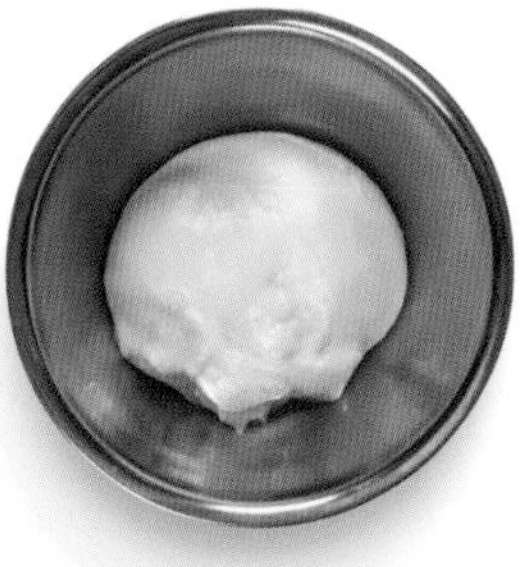
5

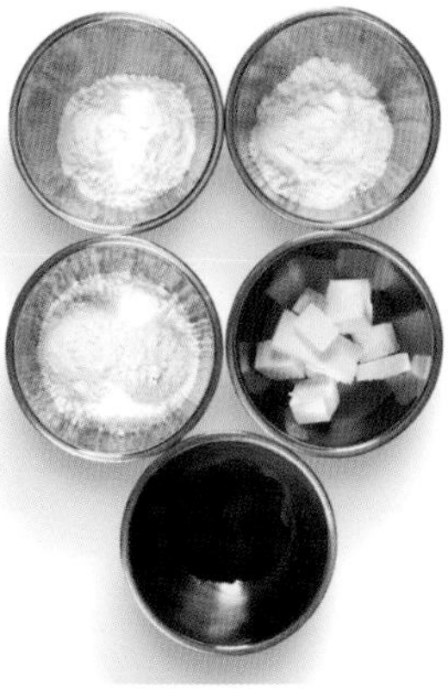
6

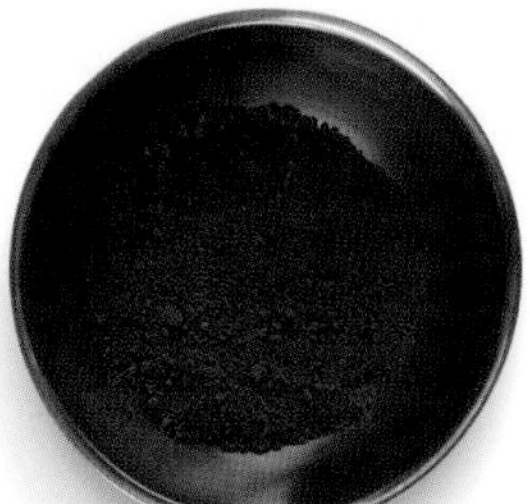
7

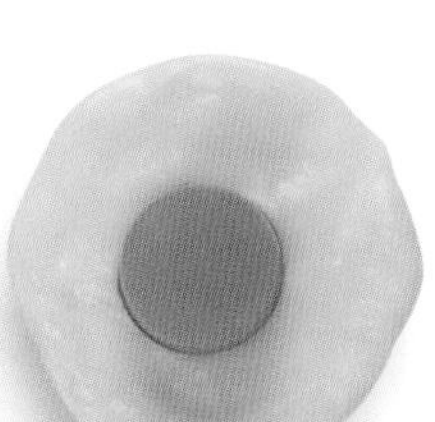
8

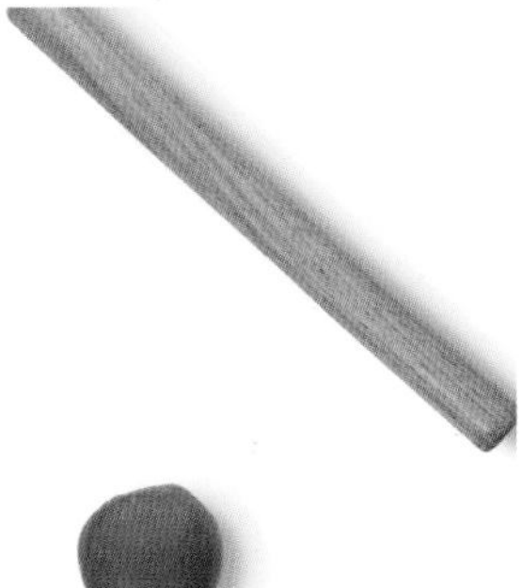
9

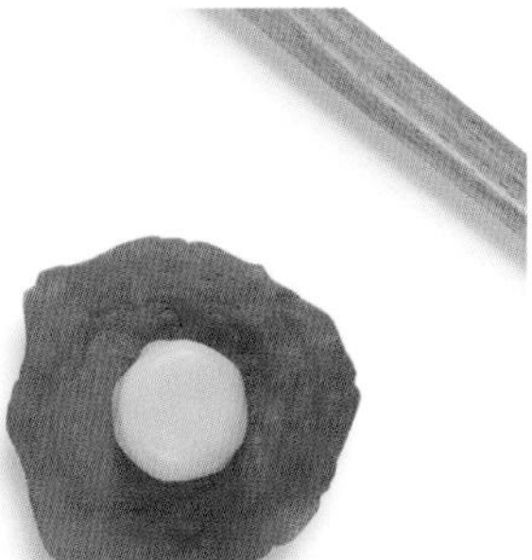
10

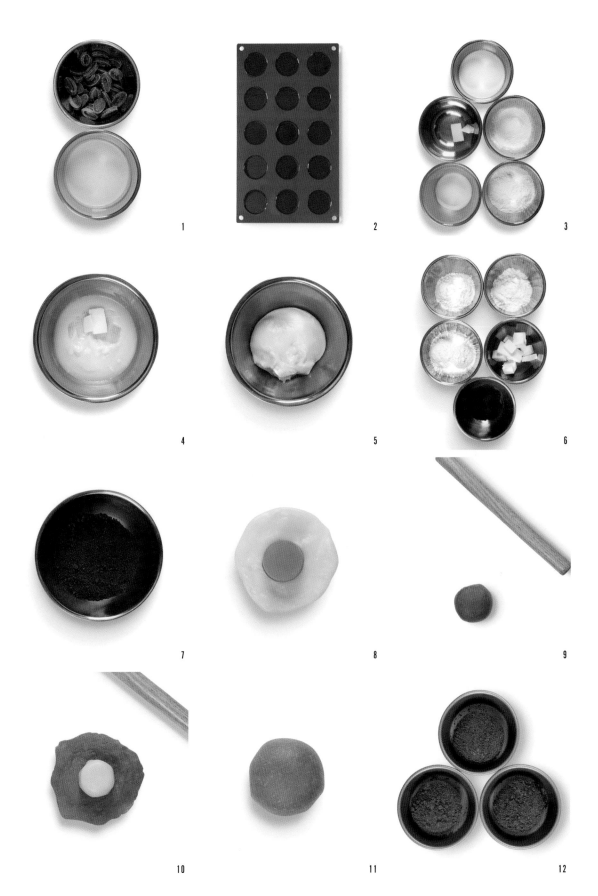
11

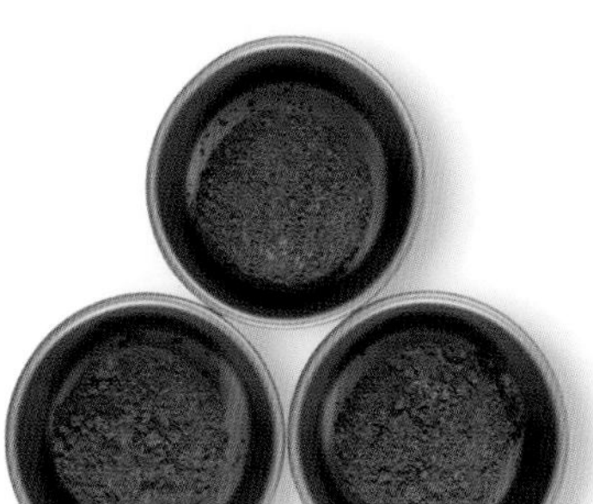
12

◎ 熔岩巧克力

特色吐司系列

南瓜吐司

材料（可製作8個）

南瓜餡

肯迪雅乳酸發酵奶油　35克

日本南瓜　525克

玉米澱粉　35克

細砂糖　87克

南瓜吐司麵團

王后柔風甜麵包粉　1000克

肯迪雅乳酸發酵奶油　80克

細砂糖　150克

奶粉　30克

鮮酵母　35克

牛奶　100克

全蛋　100克

南瓜泥　250克

水　300克

鹽　16克

其他

蛋液　適量

南瓜子　80克

製作方法

1 將製作南瓜餡的材料稱好放置備用。

2 將日本南瓜削皮放入鍋中蒸熟，移入攪拌缸中，加入細砂糖、奶油、玉米澱粉，攪拌均勻放入盆中備用。

3 將製作南瓜吐司麵團的材料稱好放置備用。

4 細砂糖與水混合，攪拌至細砂糖完全化開。與麵包粉、奶粉、鮮酵母、牛奶、全蛋、南瓜泥一起加入攪拌缸中，慢速攪拌至無乾粉、無顆粒，加入鹽。

5 待鹽完全融入麵團，快速攪拌至麵筋擴展階段，此時麵筋具有彈性及良好的延展性，並能拉出較好的麵筋膜，麵筋膜表面光滑、較厚、不透明，有鋸齒。

6 加入奶油，慢速攪拌均勻，轉快速攪拌至麵筋完全擴展階段，此時麵筋能拉開大片麵筋膜且麵筋膜薄，能清晰看到手指紋，無鋸齒。

7 取出麵團規整外型，蓋上保鮮膜放在室溫下發酵40～50分鐘，然後冷藏45分鐘。

8 取出冷藏的麵團，分割成約250克一個，揉圓，放置備用。

9 將麵團表面微微蘸麵粉（配方用量外），用擀麵棍擀成長22公分、寬14公分的長方形麵皮，翻面。

10 在步驟9的麵皮上均勻鋪80克步驟2的南瓜餡。

11 將麵團沿長邊對折，用麵刀切出寬約1.5公分的長條，如圖示扭成麻花形，切記另一端不要切斷。

12 最後捲起放入250克的吐司模具中，並放入發酵箱（溫度30℃，濕度80%）發酵50～80分鐘。發酵好後表面刷蛋液，每個麵包上撒約10克南瓜子，放入烤箱，上火210℃，下火190℃，烘烤20分鐘即可。

1

2

3

4

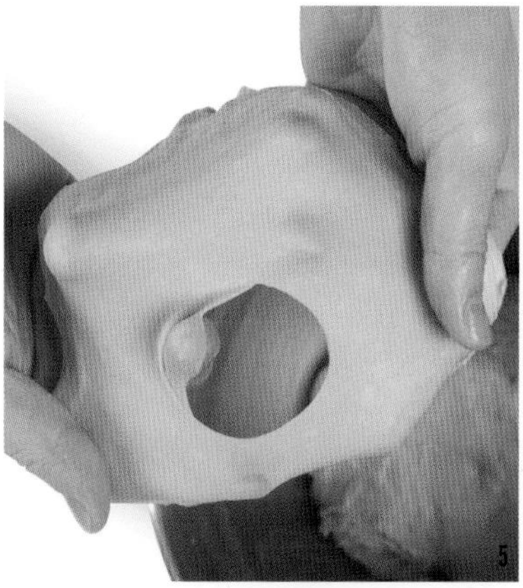

5

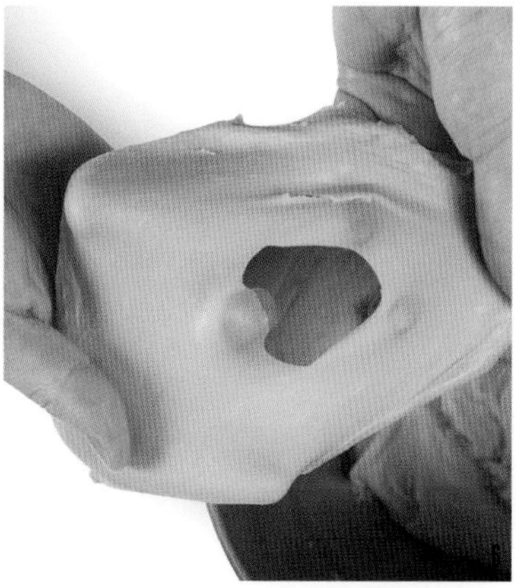

6

7

8

9

10

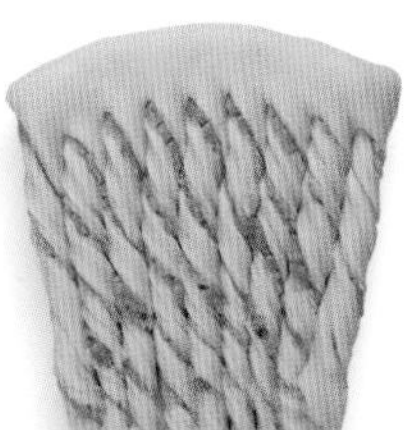

11

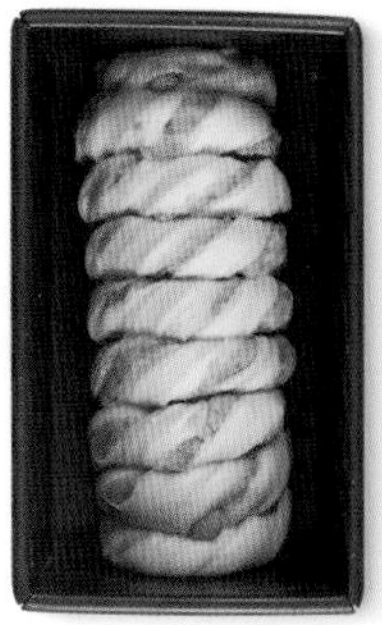

12

◎ 南瓜吐司

◎ 日式生吐司

日式生吐司

材料（可製作8個）

中種麵團

王后柔風甜麵包粉　500克

鮮酵母　5克

牛奶　400克

主麵團

王后柔風甜麵包粉　500克

肯迪雅乳酸發酵奶油　100克

肯迪雅鮮奶油　150克

細砂糖　100克

蜂蜜　50克

鮮酵母　28克

奶粉　20克

水　250克

鹽　16克

製作方法

1 將製作中種麵團的材料稱好放置備用。

2 把鮮酵母加入牛奶中，攪拌至化開，加入麵包粉，慢速攪拌成團至沒有乾粉。

3 把攪拌好的中種麵團密封放在30℃的環境下發酵2個小時。

4 將製作主麵團的材料稱好放置備用。

5 把蜂蜜、水、麵包粉、奶粉、鮮酵母和細砂糖倒入攪拌缸，慢速攪拌成團至沒有乾粉，成團後加入鹽和步驟3發酵好的中種麵團。

6 繼續慢速攪拌均勻然後轉快速攪拌至七成麵筋，此時表面能拉出粗糙的厚膜，孔洞邊緣處帶有稍小的鋸齒。

7 加入在室溫下軟化至膏狀奶油，先慢速攪拌至奶油與麵團融合，再轉快速攪拌至十成麵筋，此時表面能拉出光滑的薄膜，孔洞邊緣處光滑無鋸齒。

8 取出麵團，把表面收整光滑成球形。麵團溫度控制在22～25℃，把麵團放在26～28℃的環境下基礎發酵40分鐘。

9 發酵好後取出，分割成約125克一個，滾圓，放在常溫下（24～28℃）鬆弛30分鐘。

10 麵團鬆弛好後取出，用擀麵棍擀成長35公分、寬8公分的長條，翻面。

11 把麵團按圖示捲起成圓柱狀。

12 把步驟11整型好的麵團兩個一組，光滑面朝上放入200克的水立方吐司模具中，放入發酵箱（溫度30℃，濕度80%）發酵60～70分鐘。發酵好後，約到吐司模具七分滿。蓋上吐司蓋，放入烤箱（不帶烤盤），上火250℃，下火200℃，烘烤約22分鐘。烤好後取出，震動模具，打開蓋子，把吐司倒出放在網架上冷卻即可。

1

2

3

4

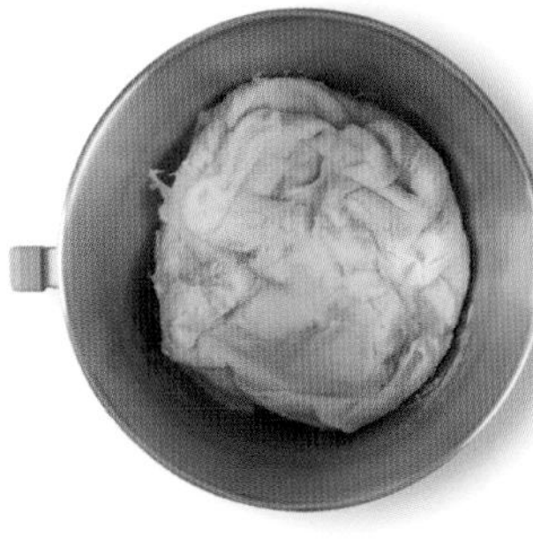
5

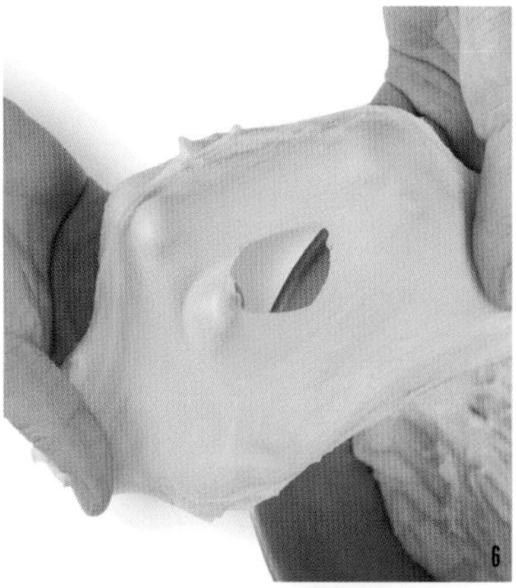
6

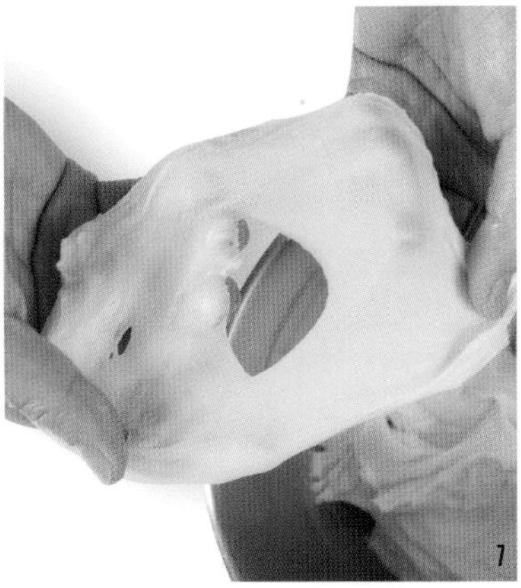
7

8

9

10

11

12

日式牛奶吐司

材料（可製作4個）

王后柔風甜麵包粉　1000克
肯迪雅乳酸發酵奶油　80克
細砂糖　150克
鮮酵母　35克
奶粉　20克
牛奶　580克
全蛋　100克
蛋黃　60克
蜂蜜　20克
鹽　15克

製作方法

1 所有材料稱好放置備用。
2 將麵包粉、奶粉、鮮酵母、全蛋、蛋黃和蜂蜜放入攪拌缸中。細砂糖與牛奶混合，攪拌至細砂糖完全化開，倒入攪拌缸中，慢速攪拌至無乾粉、無顆粒，加入鹽。
3 待鹽完全融入麵團，快速攪拌至麵筋擴展階段，此時麵筋具有彈性及良好的延展性，並能拉出較好的麵筋膜，麵筋膜表面光滑、較厚、不透明，有鋸齒。
4 把準備好的奶油加入。慢速攪拌均勻後轉快速攪拌至麵筋完全擴展階段，此時麵筋能拉開大片麵筋膜且麵筋膜薄，能清晰看到手指紋，無鋸齒。
5 取出麵團規整外型，蓋上保鮮膜放在室溫下發酵40～50分鐘，再分割成約170克一個，每三個一組，預整型為長條形，放置冷藏備用。
6 從冷藏中取出麵團放置備用。將麵團表面微微蘸麵粉（配方用量外），用擀麵棍擀成長35公分、寬8公分的長條形，翻面。
7 再將擀好的麵團如圖示從短邊捲起。
8 將捲好的麵團每三個一組並排放入450克的吐司模具中，放入發酵箱（溫度30℃，濕度80％）發酵60～80分鐘。
9 發酵好的麵團用剪刀剪出刀口，刀口處擠上奶油（配方用量外）。放入烤箱，上火180℃，下火230℃，烘烤25分鐘即可。

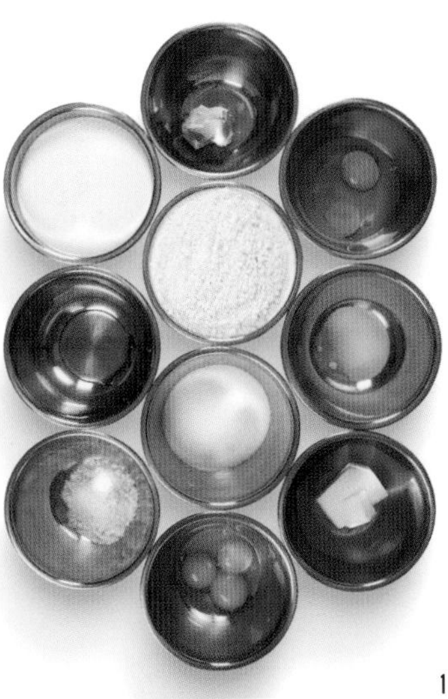
1
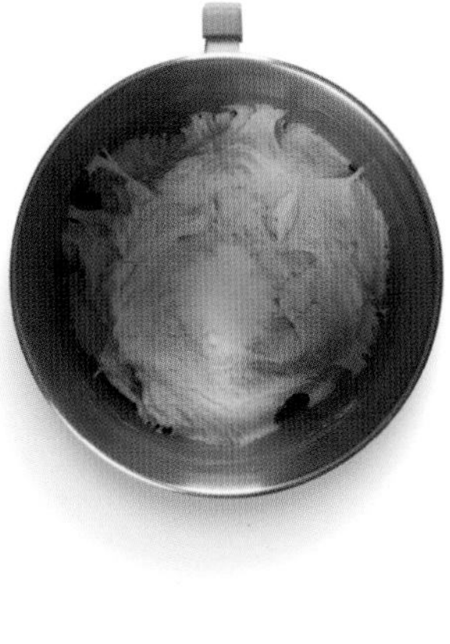
2
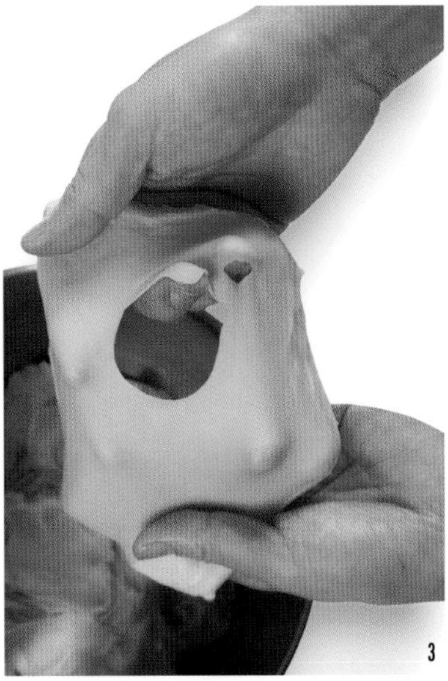
3
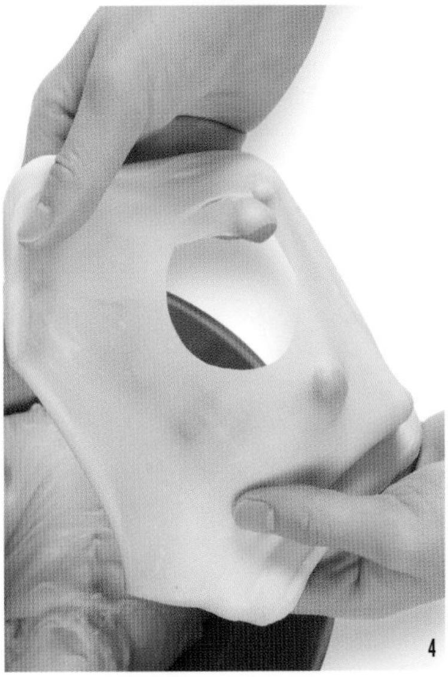
4
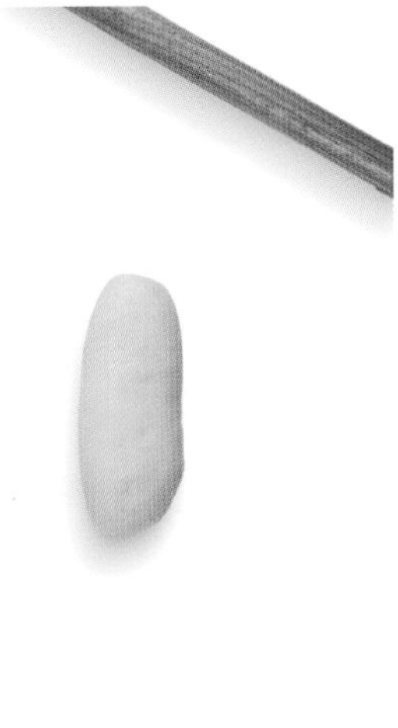
5

6
 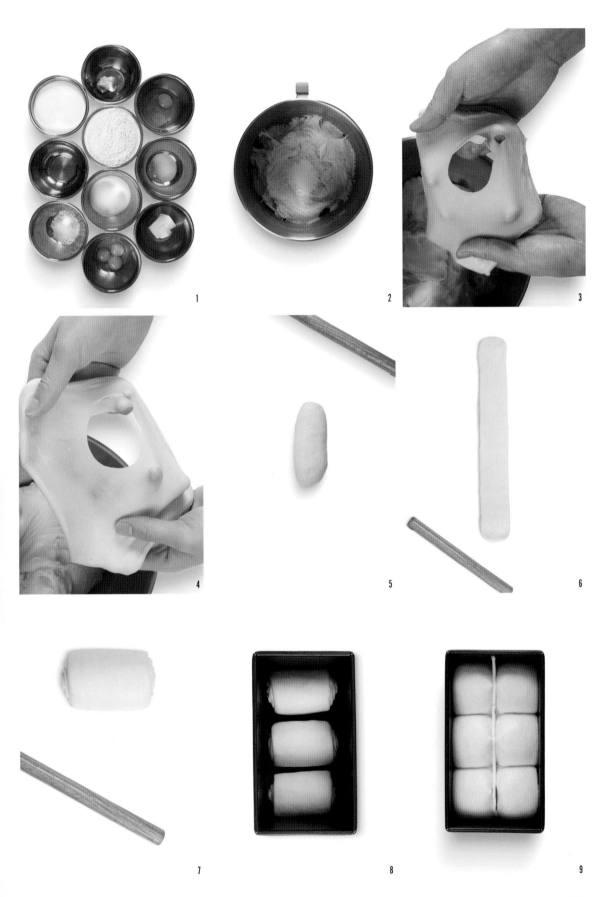
7
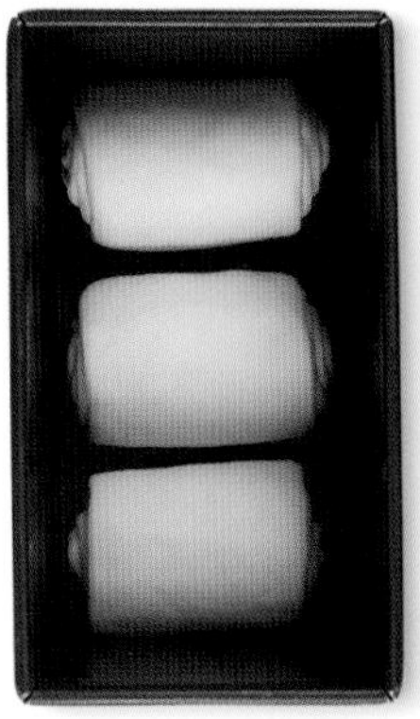
8
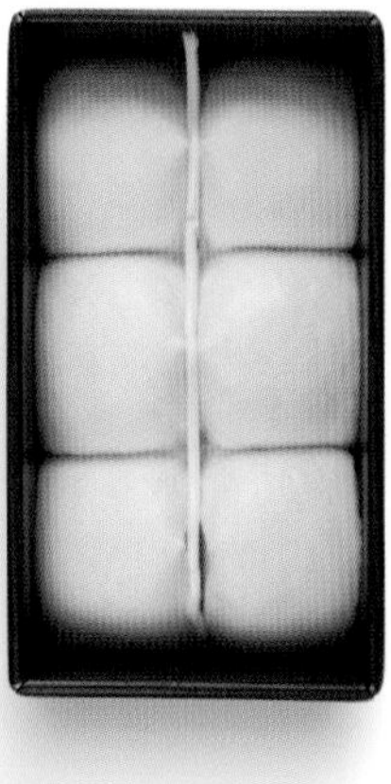
9

◎ 日式牛奶吐司

◎ 全麥吐司

全麥吐司

材料（可製作4個）

王后柔風甜麵包粉　700克
王后特製全麥粉　300克
肯迪雅乳酸發酵奶油　100克
肯迪雅鮮奶油　250克
細砂糖　130克
鮮酵母　35克
蜂蜜　20克
奶粉　25克
牛奶　180克
水　400克
鹽　16克

製作方法

1 所有材料稱好放置備用。
2 把牛奶、蜂蜜、水、鮮奶油和細砂糖加入全麥粉中，浸泡30分鐘。這樣能夠軟化全麥粉的顆粒，讓口感更柔軟。全麥粉浸泡好後，加入麵包粉、鮮酵母和奶粉。使用攪拌機把麵糊慢速攪拌成團至沒有乾粉。麵糊成團後，加入鹽。
3 把麵團用慢速繼續攪拌至七成麵筋，此時能拉出表面粗糙的厚膜，孔洞邊緣處帶有稍小的鋸齒。
4 加入室溫軟化至膏狀的奶油。先慢速攪拌至奶油與麵團融合，再轉快速把麵團攪拌至十成麵筋，此時能拉出表面光滑的薄膜，孔洞邊緣處光滑無鋸齒。
5 取出麵團，把表面收整光滑成球形。麵團溫度控制在22～25℃，然後把麵團放在26～28℃的環境下基礎發酵40分鐘。發酵好後取出，分割成510克一個，滾圓，放置在24～28℃的環境下鬆弛30分鐘。
6 麵團鬆弛好後取出，用擀麵棍擀成長40公分、寬15公分的長條，然後翻面並旋轉90°。
7 把麵團從右往左折2/5。
8 把麵團從左往右折1/5。
9 把麵團從中間再次對折，整成橄欖形長條，壓緊接口。
10 把整型好的麵團光滑面朝上放入450克的吐司模具中，放入發酵箱（溫度30℃，溼度80%）發酵90～120分鐘，發酵好後，約到吐司模具九分滿。然後放入烤箱，上火160℃，下火230℃，不帶烤盤，烘烤約26分鐘。出爐後，震動模具，把吐司倒出放在網架上冷卻即可。

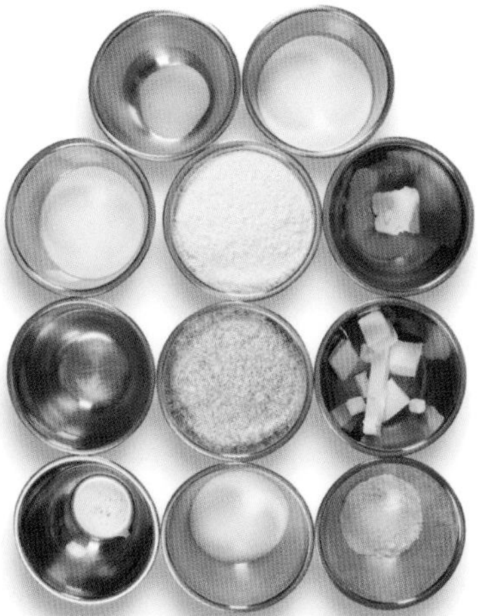
1

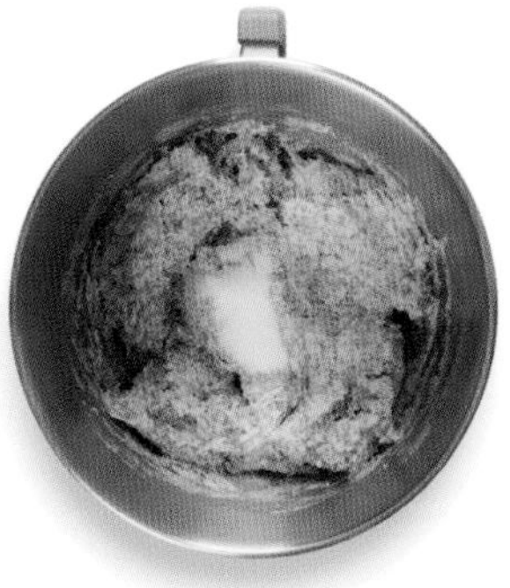
2

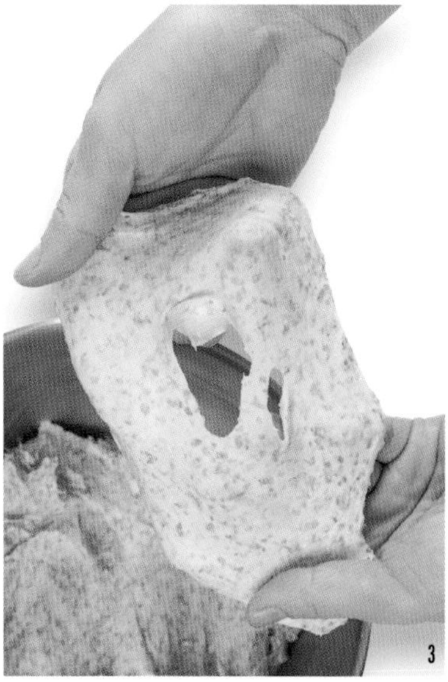
3

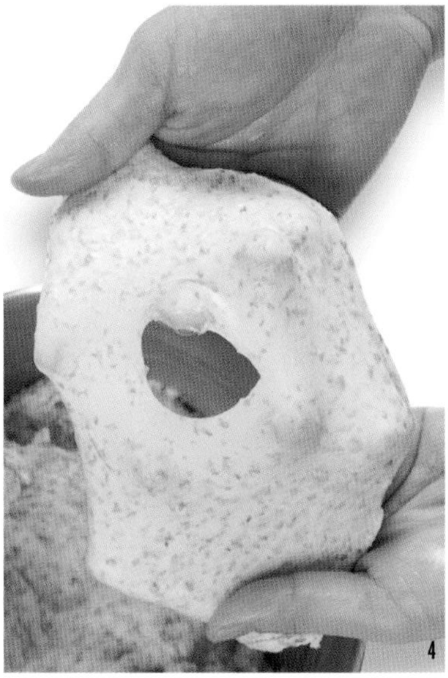
4

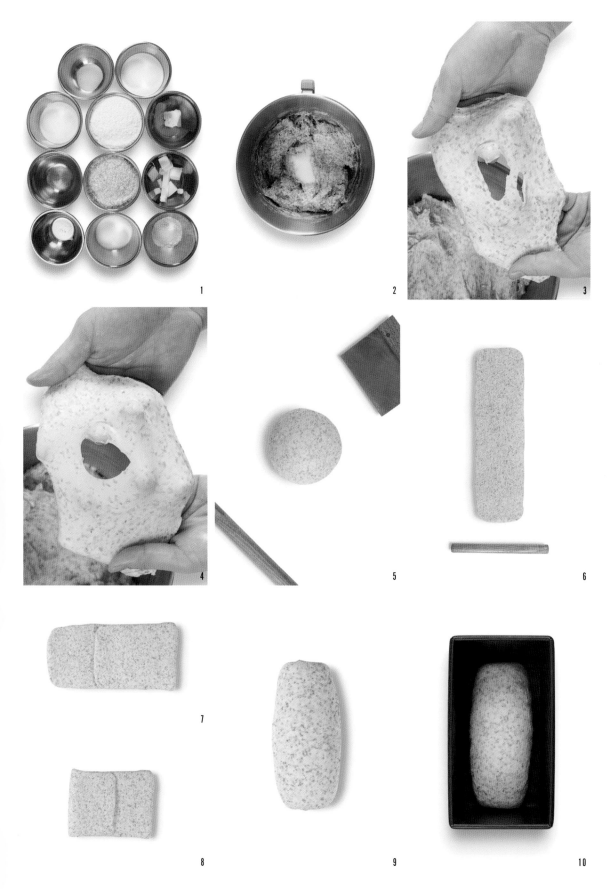
5

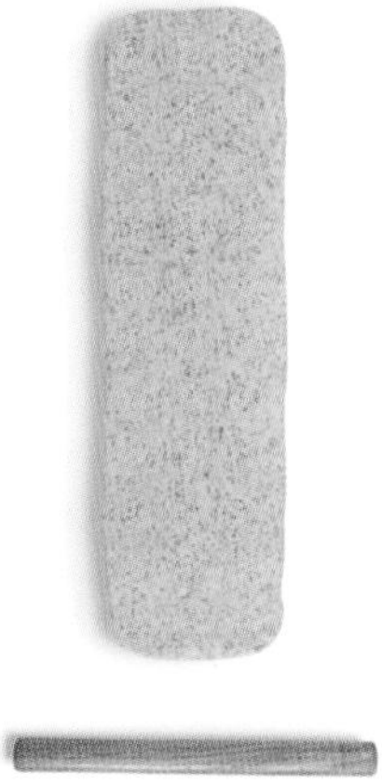
6

7

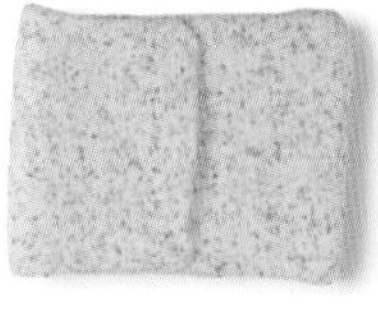
8

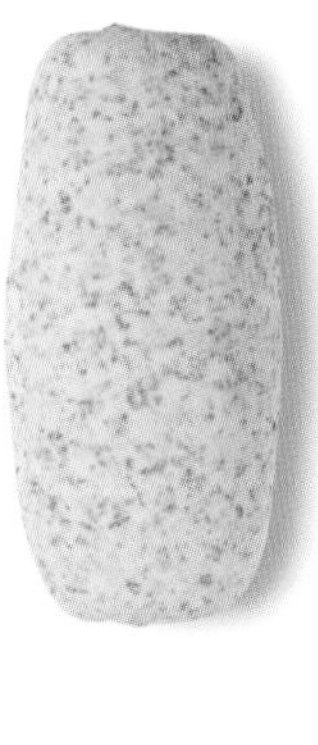
9

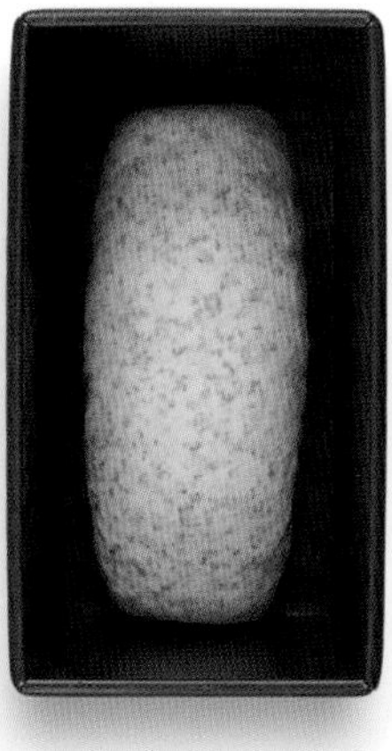
10

巧克力勃朗峰吐司

材料（可製作4個）

巧克力餡

牛奶　200克

卡士達粉　70克

柯氏51%牛奶巧克力　80克

中種麵團

王后柔風甜麵包粉　500克

細砂糖　20克

鮮酵母　5克

水　350克

主麵團

王后柔風甜麵包粉　500克

肯迪雅乳酸發酵奶油　80克

肯迪雅鮮奶油　200克

日式燙種　200克

細砂糖　80克

奶粉　20克

鮮酵母　30克

全蛋　100克

牛奶　100克

可可粉　30克

鹽　15克

其他

蛋液　適量

巧克力酥粒（見P106）　適量

製作方法

1 將製作巧克力餡的材料稱好放置備用。

2 把牛奶與卡士達粉混合攪拌均勻成卡士達醬。巧克力隔水加熱至化開後加入攪拌好的卡士達醬中，攪拌均勻後放置備用。

3 將製作中種麵團和主麵團的材料稱好放置備用。將製作中種麵團的材料混合攪拌至無乾粉無顆粒，放入盆中，室溫發酵2小時，冷藏隔夜備用。

4 將麵包粉、奶粉、鮮酵母、全蛋、鮮奶油和可可粉放入攪拌缸中。細砂糖與牛奶混合，攪拌至細砂糖完全化開後倒入攪拌缸中，慢速攪拌至無乾粉、無顆粒。加入鹽、日式燙種、中種麵團。

5 待鹽完全融入麵團，快速攪拌至麵筋擴展階段，此時麵筋具有彈性及良好的延展性，並能拉出較好的麵筋膜，麵筋膜表面光滑、較厚、不透明，有鋸齒。

6 加入奶油，待奶油與麵團攪拌均勻後轉快速攪拌至麵筋完全擴展階段，此時麵筋能拉開大片麵筋膜且麵筋膜薄，能清晰看到手指紋，無鋸齒。

7 取出麵團規整外型，蓋上保鮮膜放在室溫下發酵40～50分鐘，再分割成510克一個，揉圓，放置冷藏備用。

8 從冷藏中取出麵團放置備用，將麵團表面微微蘸麵粉（配方用量外），用擀麵棍擀成長28公分、寬20公分的長方形，翻面，底部收口。

9 將步驟2提前做好的巧克力餡裝入擠花袋，在麵團上擠出80克並塗抹均勻。

10 由左到右將麵團捲起，接口處朝上，用牛角刀一切為二，底部不要切斷，然後互相纏繞。

11 將整型好的巧克力勃朗峰吐司麵團放入450克的吐司模具中，並放入發酵箱（溫度30℃，濕度80%）發酵60～80分鐘。

12 發酵好的麵團表面均勻地刷上蛋液，撒上巧克力酥粒，上火200℃，下火230℃，烘烤約27分鐘即可。

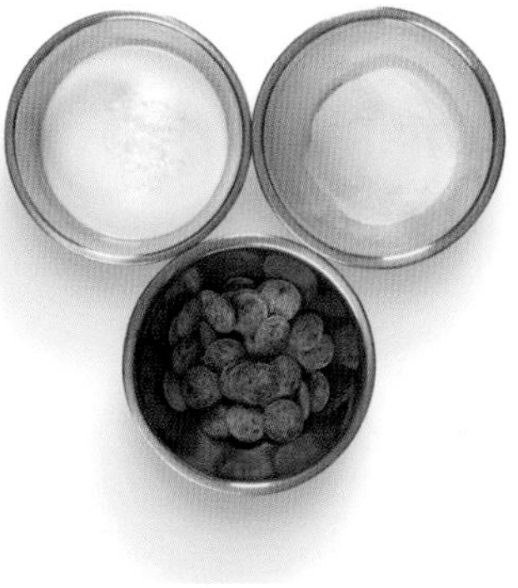
1

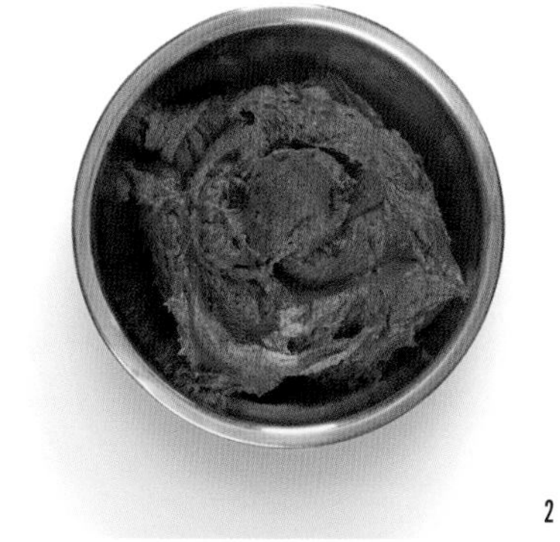
2

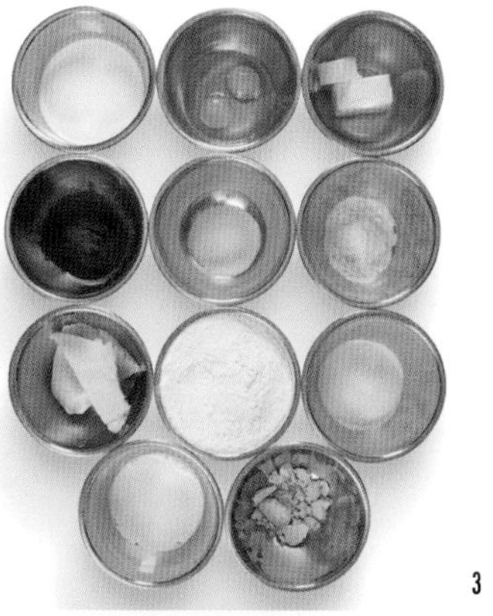
3

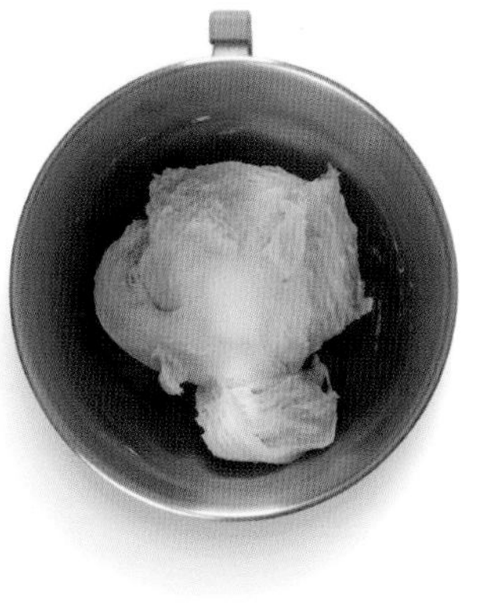
4

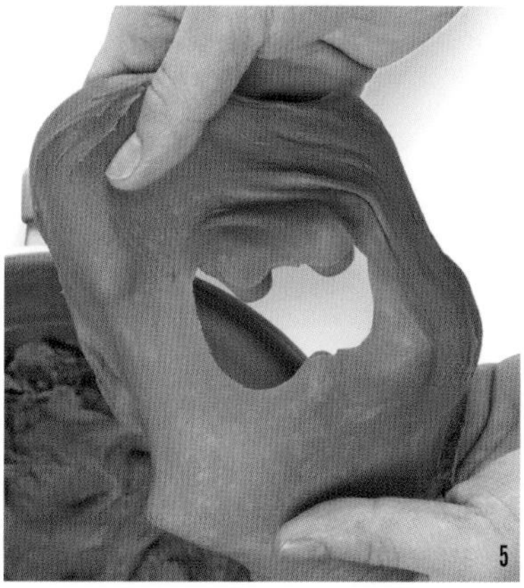
5

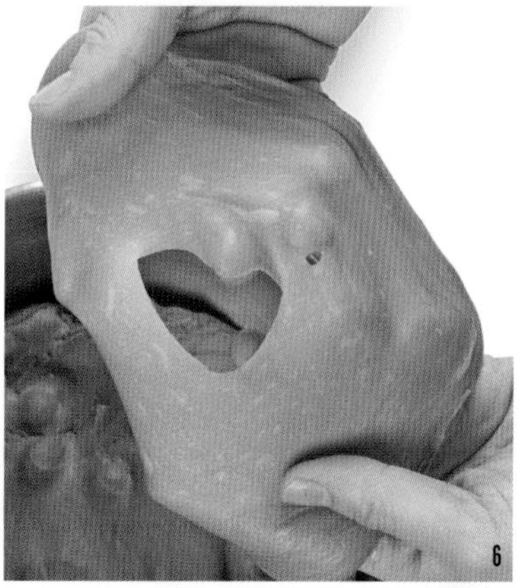
6

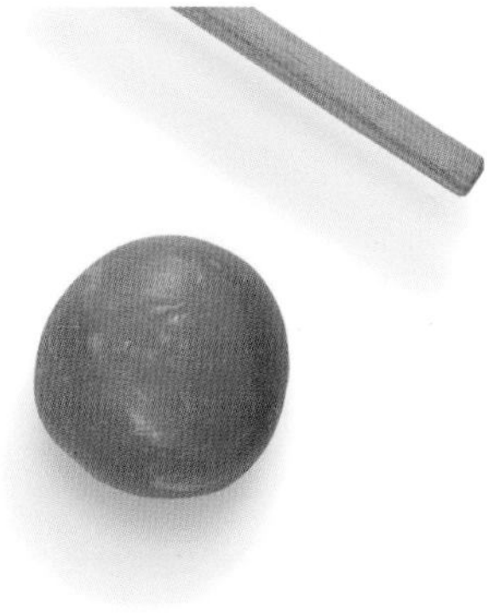
7

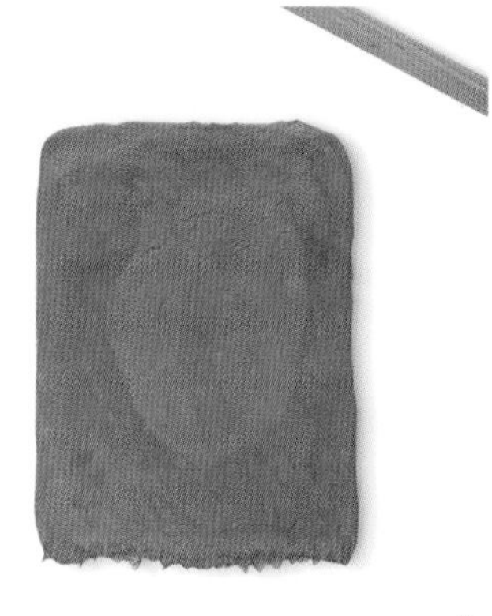
8

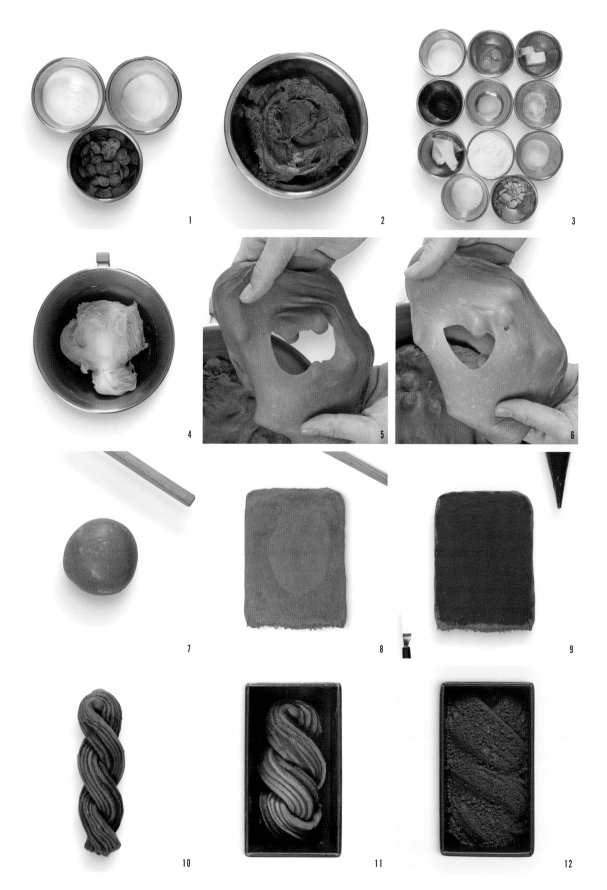
9

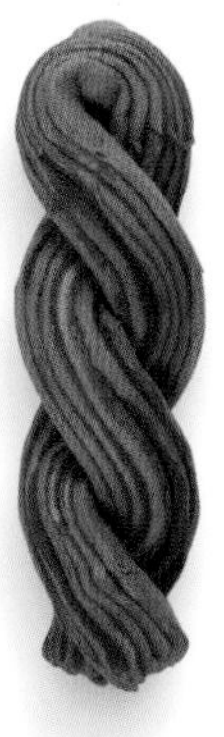
10

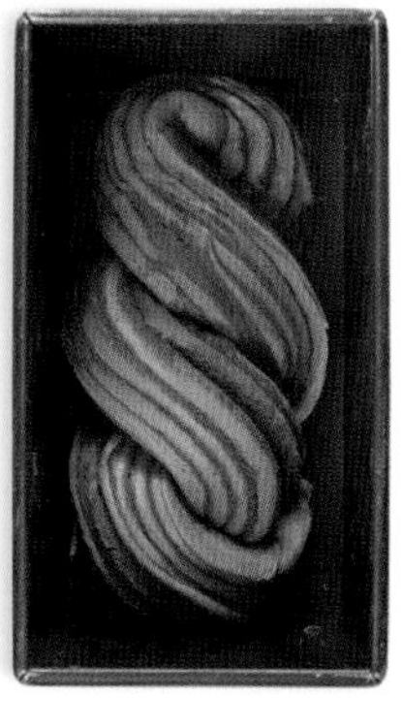
11

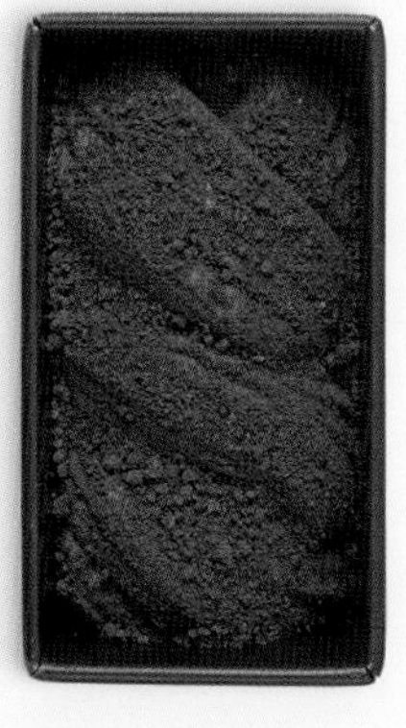
12

◎ 巧克力勃朗峰吐司

◎ 布里歐吐司

布里歐吐司

材料（可製作1個）

布里歐麵團　240克
蛋液　適量
烘焙裝飾糖粒　適量

製作方法

1 取240克提前做好的布里歐麵團，分割成80克一個，滾圓，擺放在烤盤上，密封放入冷藏冰箱（2～5℃）鬆弛30分鐘。
2 麵團鬆弛好後，用擀麵棍擀成長20公分、寬12公分的長條，翻面，沿著長邊捲起成橄欖形的長條，最終長度搓至30公分。
3 三個麵團為一組，先把兩條麵團光滑面朝上從中間處交叉重疊，然後把第三條疊放在最上方。
4 從右邊開始，依次從兩邊把麵團往中間搭，力度大小要一致。麵團接口要壓在底部。
5 編至麵團尾部時，把麵團捏緊在一起。編完一邊後，用同樣的操作手法，編完另一邊，同樣捏緊尾部。
6 把編好的麵團，光滑面朝上，兩邊接口處用擀麵棍擀薄壓到底部。
7 把整型好的麵團正面朝上放入250克的吐司模具中，放入發酵箱（溫度30℃，濕度80%）發酵100～120分鐘。
8 發酵好後，約到吐司模具七分滿。表面用毛刷均勻刷一層蛋液，撒上烘焙裝飾糖粒，放入烤箱，上火150℃，下火230℃，不帶烤盤，烘烤約25分鐘。烤好後取出，震動模具，把吐司倒出模具，放在網架上冷卻即可。

1

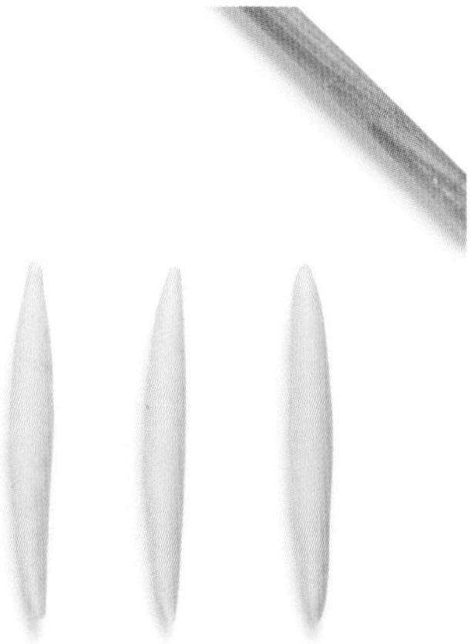

2

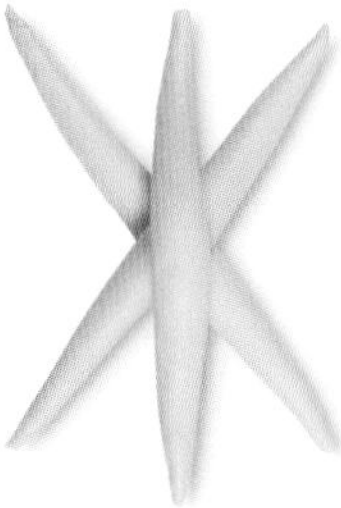

3

4-1

4-2

5

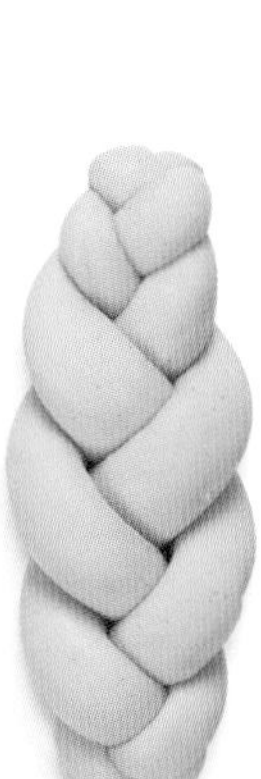

6

7

8

椰香吐司

材料（可製作8個）

椰蓉餡

肯迪雅乳酸發酵奶油　150克

糖粉　100克

蛋黃　150克

奶粉　30克

椰蓉　130克

主麵團

王后柔風甜麵包粉　1000克

肯迪雅乳酸發酵奶油　100克

寶茸椰子果泥　150克

鮮酵母　35克

細砂糖　100克

奶粉　25克

全蛋　100克

牛奶　300克

水　200克

鹽　18克

其他

蛋液　適量

防潮糖粉　適量

製作方法

1 將製作椰蓉餡的材料稱好放置備用。

2 奶油隔水軟化，加入糖粉打發。加入蛋黃，攪拌均勻。

3 加入奶粉、椰蓉，攪拌均勻，放置備用。

4 將製作主麵團的材料稱好放置備用。

5 將麵包粉、奶粉、鮮酵母、牛奶、全蛋、椰子果泥放入攪拌缸中，細砂糖與水混合，攪拌至細砂糖完全化開後倒入攪拌缸中，慢速攪拌至無乾粉、無顆粒，加入鹽。

6 待鹽完全融入麵團，快速攪拌至麵筋擴展階段，此時麵筋具有彈性及良好的延展性，並能拉出較好的麵筋膜，麵筋膜表面光滑、較厚、不透明，有鋸齒。

7 加入奶油，慢速攪拌均勻後轉快速攪拌至麵筋完全擴展階段，此時麵筋能拉開大片麵筋膜且麵筋膜薄，能清晰看到手指紋，無鋸齒。

8 取出麵團規整外型，蓋上保鮮膜放在室溫下發酵40～50分鐘，發酵好後分割成250克一個，揉圓，放置冷藏備用。

9 取出麵團，將麵團表面微微蘸麵粉（配方用量外），用擀麵棍擀成長22公分、寬14公分的長方形，翻面，均勻地抹上70克提前準備好的椰蓉餡。

10 將麵團從長邊捲起，用手微微壓扁，麵團兩頭各切兩刀，麵團中間留約3公分不要切斷。

11 如圖示將切開的麵團兩頭併攏成U形。

12 從U形底部捲起後放入250克的吐司模具中，並放入發酵箱（溫度30℃，濕度80%）發酵60～80分鐘。發酵好後表面刷蛋液，放入烤箱，上火160℃，下火240℃，烘烤約25分鐘，出爐冷卻後，在表面篩防潮糖粉裝飾即可。

1

2

3

4

5

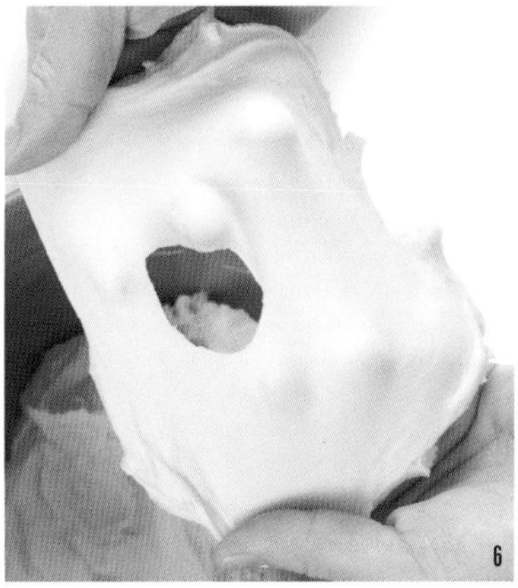

6

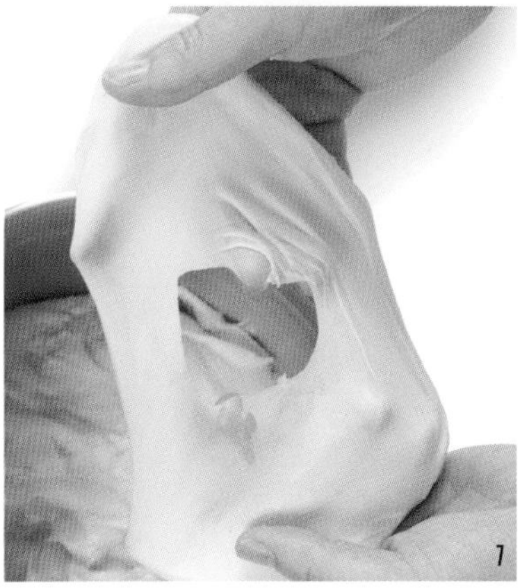

7

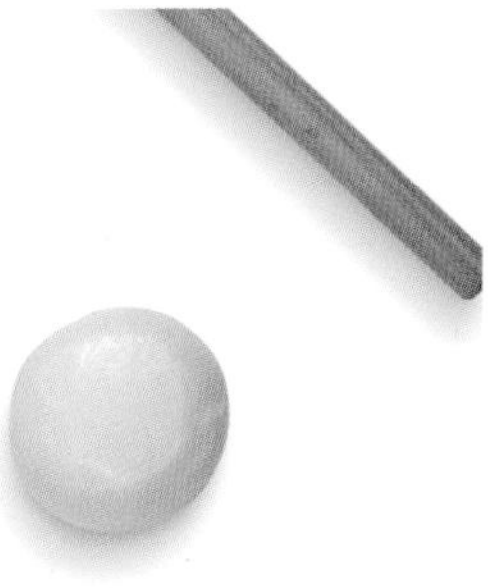

8

9

10

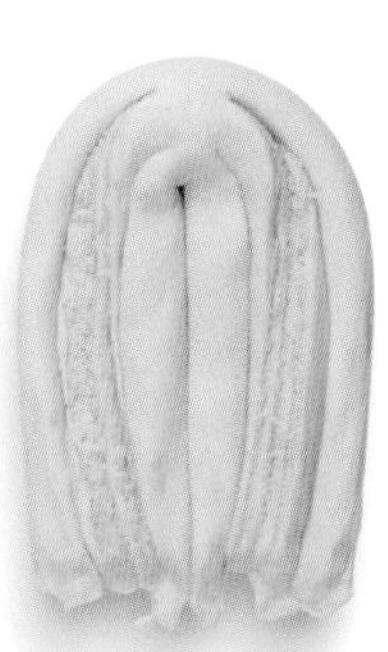

11

12

◎ 椰香吐司

◎ 黑芝麻吐司

黑芝麻吐司

材料（可製作4個）

黑芝麻餡

肯迪雅乳酸發酵奶油　60克

黑芝麻粉　165克

糖粉　65克

全蛋　50克

主麵團

王后柔風甜麵包粉　1000克

肯迪雅乳酸發酵奶油　120克

日式燙種　150克

細砂糖　150克

鮮酵母　35克

奶粉　30克

全蛋　100克

牛奶　220克

水　300克

鹽　18克

製作方法

1 將製作黑芝麻餡的材料稱好放置備用。

2 奶油隔水軟化，加入糖粉打發。加入全蛋，攪拌均勻。

3 加入黑芝麻粉，攪拌均勻，放置備用。

4 將製作主麵團的材料稱好放置備用。

5 將麵包粉、奶粉、鮮酵母、牛奶、全蛋放入攪拌缸中。細砂糖與水混合，攪拌至細砂糖完全化開後倒入攪拌缸中，慢速攪拌至無乾粉、無顆粒，加入鹽。

6 待鹽完全融入麵團，快速攪拌至麵筋擴展階段，此時麵筋具有彈性及良好的延展性，並能拉出較好的麵筋膜，麵筋膜表面光滑、較厚、不透明，有鋸齒。

7 加入奶油，慢速攪拌均勻後轉快速攪拌至麵筋完全擴展階段，此時麵筋能拉開大片麵筋膜且麵筋膜薄，能清晰看到手指紋，無鋸齒。

8 取出麵團規整外型，蓋上保鮮膜放在室溫下發酵40～50分鐘，將發酵好的麵團分割510克一個，揉圓，放置冷藏備用。

9 取出麵團，將麵團表面微微蘸粉，用擀麵棍擀成長22公分、寬14公分的長方形，翻面，均勻地抹上80克提前準備好的黑芝麻餡。

10 將麵團從短邊捲起，用手微微壓扁，將麵團一切為二，留一端不要切斷。

11 然後將麵團互相纏繞如麻花。

12 將麻花形麵團放入450克的吐司模具並放入發酵箱（溫度30℃，濕度80％）發酵50～80分鐘，發酵到九分滿時加蓋，放入烤箱，上火250℃，下火220℃，烘烤約25分鐘即可。

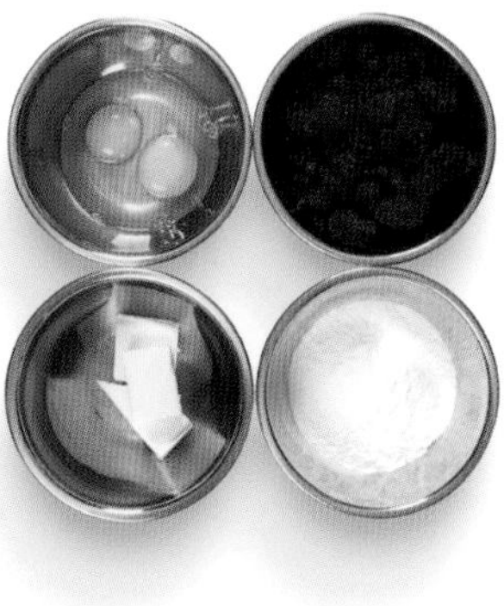
1

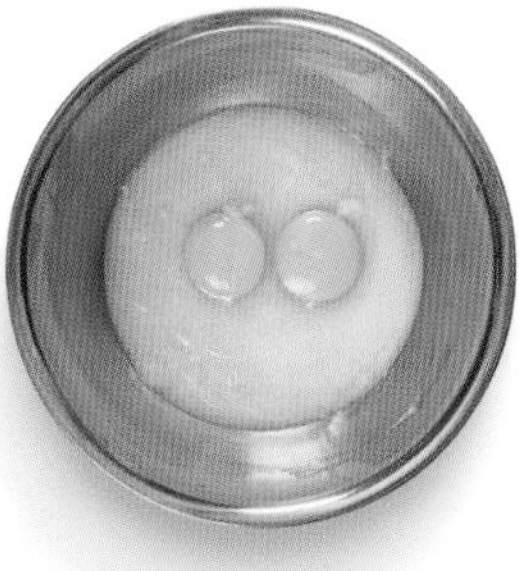
2

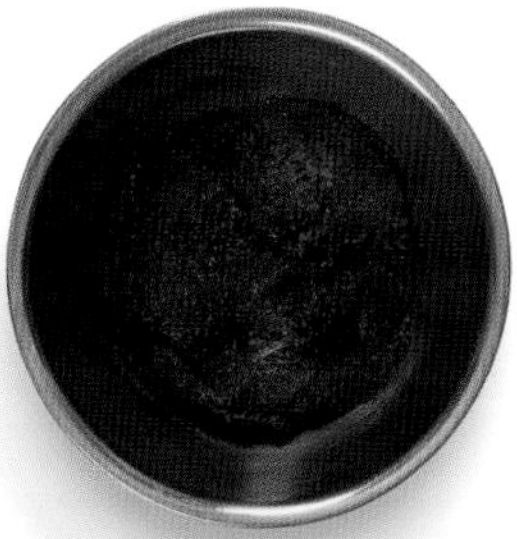
3

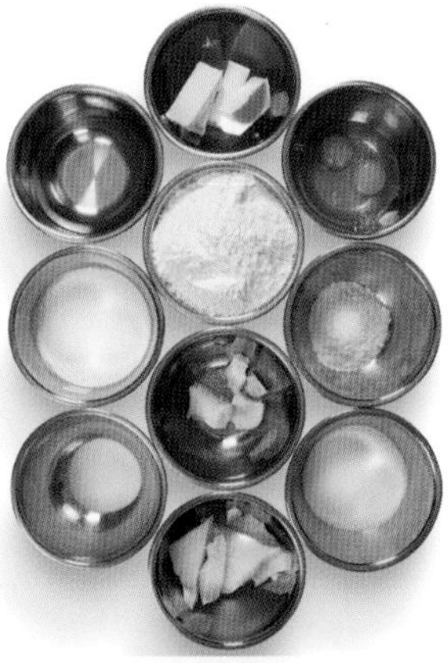
4

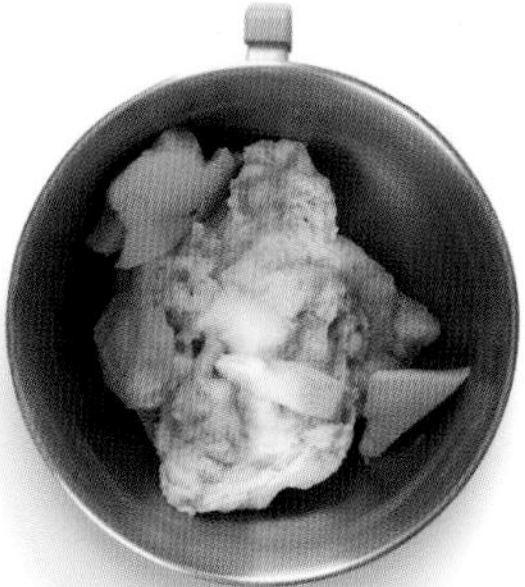
5

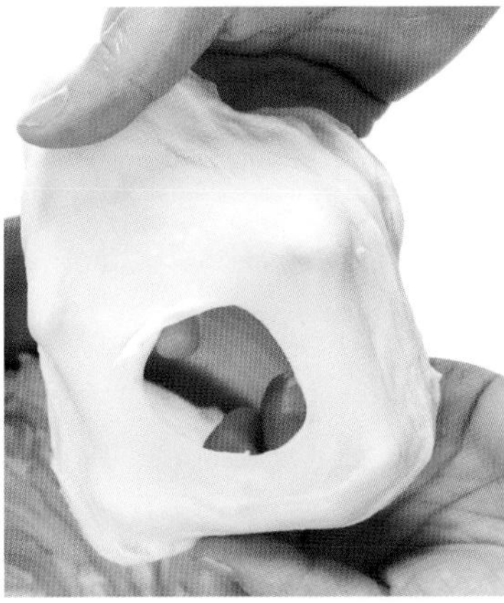
6

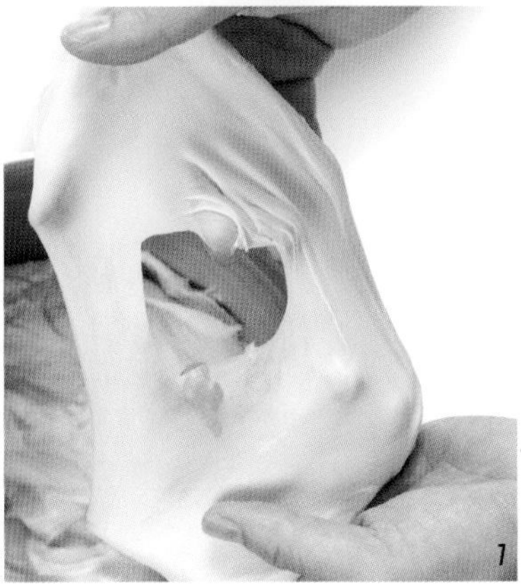
7

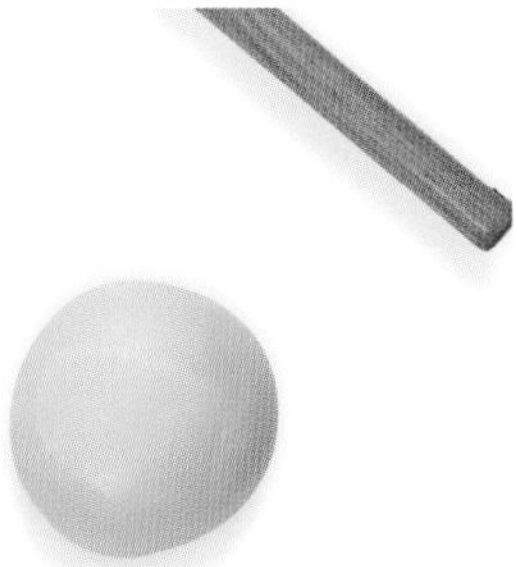
8

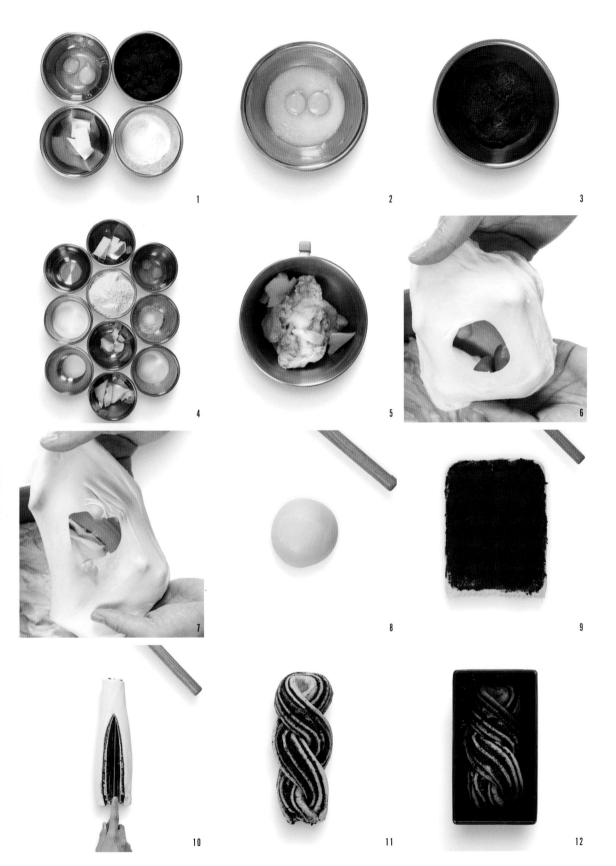
9

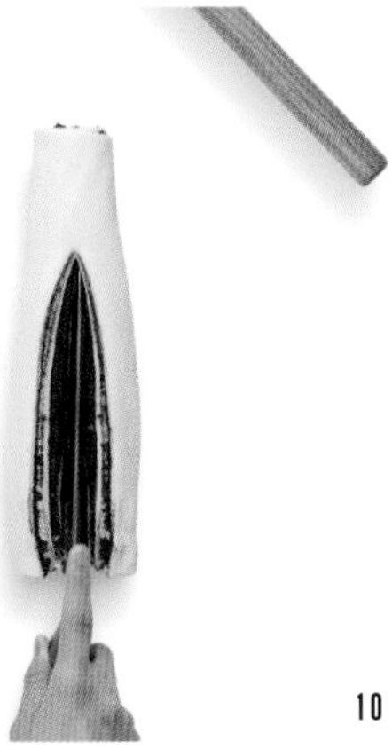
10

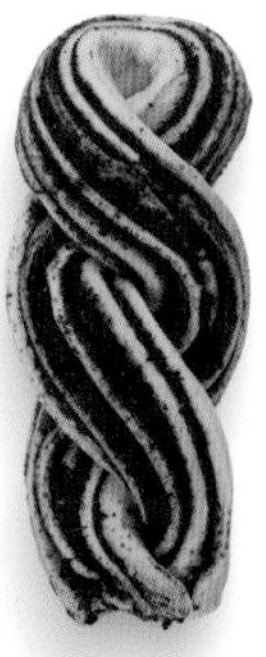
11

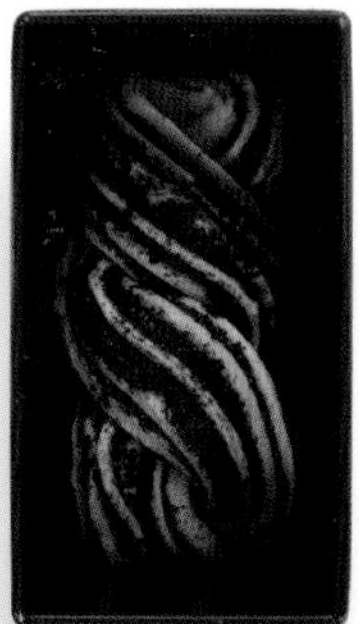
12

金磚紫薯吐司

材料（可製作4個）

紫薯餡

肯迪雅乳酸發酵奶油　50克
紫薯　350克
細砂糖　50克
煉乳　50克

主麵團

王后柔風甜麵包粉　1000克
肯迪雅乳酸發酵奶油　120克
細砂糖　160克
鮮酵母　35克
奶粉　35克
全蛋　100克
牛奶　120克
水　400克
鹽　16克

製作方法

1 將製作紫薯餡的材料稱好放置備用。
2 將紫薯削皮蒸熟後加入細砂糖、煉乳和奶油，攪拌均勻，放在烘焙油布上，擀成長35公分、寬25公分的長方形，冷藏備用。
3 將製作主麵團的材料稱好放置備用。
4 將麵包粉、奶粉、鮮酵母、牛奶和全蛋放入攪拌缸中。細砂糖與水混合，攪拌至細砂糖完全化開後倒入攪拌缸中，慢速攪拌至無乾粉、無顆粒，加入鹽。
5 待鹽完全融入麵團，快速攪拌至麵筋擴展階段，此時麵筋具有彈性及良好的延展性，並能拉出較好的麵筋膜，麵筋膜表面光滑、較厚、不透明，有鋸齒。
6 加入奶油，慢速攪拌均勻後轉快速攪拌至麵筋完全擴展階段，此時能拉開大片麵筋膜且麵筋膜薄，能清晰看到手指紋，無鋸齒。
7 取出麵團規整外型，蓋上保鮮膜放在室溫下發酵40～50分鐘。將發酵好的麵團用擀麵棍擀成長50公分、寬35公分的長方形，放入冰箱冷凍至不軟不硬的狀態後取出，再把冷藏做好的紫薯餡鋪在麵團中間部分。
8 將麵皮兩邊折起，把紫薯餡包在中間，接口處互相黏合，然後用刀片把麵團左右兩邊割口。
9 將步驟8的麵皮放在起酥機上進行兩次3折，再放入冷凍冰箱，凍成不軟不硬的狀態。
10 將凍好的麵團用起酥機開成長45公分、寬40公分，然後對折，分割成550克一個，在上面切兩刀，不要切斷。
11 將麵團編成辮子形狀，兩頭折起按壓。
12 放入450克的吐司模具中，並放入發酵箱（溫度30℃，濕度80%）發酵80～90分鐘，發酵到九分滿加蓋。發酵好後放入烤箱，上火250℃，下火220℃，烘烤約25分鐘即可。

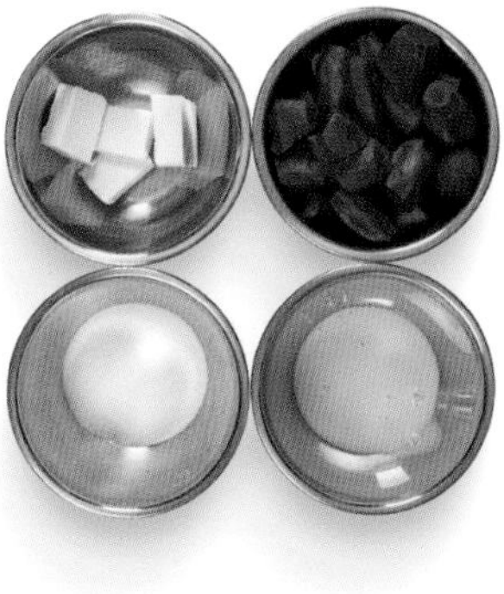
1

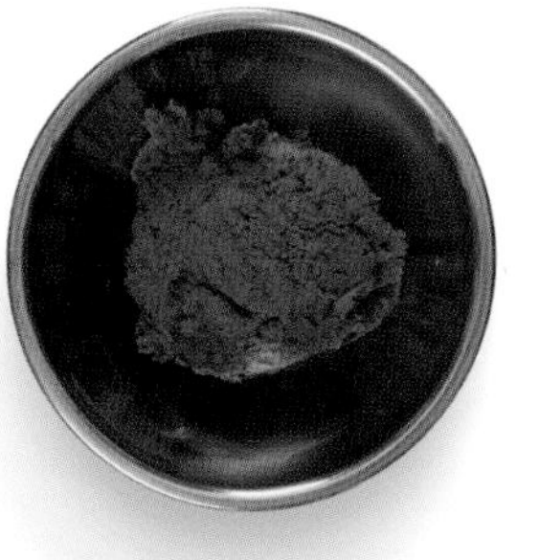
2

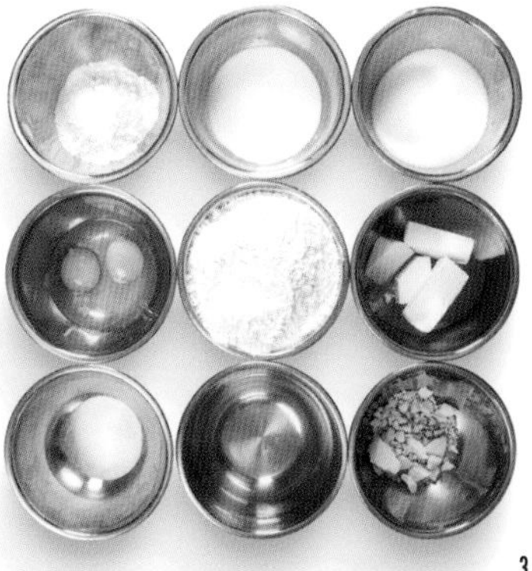
3

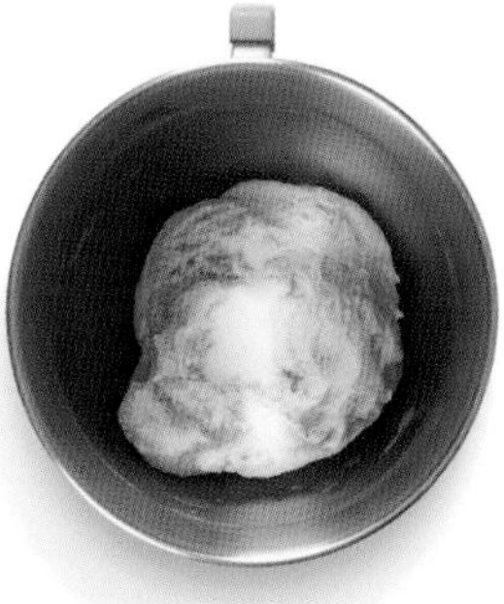
4

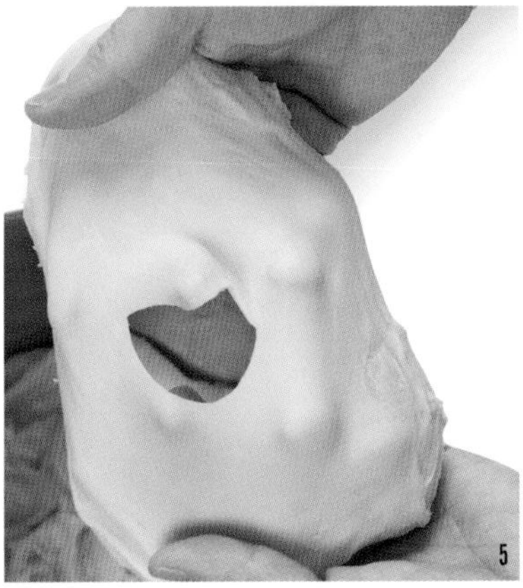
5

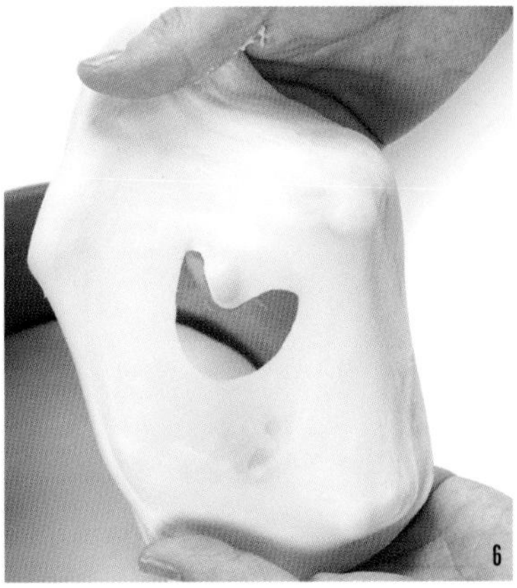
6

7

8

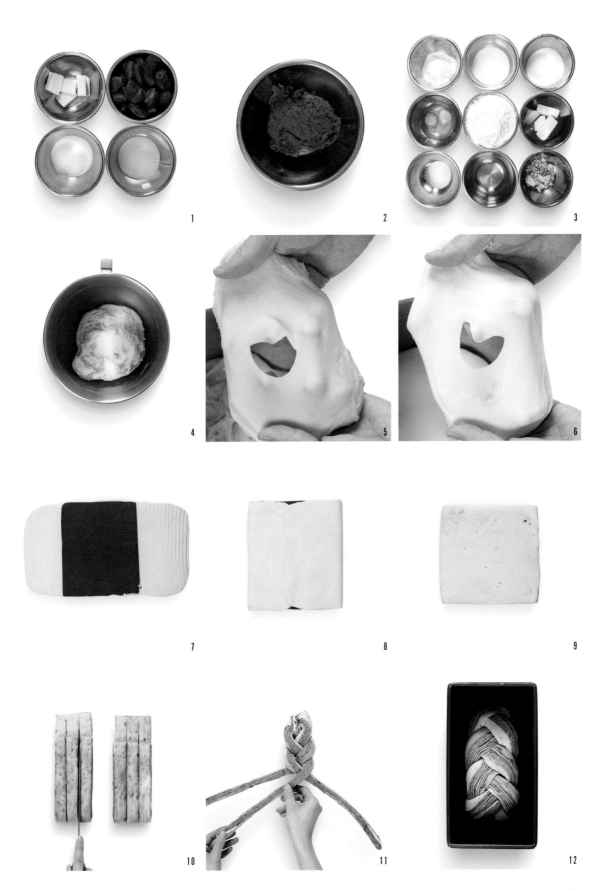
9

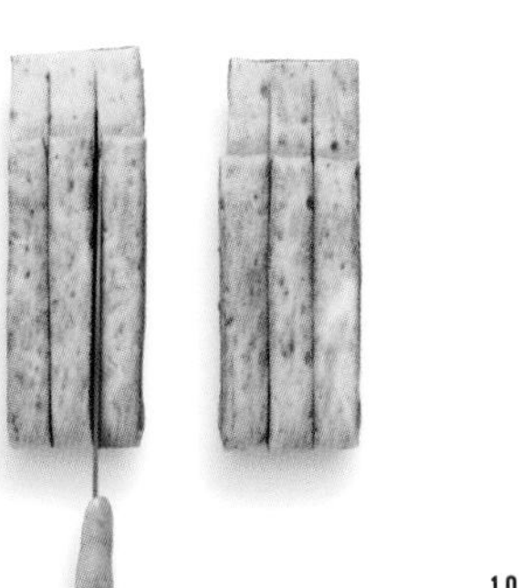
10

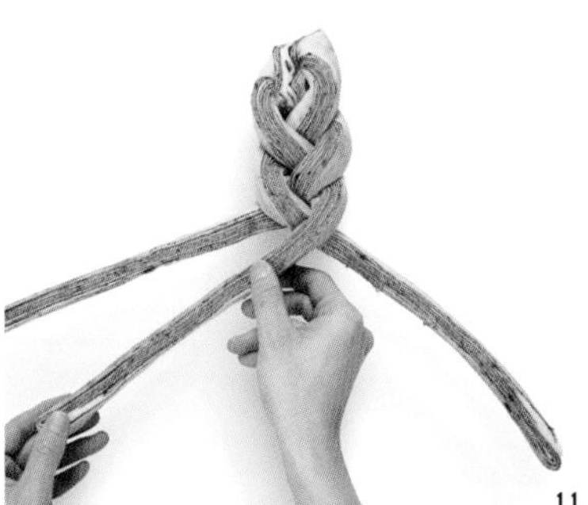
11

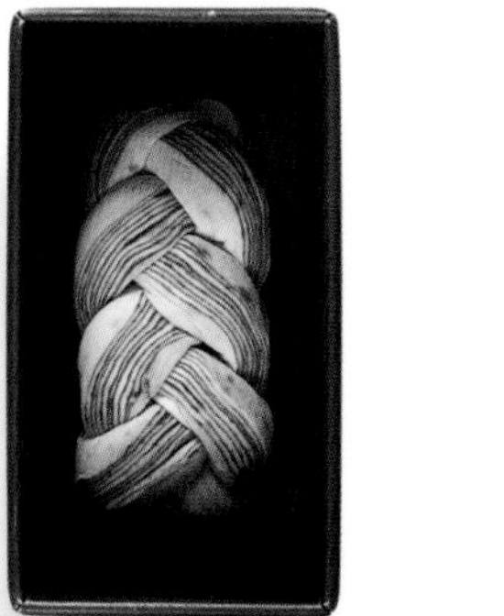
12

◎ 金磚紫薯吐司

◎ 藜麥核桃吐司

藜麥核桃吐司

材料（可製作4個）

中種麵團

王后柔風甜麵包粉　600克

鮮酵母　5克

水　400克

其他

蛋液　適量

主麵團

王后柔風甜麵包粉　400克

細砂糖　150克

鮮酵母　30克

奶粉　20克

全蛋　100克

牛奶　200克

肯迪雅乳酸發酵奶油　100克

鹽　16克

碎核桃　100克

藜麥　100克

製作方法

1 將製作中種麵團的材料稱好放置備用。

2 把鮮酵母先放入水中，用打蛋器攪拌均勻後，再加入麵包粉，慢速攪拌成團至沒有乾粉。把攪拌好的中種麵團密封放在30℃的環境下發酵2個小時。

3 發酵好的中種麵團，內部充滿豐富的網狀結構組織，即可拿去使用。

4 將製作主麵團的材料稱好放置備用（藜麥需要提前用水煮開放涼待用）。

5 把麵包粉、奶粉、鮮酵母和全蛋倒入攪拌缸。細砂糖與牛奶混合，攪拌至細砂糖完全化開後倒入攪拌缸中，慢速攪拌至沒有乾粉。

6 麵團成團後，加入鹽和發酵好的中種麵團，慢速繼續攪拌均勻然後轉快速攪拌至七成麵筋，此時能拉出表面粗糙的厚膜，孔洞邊緣處帶有稍小的鋸齒。

7 加入室溫軟化至膏狀的奶油，先慢速攪拌至奶油與麵團融合，再轉快速把麵團攪拌至十成麵筋，此時能拉出表面光滑的薄膜，孔洞邊緣處光滑無鋸齒。

8 加入碎核桃和藜麥，慢速攪拌均勻後取出，把表面收整光滑成球形。麵團溫度控制在22～25℃，然後把麵團放在26～28℃的環境下，基礎發酵40分鐘。發酵好後取出，分割成500克一個，預整型成球形，密封放在24～28℃的環境下鬆弛30分鐘。

9 麵團鬆弛好後用擀麵棍擀成長40公分、寬14公分的長方形，翻面，旋轉90°。

10 把麵團從左右兩邊各往中間折1/3，然後再次對折，做成橄欖形的長條狀，最終長度約15公分。

11 把整型好的麵團光滑面朝上，放入450克的吐司模具中，放入發酵箱（溫度30℃，溼度80%）發酵80～90分鐘，發酵好後，約到吐司模具九分滿，在表面均勻地刷一層蛋液，放入烤箱，上火150℃，下火240℃，不帶烤盤，烘烤約26分鐘。烤好後取出，震動模具，把吐司脫模，放在網架上冷卻即可。

1

2

3

4

5

6

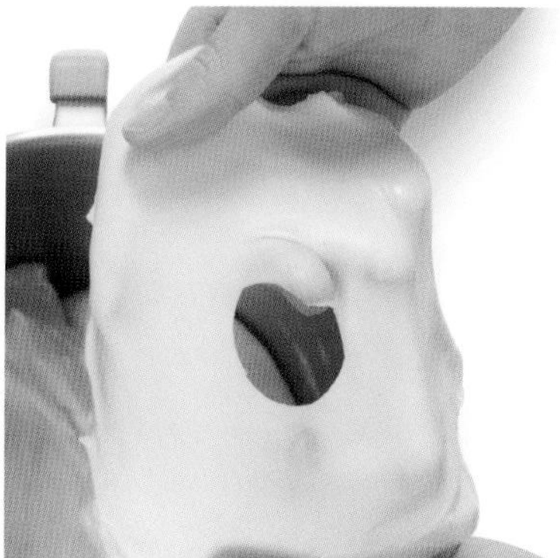

7

8

9

10

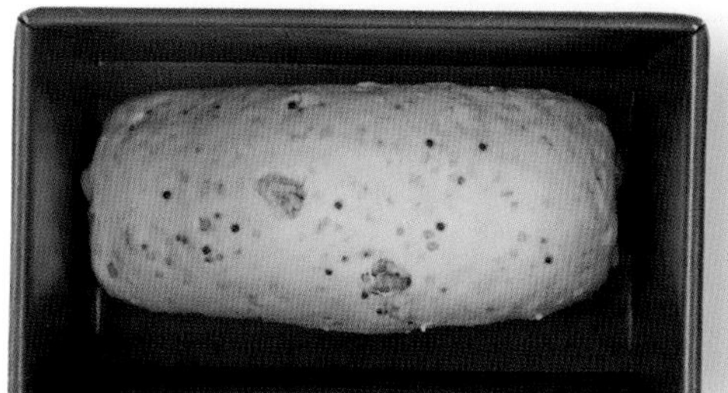

11

楓糖吐司

材料（可製作8個）

主麵團

王后柔風甜麵包粉　1000克

細砂糖　150克

奶粉　20克

鮮酵母　45克

牛奶　320克

全蛋　200克

蛋黃　150克

鹽　18克

肯迪雅乳酸發酵奶油　300克

其他

楓糖片　600克

蛋液　適量

烘焙裝飾糖粒　適量

製作方法

1 參照布里歐麵團的製作方法（見P38）將麵團做好。用擀麵棍擀壓成長45公分、寬30公分的長方形，擺放在烤盤上，密封起來放入冷凍冰箱凍30分鐘，降溫至0～4℃拿出，翻面，在麵團中間處放一塊楓糖片，寬度和麵團寬度一致。

2 把麵團從上下兩邊貼著楓糖片的邊緣往中間對折，中間麵團接口處剛好對整齊捏緊。

3 對折好後，將麵團旋轉90°，用美工刀把麵團的左右兩側折疊處割斷。這樣可讓楓糖片在起酥時分佈得更加均勻，且不會因為麵筋收縮而變形。

4 用起酥機把麵團順著表面接口處的方向，遞減式壓薄，最終壓長至約80公分，然後把麵團一端往中間折1/3。

5 另一邊的麵團也往中間折1/3，然後再次將麵團放入起酥機，把麵團壓至長約80公分，並做一個3折。

6 做完兩個3折後的麵團，用保鮮膜密封，放入冷凍冰箱鬆弛30分鐘。

7 麵團鬆弛好後取出，分割成350克一份。

8 在分割好的麵團上均勻切三刀，頂部留1公分不用完全切斷。

9 把切好的麵團切面朝上，把兩邊的麵團依次往中間編。編製過程中，注意不要把麵團往後拉扯變形。

10 麵團最終編成一條三股辮，接口處捏緊。

11 把麵團兩端往底部中間處對折，最終長度約為16公分。把整型好的麵團正面朝上放入250克的吐司模具中，放入發酵箱（溫度30℃，濕度80%）發酵100～120分鐘。

12 麵團發酵好後，約到吐司模具七分滿，表面均勻地刷一層蛋液，撒上烘焙裝飾糖粒，放入烤箱，上火150℃，下火230℃，不帶烤盤，烘烤約25分鐘。烤好後取出，震動模具，把吐司倒出模具，放在網架上冷卻即可。

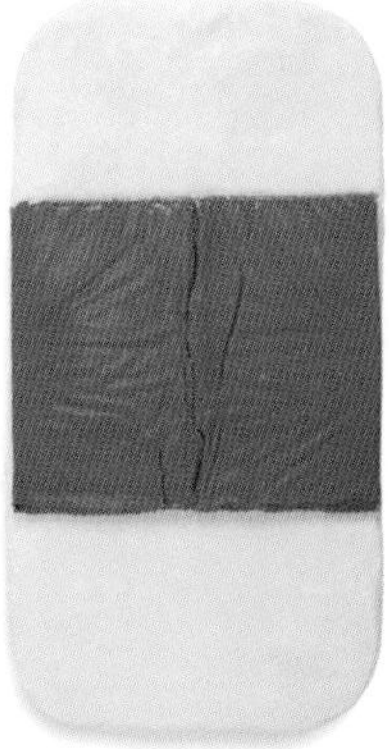
1

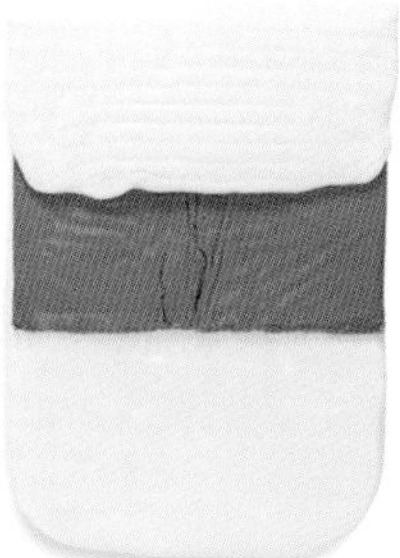
2

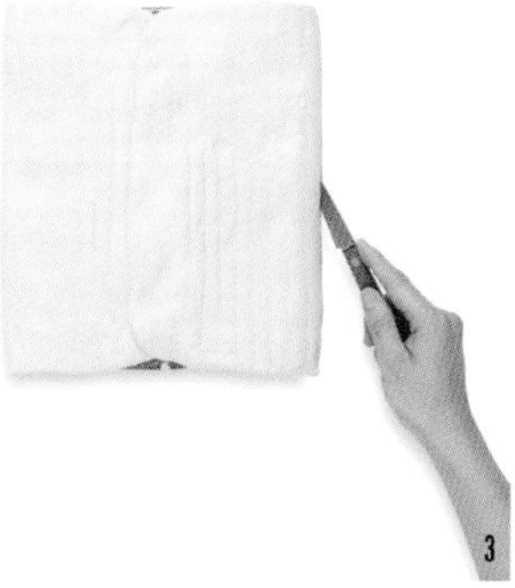
3

4

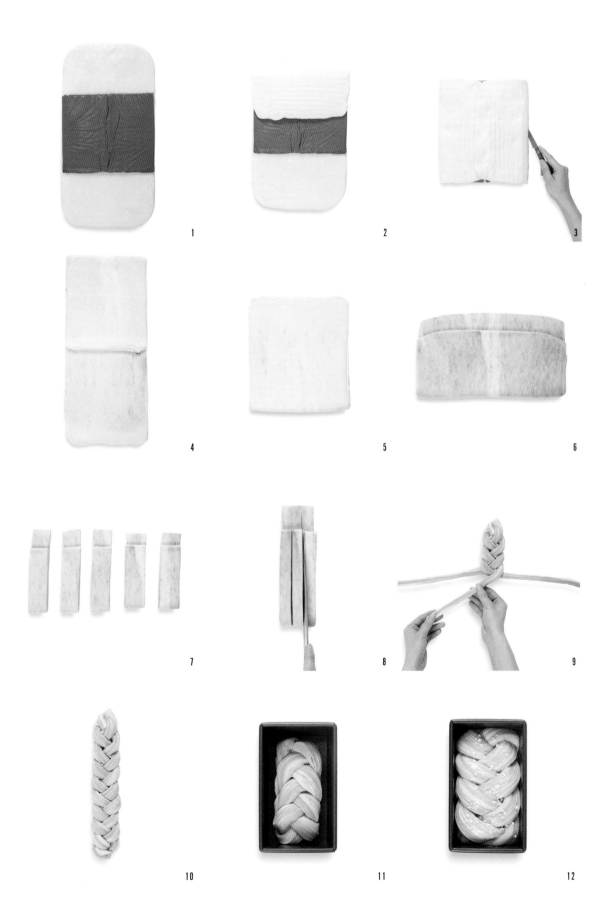
5

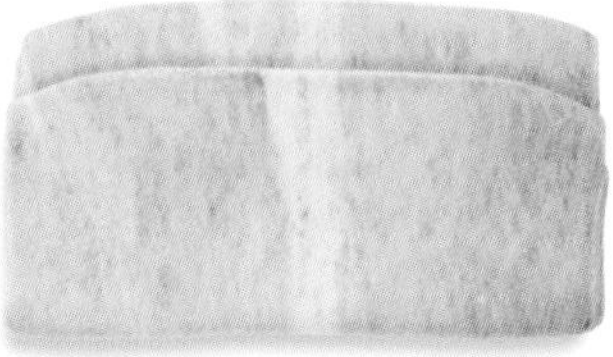
6

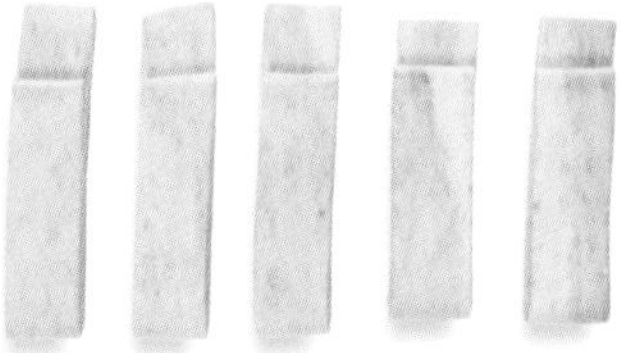
7

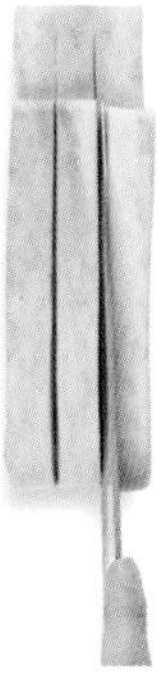
8

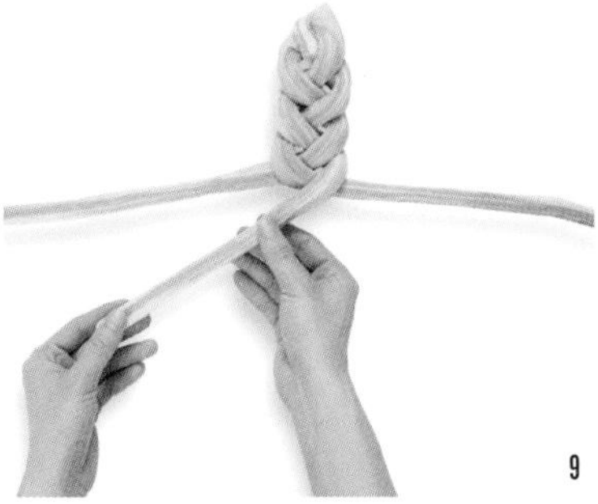
9

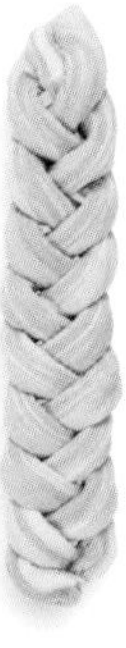
10

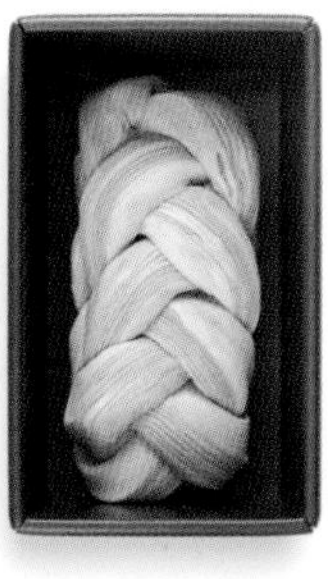
11

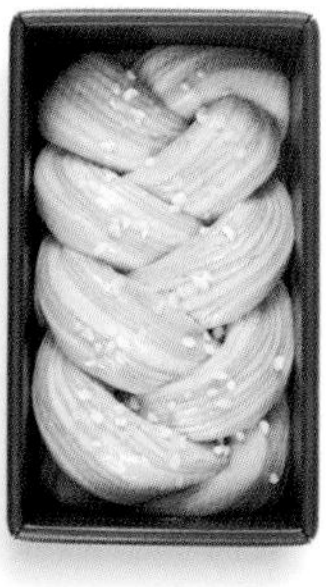
12

◎ 楓糖吐司

◎ 黑糖吐司

黑糖吐司

材料（可製作4個）

中種麵團

王后柔風甜麵包粉　500克

鮮酵母　5克

牛奶　150克

水　200克

主麵團

王后柔風甜麵包粉　500克

肯迪雅乳酸發酵奶油　100克

日式燙種　150克

黑糖粒　150克

鮮酵母　30克

葡萄乾　200克

奶粉　20克

水　300克

鹽　16克

其他

蛋液　適量

製作方法

1 將製作中種麵團的材料稱好放置備用。

2 把鮮酵母、牛奶和水混合，先用打蛋器攪拌均勻，再加入麵包粉，慢速攪拌成團至沒有乾粉。把攪拌好的中種麵團密封放在30℃的環境下發酵2個小時。

3 發酵好的中種麵團，內部充滿豐富的網狀結構組織，即可拿去使用。

4 將製作主麵團的材料稱好放置備用。

5 把麵包粉、奶粉和鮮酵母放入攪拌缸中。黑糖粒與水混合，攪拌均勻後倒入攪拌缸中，慢速攪拌至沒有乾粉。

6 麵糊成團後，加入鹽和發酵好的中種麵團，慢速繼續攪拌均勻後轉快速攪拌至七成麵筋，此時能拉出表面粗糙的厚膜，孔洞邊緣處帶有稍小的鋸齒。

7 加入室溫軟化至膏狀的奶油和日式燙種，先慢速攪拌至奶油與麵團融合，再用快速把麵團攪拌至十成麵筋，此時能拉出表面光滑的薄膜，孔洞邊緣處光滑無鋸齒。

8 加入葡萄乾，慢速攪拌均勻。取出麵團，把表面收整光滑成球形。麵團溫度控制在22～25℃，然後把麵團放在26～28℃的環境下基礎發酵40分鐘。發酵好後取出，分割成170克一個，預整型成長條狀，密封放在24～28℃的環境下鬆弛30分鐘。麵團鬆弛好後用擀麵棍擀成長35公分、寬10公分的長條，翻面。

9 把麵團沿長邊從頂部往下自然捲起，最終成圓柱狀。把整型好的麵團，三個一組，光滑面朝上，間隔擺放均勻，放入450克的吐司模具中，放入發酵箱（溫度30℃，濕度80%）發酵80～90分鐘，發酵好後，約到吐司模具九分滿，取出表面刷一層蛋液，放入烤箱，上火150℃，下火240℃，不帶烤盤，烘烤約26分鐘。烤好後取出，震動模具，把吐司脫模，倒出放在網架上冷卻即可。

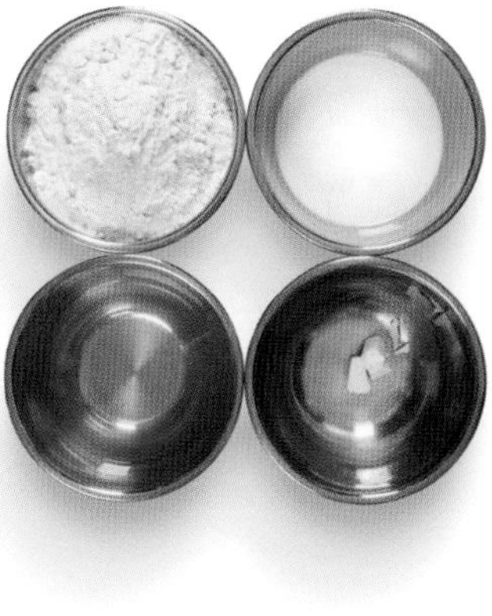

1

2

3

4

5

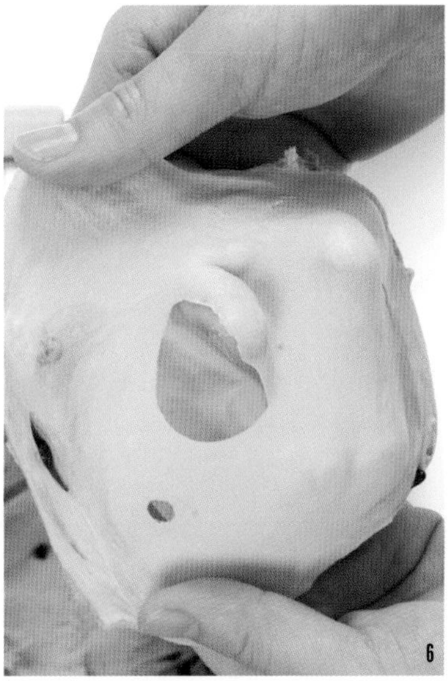

6

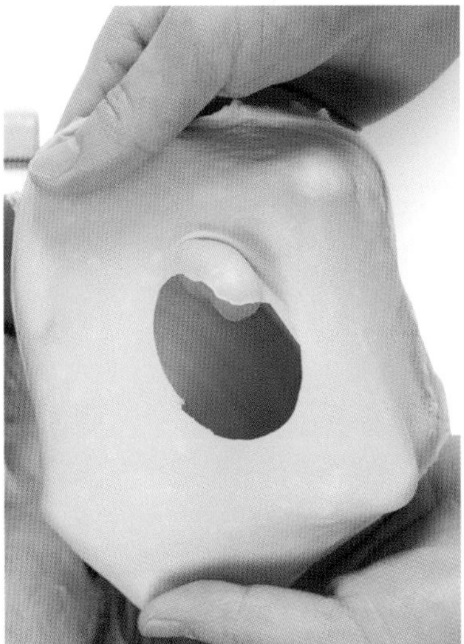

7

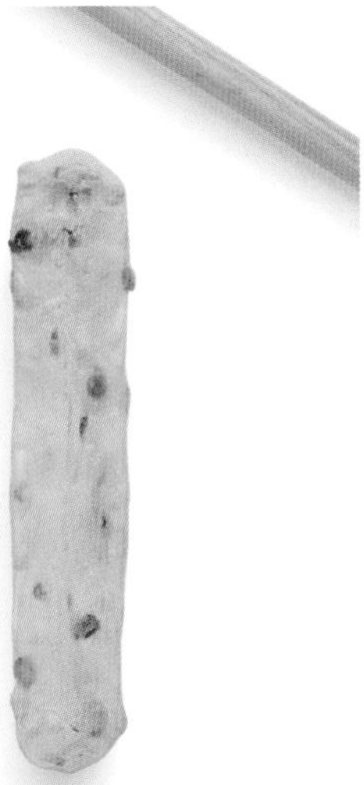

8

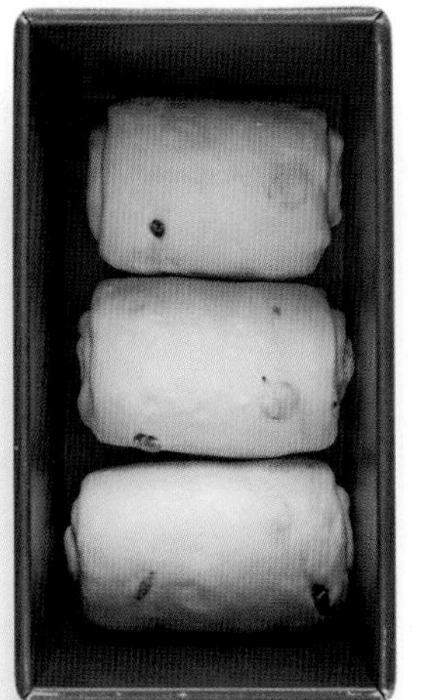

9

培根洋蔥起司吐司

材料（可製作7個）

主麵團

王后柔風甜麵包粉　1000克

肯迪雅乳酸發酵奶油　80克

細砂糖　80克

奶粉　20克

鮮酵母　30克

全蛋　100克

牛奶　200克

水　400克

鹽　16克

其他

培根　11塊

起司片　11塊

黑胡椒粉　少量

蛋液　適量

莫扎瑞拉起司碎　適量

洋蔥絲　適量

沙拉醬　適量

製作方法

1 將製作主麵團的材料稱好放置備用。

2 把麵包粉、鮮酵母、全蛋和牛奶倒入攪拌缸。細砂糖與水混合，攪拌至細砂糖化開後倒入攪拌缸中，慢速攪拌成團至沒有乾粉，加鹽。

3 慢速繼續攪拌至七成麵筋，此時能拉出表面粗糙的厚膜，孔洞邊緣處帶有稍小的鋸齒。

4 加入室溫軟化至膏狀的奶油，先慢速攪拌至奶油與麵團融合，再轉快速把麵團攪拌至十成麵筋，此時能拉出表面光滑的薄膜，孔洞邊緣處光滑無鋸齒。

5 取出麵團，把表面收整光滑成球形。麵團溫度控制在22～25℃，然後把麵團放在26～28℃的環境下基礎發酵40分鐘。發酵好後取出，分割成85克一個，滾圓，密封放在24～28℃的環境下鬆弛30分鐘。

6 麵團鬆弛好後取出，用擀麵棍擀成長35公分、寬9公分的長方形，翻面。在麵團中間偏上位置放半塊培根和半塊起司片，表面再撒上少量黑胡椒粉。

7 把麵團從短邊捲起成圓柱形，三個一組，光滑面朝上，均勻放入250克的吐司模具中，放入發酵箱（溫度30℃，濕度80%）最後發酵70～80分鐘，發酵好後，約到吐司模具八分滿。

8 在表面均勻刷一層蛋液，再用剪刀在每個麵團表面剪上刀口。

9 在表面撒一層莫扎瑞拉起司碎，放適量洋蔥絲，擠上沙拉醬，然後放入烤箱，上火160℃，下火240℃，不帶烤盤，烘烤約24分鐘。烤好後取出，震動模具，把吐司倒出，放在網架上冷卻即可。

1

2

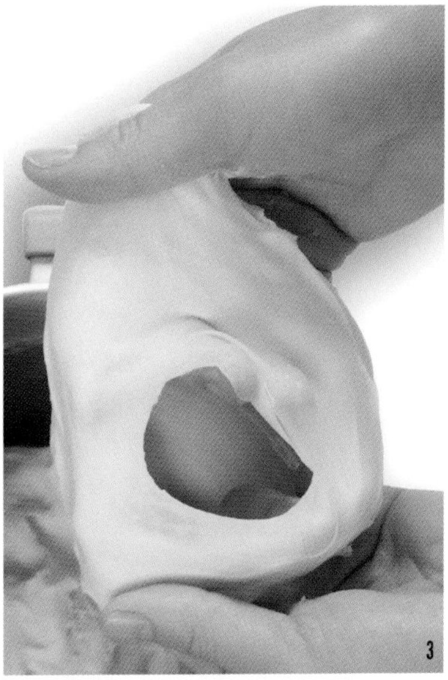

3

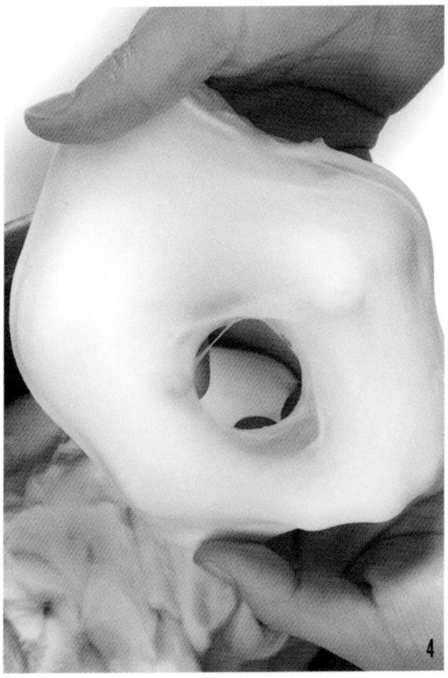

4

5

6

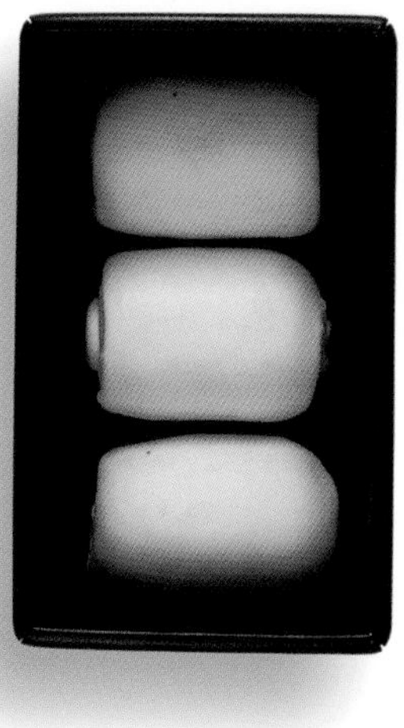

7

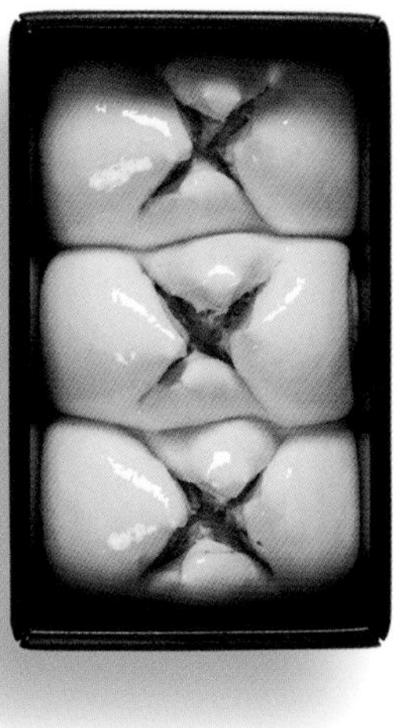

8

9

◎ 培根洋蔥起司吐司

軟歐麵包
系列

南瓜田園

材料（可製作13個）

南瓜餡

肯迪雅乳酸發酵奶油　50克

南瓜泥　300克

細砂糖　50克

玉米澱粉　20克

主麵團

王后柔風甜麵包粉　1000克

肯迪雅乳酸發酵奶油　80克

日式燙種　200克

細砂糖　100克

南瓜泥　250克

鮮酵母　30克

奶粉　20克

牛奶　100克

水　280克

鹽　15克

製作方法

1 將製作南瓜餡的材料稱好放置備用（南瓜提前蒸熟）。

2 把南瓜泥倒入厚底鍋裡，用電磁爐開小火先把水分炒乾，然後加入細砂糖和奶油，接著再用小火邊加熱邊攪拌，把水分再次炒乾。離火，加入玉米澱粉，用打蛋器攪拌均勻至順滑。再用小火加熱攪拌至濃稠，然後裝擠花袋涼卻後備用。

3 將製作主麵團的材料稱好放置備用（南瓜提前蒸熟）。

4 把麵包粉、鮮酵母、奶粉、牛奶和南瓜泥倒入攪拌缸。細砂糖與水混合，攪拌至細砂糖完全化開後倒入攪拌缸中，慢速攪拌成團至沒有乾粉。

5 加入鹽和日式燙種，慢速攪拌至七成麵筋，此時能拉出表面粗糙的厚膜，孔洞邊緣處帶有稍小的鋸齒。

6 加入室溫軟化至膏狀的奶油，先慢速攪拌至奶油與麵團融合，再轉快速把麵團攪拌至十成麵筋，此時能拉出表面光滑的薄膜，孔洞邊緣處光滑無鋸齒。

7 取出麵團，把表面收整光滑成球形。麵團溫度控制在22～25℃，然後把麵團放在26～28℃的環境下基礎發酵40分鐘。發酵好後取出，分割成100克和50克兩種大小的麵團，然後滾圓，密封放在24～28℃的環境下鬆弛30分鐘。

8 麵團鬆弛好後，把100克麵團取出排氣拍扁，翻面，擠上30克提前做好的南瓜餡；50克麵團用擀麵棍擀成長25公分、寬10公分的長條，翻面。

9 100克麵團包好南瓜餡，做成球形，光滑面朝上，放在50克麵皮的中央。

10 如圖將麵皮兩邊翻起，貼著大麵團，另外兩邊收成長條。

11 把兩邊的長條提起來，在大麵團的表面中心處打一個結。整型好後，均勻擺放在烤盤上，放入發酵箱（溫度30℃，濕度80％）最後發酵45分鐘。

12 發酵好後表面篩一層麵包粉（配方用量外）當作裝飾，然後放入烤箱，上火230℃，下火170℃，入爐後噴蒸氣2秒，烘烤約13分鐘。烤好後取出，把麵包轉移放到網架上冷卻即可。

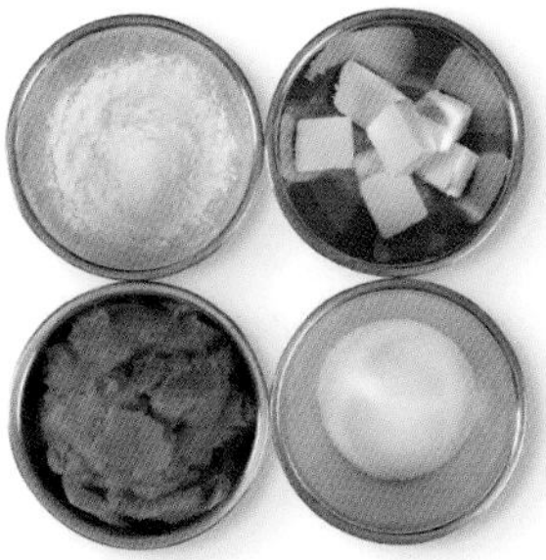

1

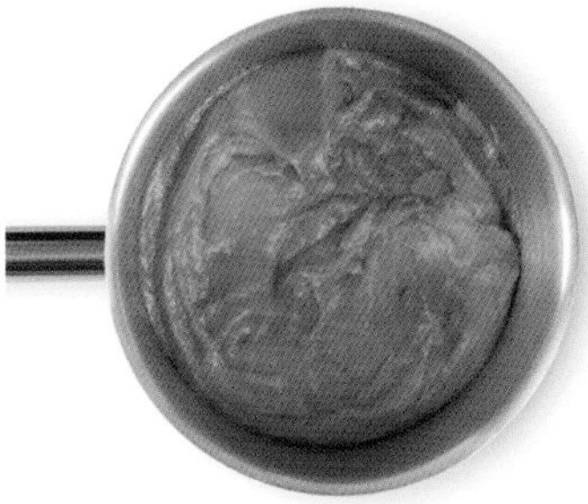

2

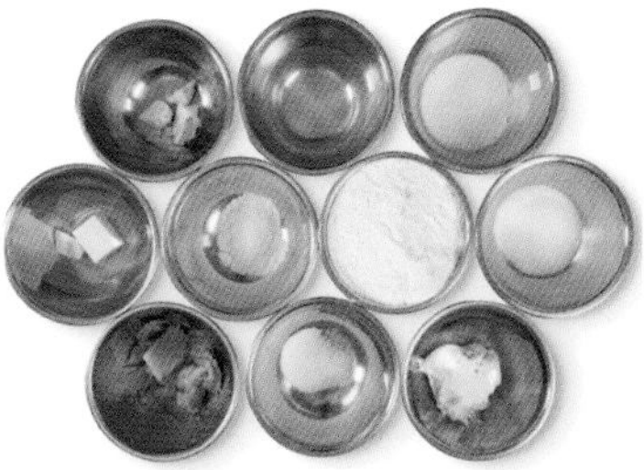

3

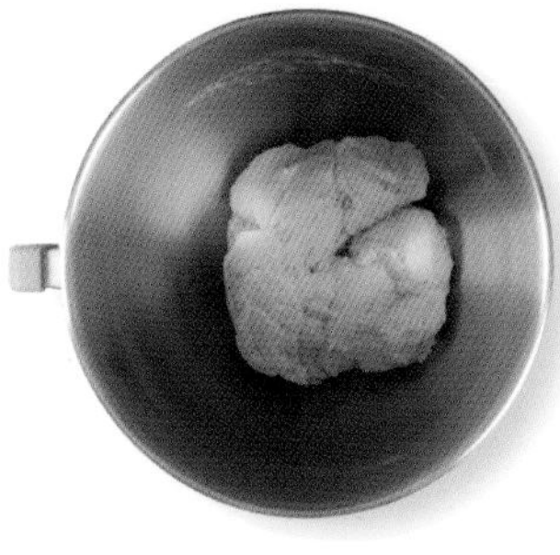

4

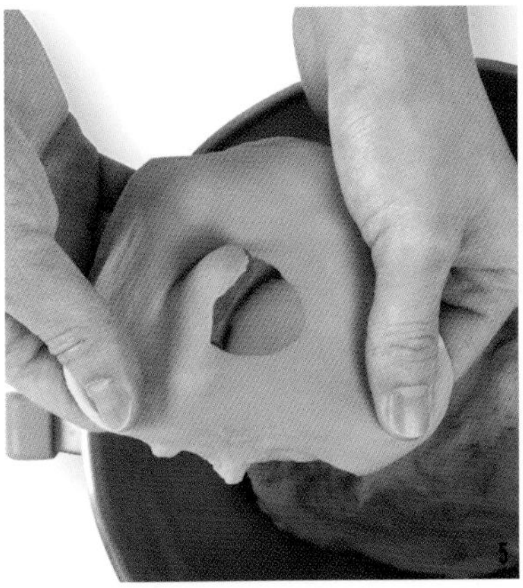

5

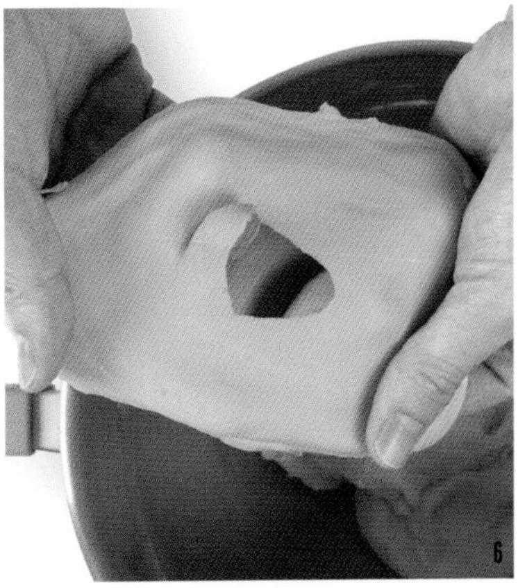

6

7

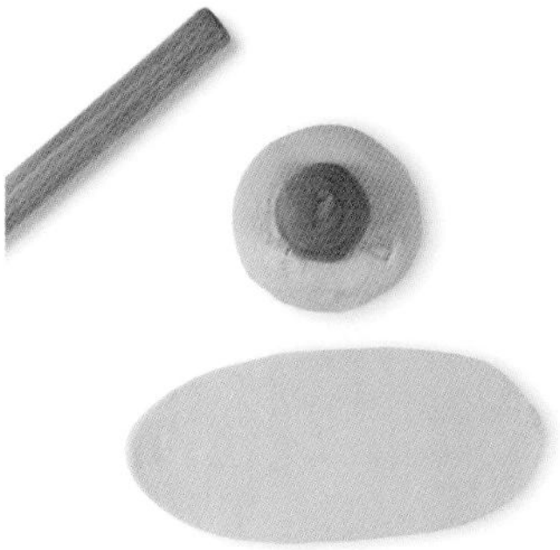

8

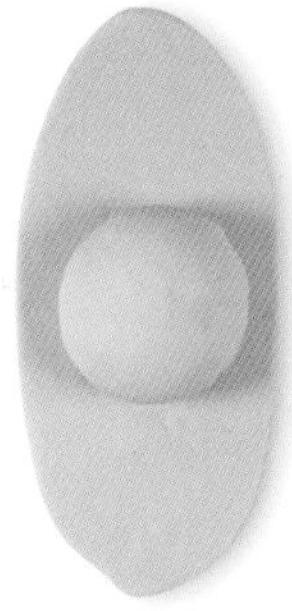

9

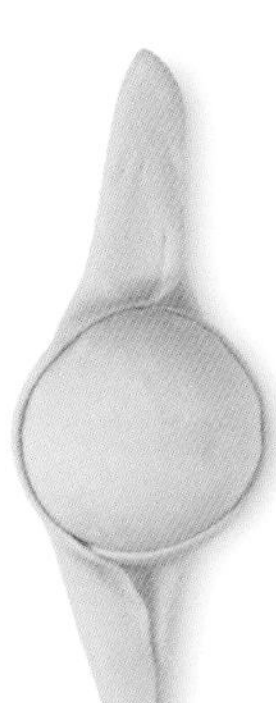

10

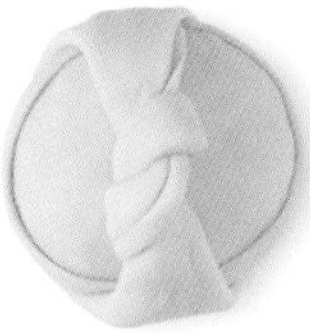

11

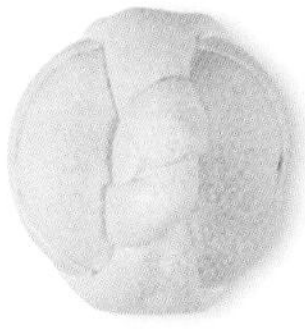

12

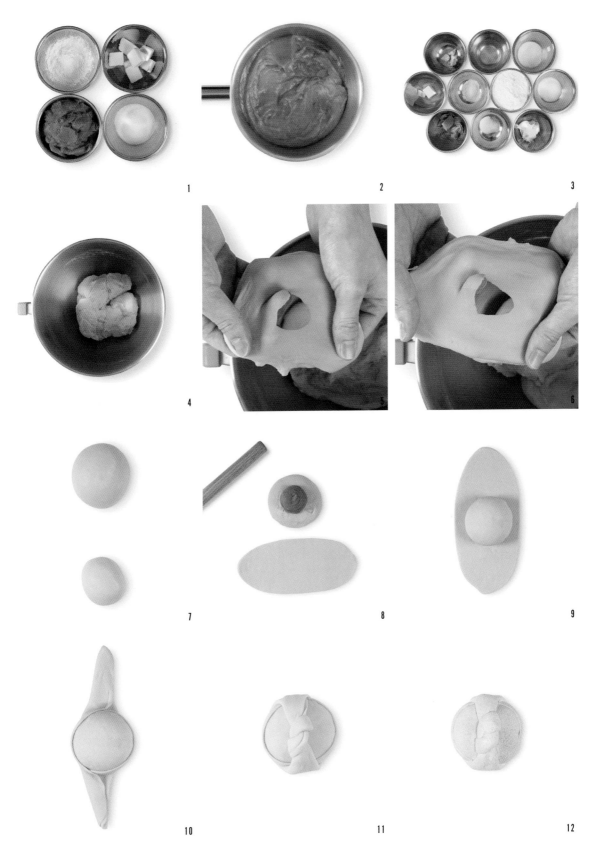

© 南瓜田園

◎ 墨魚培根起司

墨魚培根起司

材料（可製作13個）

中種麵團

王后柔風甜麵包粉　500克

水　350克

鮮酵母　5克

主麵團

王后柔風甜麵包粉　500克

肯迪雅乳酸發酵奶油　60克

細砂糖　100克

鮮酵母　30克

墨魚汁　40克

牛奶　180克

水　100克

鹽　16克

其他

培根　13塊

起司片　13塊

黑胡椒粉　適量

製作方法

1 將製作中種麵團的材料稱好放置備用。

2 先把鮮酵母與水混合，攪拌至完全化開，再加入麵包粉，慢速攪拌成團至沒有乾粉，攪拌好的中種麵團密封放在30℃的環境下發酵2個小時。發酵好的中種麵團內部充滿豐富的網狀結構組織，即可拿去使用。

3 將製作主麵團的材料稱好放置備用。

4 把牛奶、麵包粉、鮮酵母和墨魚汁倒入攪拌缸。細砂糖與水混合，攪拌至細砂糖完全化開後倒入攪拌缸中。慢速攪拌至沒有乾粉。

5 麵糊成團後，加入鹽和發酵好的中種麵團。慢速繼續攪拌均勻然後轉快速攪拌至七成麵筋，此時能拉出表面粗糙的厚膜，孔洞邊緣處帶有稍小的鋸齒。

6 加入室溫軟化至膏狀的奶油。先慢速攪拌至奶油與麵團融合，再用快速把麵團攪拌至十成麵筋，此時能拉出表面光滑的薄膜，孔洞邊緣處光滑無鋸齒。

7 取出麵團，把表面收整光滑成球形。麵團溫度控制在22～25℃，然後把麵團放在26～28℃的環境下基礎發酵40分鐘。發酵好後取出，分割成150克一個，滾圓，密封放在24～28℃的環境下鬆弛30分鐘。

8 麵團鬆弛好後取出，用擀麵棍擀成長30公分、寬12公分的長條，翻面。在麵團一端預留3公分，放上半塊培根和半塊起司片，撒適量黑胡椒粉。

9 將麵團包著餡料捲一圈。

10 在表面上再放半塊培根和半塊起司片，撒黑胡椒粉。

11 把麵團繼續捲起，最終接口壓在麵團底部中間處。

12 把整型好的麵團均勻擺放在烤盤上，放入發酵箱（溫度30℃，濕度80％）最後發酵40分鐘。發酵好後，表面均勻篩一層麵包粉（配方用量外）。用法棍割刀在表面斜刀均勻劃上三道刀口，放入烤箱，上火230℃，下火170℃，入爐後噴蒸氣2秒，烘烤約13分鐘。烤好後取出，把麵包轉移到網架上冷卻即可。

1

2

3

4

5

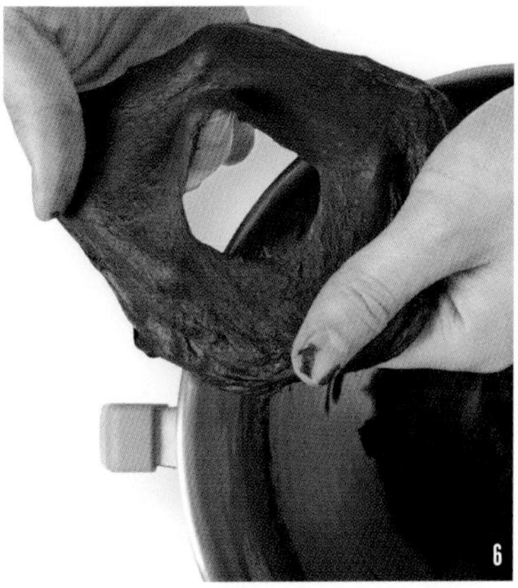

6

7

8

9

10

11

12

紫薯芋泥歐包

材料（可製作15個）

墨西哥醬

王后精製低筋麵粉　100克

肯迪雅乳酸發酵奶油　100克

糖粉　100克

全蛋　100克

芋泥餡

肯迪雅乳酸發酵奶油　56克

肯迪雅鮮奶油　70克

芋頭　630克

紫薯　70克

細砂糖　126克

主麵團

王后柔風甜麵包粉　1000克

肯迪雅乳酸發酵奶油　60克

日式燙種　100克

法國老麵（見P158）　200克

細砂糖　120克

鮮酵母　35克

牛奶　420克

奶粉　30克

水　300克

鹽　15克

製作方法

1 將製作墨西哥醬的材料稱好放置備用。

2 奶油隔水加熱至化開，加入糖粉，攪拌均勻至順滑。加入全蛋，再次攪拌均勻，加入低筋麵粉。最終完全攪拌均勻後，裝入擠花袋，放冷藏冰箱裡待用。

3 將製作芋泥餡的材料稱好放置備用。

4 把紫薯和芋頭放一起隔水蒸熟，趁熱加入奶油和細砂糖。

5 使用攪拌機攪拌順滑，裝入擠花袋備用。

6 將製作主麵團的材料稱好放置備用。

7 把麵包粉、鮮酵母、奶粉和牛奶倒入攪拌缸。細砂糖與水混合，攪拌至細砂糖完全化開後倒入攪拌缸中，慢速攪拌成團至沒有乾粉，加入鹽和法國老麵。

8 慢速攪拌至七成麵筋，此時能拉出表面粗糙的厚膜，孔洞邊緣處帶有稍小的鋸齒。

9 加入室溫軟化至膏狀的奶油和日式燙種，先慢速攪拌至奶油與麵團融合，再轉快速把麵團攪拌至十成麵筋，此時能拉出表面光滑的薄膜，孔洞邊緣處光滑無鋸齒。

1

2

3

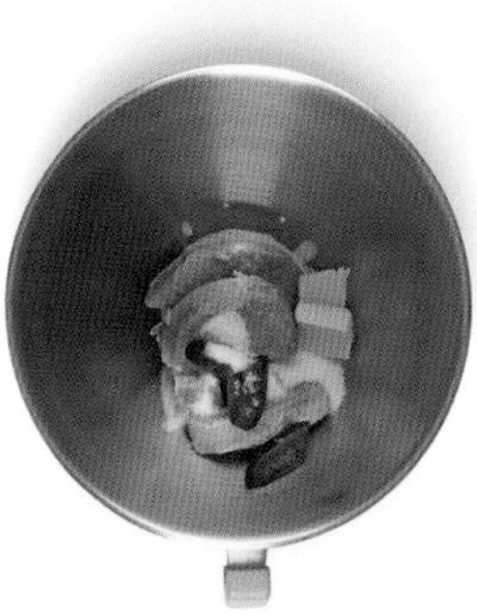

4

5

6

7

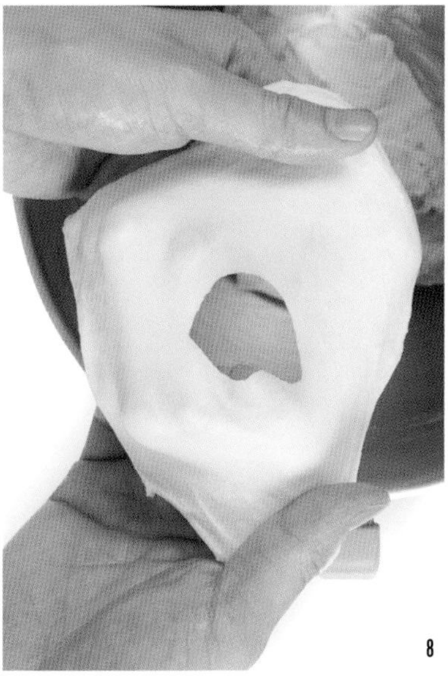

8

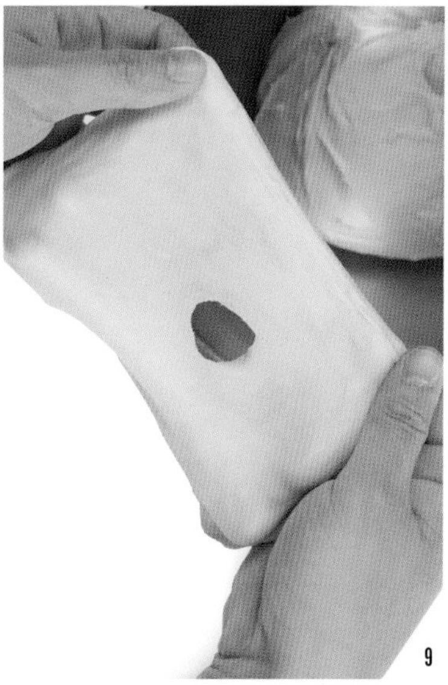

9

10 取出麵團，把表面收整光滑成球形。麵團溫度控制在22～25℃，然後把麵團放在26～28℃的環境下基礎發酵40分鐘。發酵好後取出，分割成150克一個，滾圓，密封放在24～28℃的環境下鬆弛30分鐘。

11 麵團鬆弛好後取出，從底部對折成長條狀。

12 用擀麵棍把麵團擀成長35公分、寬10公分的長條，翻面。

13 在麵團中央擠60克芋泥餡。

14 把兩條長邊分別向中間折，將芋泥餡包裹住，收緊接口，製成長條形。麵團最終搓至長50公分。均勻擺放在烤盤上，放入發酵箱（溫度30℃，濕度80%）最後發酵45分鐘。

15 如圖示將麵團B端彎曲壓在A端上方，交叉做出一個圓圈。

16 把A端提起，從麵團中間圓圈處穿下去。

17 把B端從底部穿過去，和A端捏合在一起，最終麵團表面間隔大小要一致。整型好後，均勻擺放在烤盤上，放入發酵箱（溫度30℃，濕度80%）最後發酵45分鐘。

18 麵團發酵好後，在表面間隔處用擠花袋擠上一條墨西哥醬。表面用粉篩篩一層麵包粉（配方用量外），放入烤箱，上火230℃，下火170℃，入爐後噴蒸氣2秒，烘烤約13分鐘。烤好後取出，把麵包轉移放到網架上冷卻即可。

法國老麵

材料

伯爵傳統T65麵粉　200克

麥芽精　1克

水（A）　120克

鮮酵母　1克

魯邦種　40克

水（B）　10克

鹽　4克

製作方法

1 將麵粉和水（A）倒入攪拌缸中，攪拌均勻至無乾粉，放入盆中冷藏靜置水解40分鐘。

2 加入鮮酵母、麥芽精和魯邦種，繼續慢速攪拌均勻。

3 觀察麵團的狀態，當麵團打至八成麵筋時分次加入水（B），並加入鹽融合，轉快速攪拌至麵團不黏缸、表面光滑且具有延展性，此時能拉開麵筋膜。

4 取出麵團後將烤盤噴灑脫模油，規整麵團，放入烤盤中，室溫發酵45分鐘。

5 翻面，將麵團頂部朝下，四周向中間折疊規整，放冷藏冰箱發酵16小時即可。

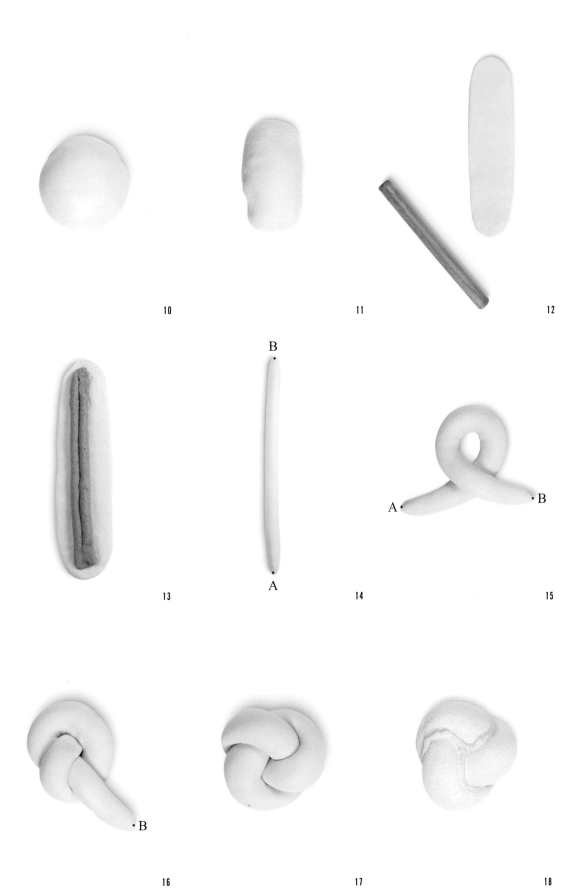

10

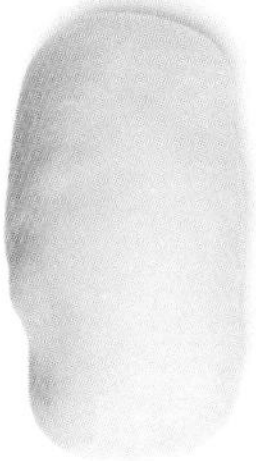

11

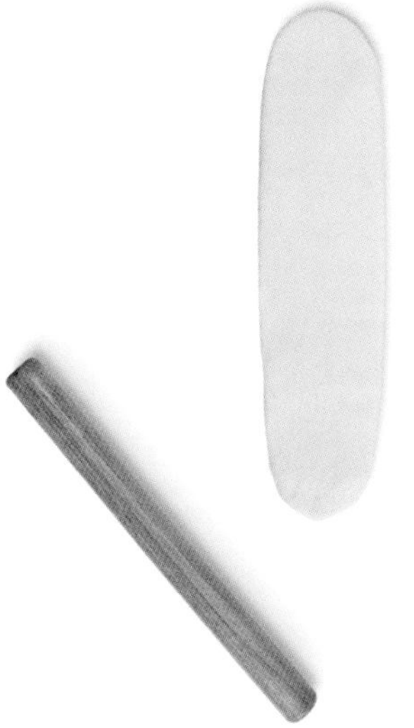

12

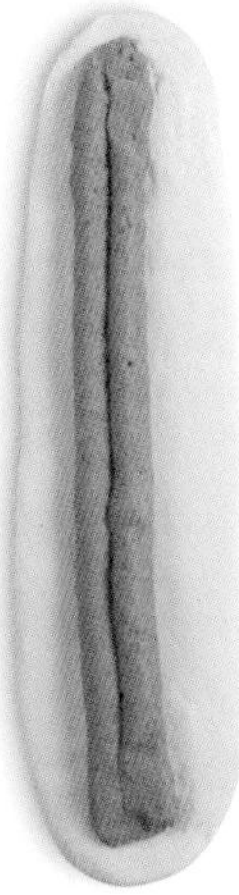

13

14

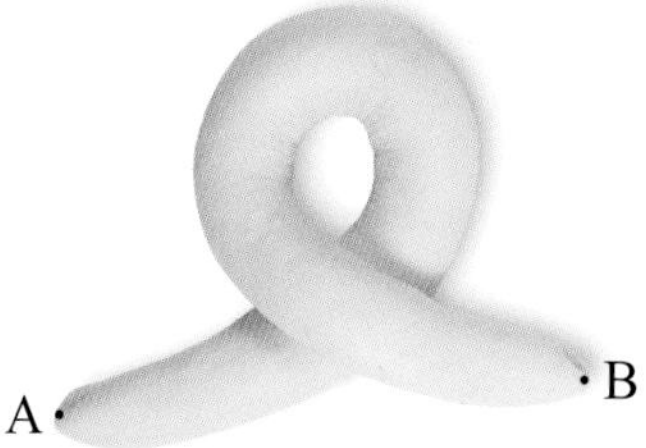

15

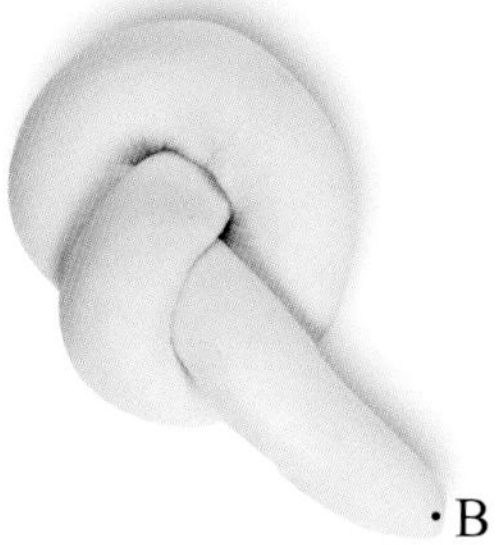

16

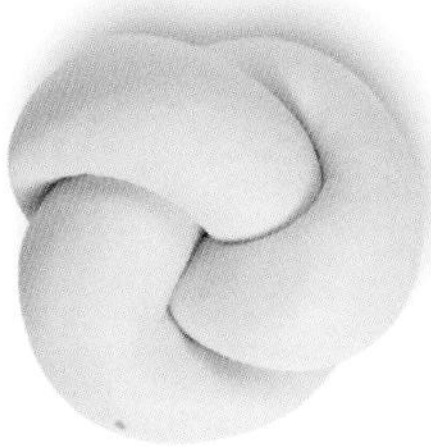

17

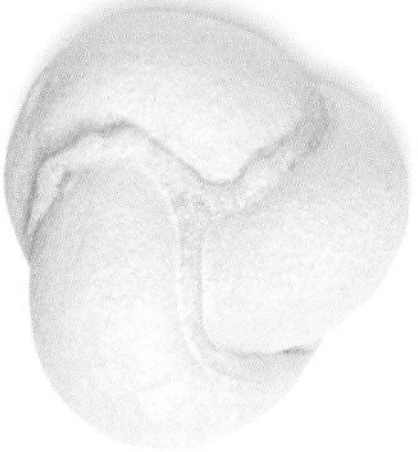

18

◎ 紫薯芋泥歐包

◎ 全麥紫米歐包

全麥紫米歐包

材料（可製作15個）

紫米餡

肯迪雅乳酸發酵奶油　50克

紫米　250克

牛奶　125克

水　275克

細砂糖　65克

主麵團

王后柔風甜麵包粉　800克

王后特製全麥粉　200克

肯迪雅乳酸發酵奶油　60克

日式燙種　100克

法國老麵（見P158）　100克

細砂糖　80克

鮮酵母　35克

牛奶　180克

奶粉　20克

水　480克

鹽　16克

製作方法

1 將製作紫米餡的材料稱好放置備用。

2 把牛奶和水加入到紫米中，攪拌均勻，使用電飯煲煮熟後取出，趁熱加入細砂糖和奶油。完全攪拌均勻，放涼後即可使用。

3 將製作主麵團的材料稱好放置備用。

4 把麵包粉、鮮酵母、全麥粉、牛奶和奶粉倒入攪拌缸。細砂糖與水混合，攪拌至細砂糖完全化開後倒入攪拌缸中，慢速攪拌成團至沒有乾粉。

5 麵糊成團後，加入鹽和法國老麵，慢速攪拌至七成麵筋，此時能拉出表面粗糙的厚膜，孔洞邊緣處帶有稍小的鋸齒。

6 加入室溫軟化至膏狀的奶油和日式燙種，慢速攪拌至奶油與麵團融合，再轉快速把麵團攪拌至十成麵筋，此時能拉出表面光滑的薄膜，孔洞邊緣處光滑無鋸齒。

7 取出麵團，把表面收整光滑成球形。麵團溫度控制在22～25℃，然後把麵團放在26～28℃的環境下基礎發酵40分鐘。發酵好後取出，分割成150克一個麵團，滾圓，密封放在24～28℃的環境下鬆弛30分鐘。

8 麵團鬆弛好後取出，用擀麵棍擀成直徑15公分的圓形，翻面。在麵團中心放50克紫米餡。

9 把麵團包成圓形，收緊底部，均勻擺放在烤盤上，放入發酵箱（溫度30℃，濕度80%）最後發酵45分鐘。

10 發酵好後，在表面放一張帶花紋的模板。

11 用粉篩均勻在表面篩撒麵包粉（配方用量外），做出裝飾圖案。

12 篩完麵粉後，用剪刀在麵團邊緣均勻剪四刀。放入烤箱，上火220℃，下火170℃，入爐後噴蒸氣2秒，烘烤約13分鐘。烤好後取出，把麵團轉移放到網架上冷卻即可。

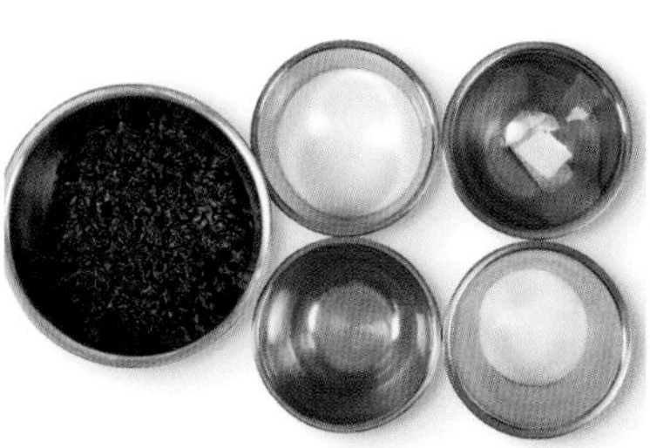

1

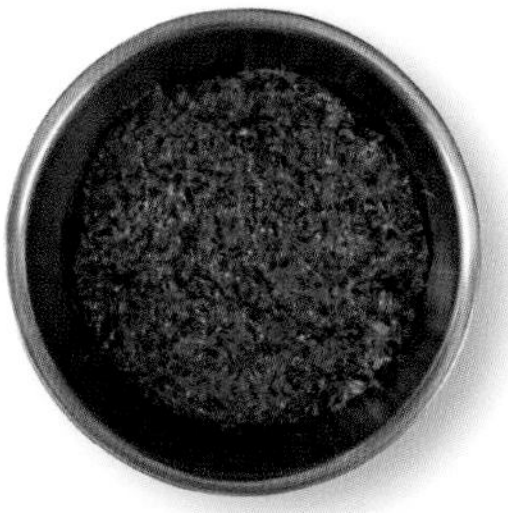

2

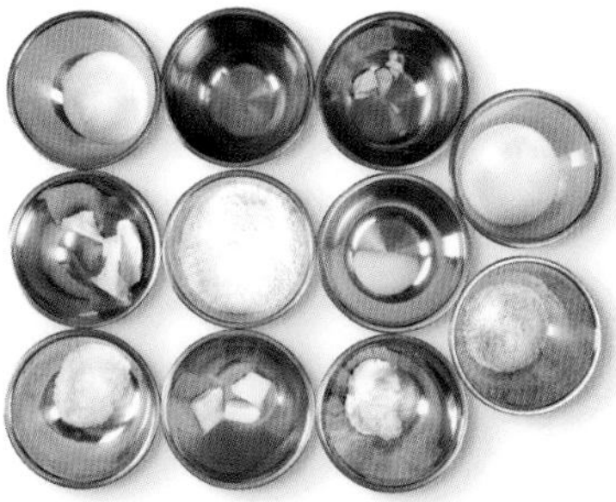

3

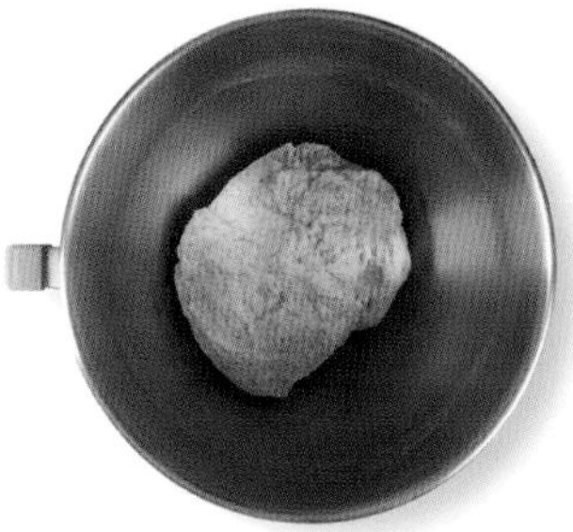

4

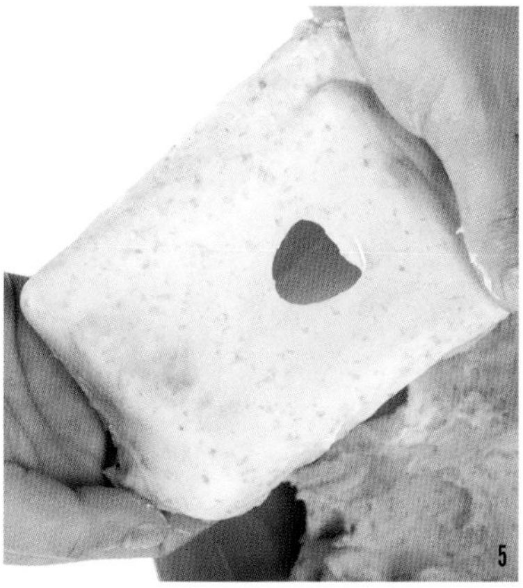

5

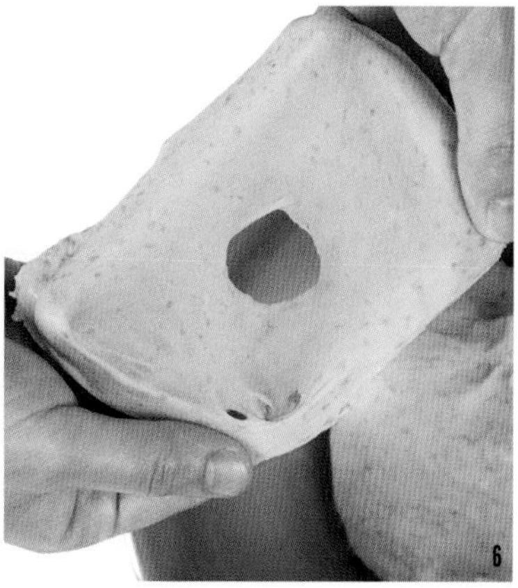

6

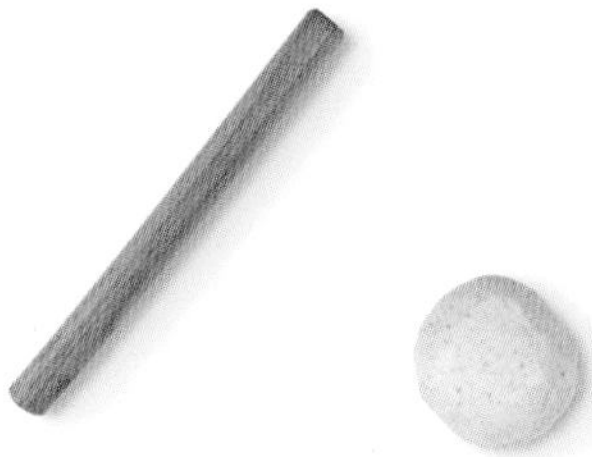

7

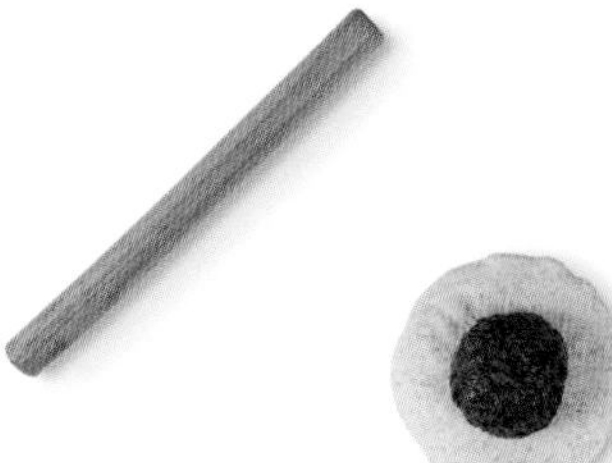

8

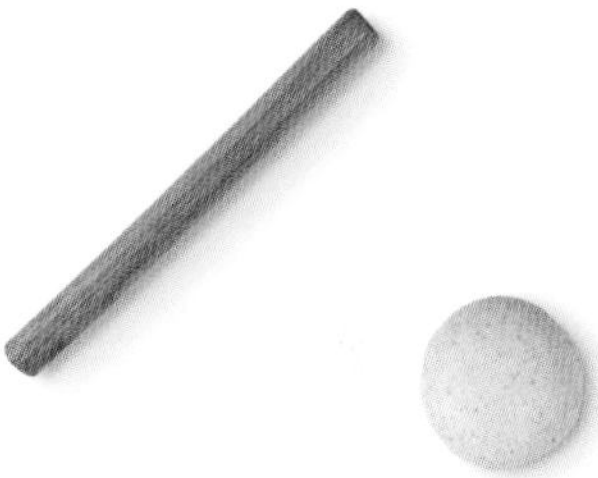

9

10

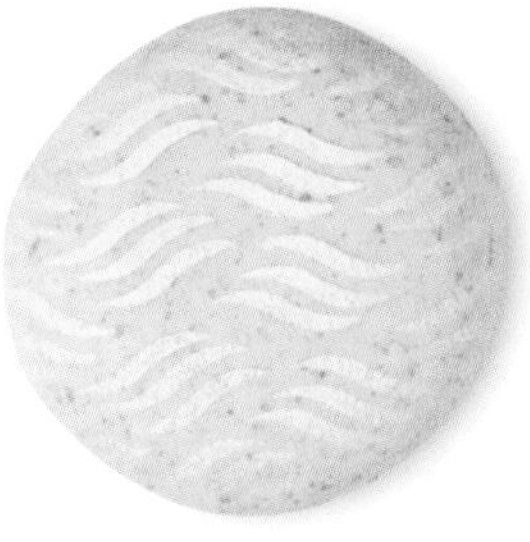

11

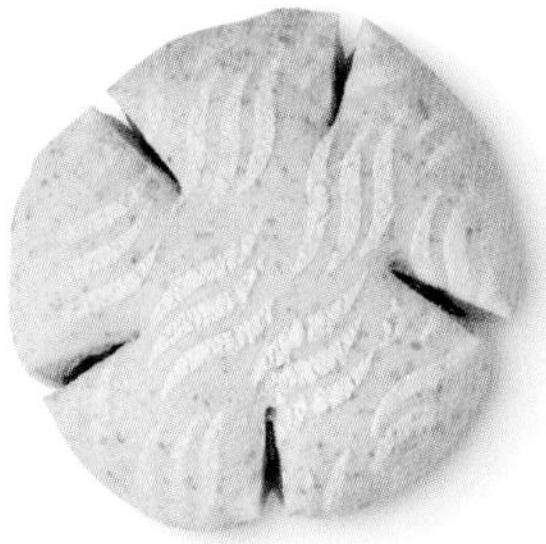

12

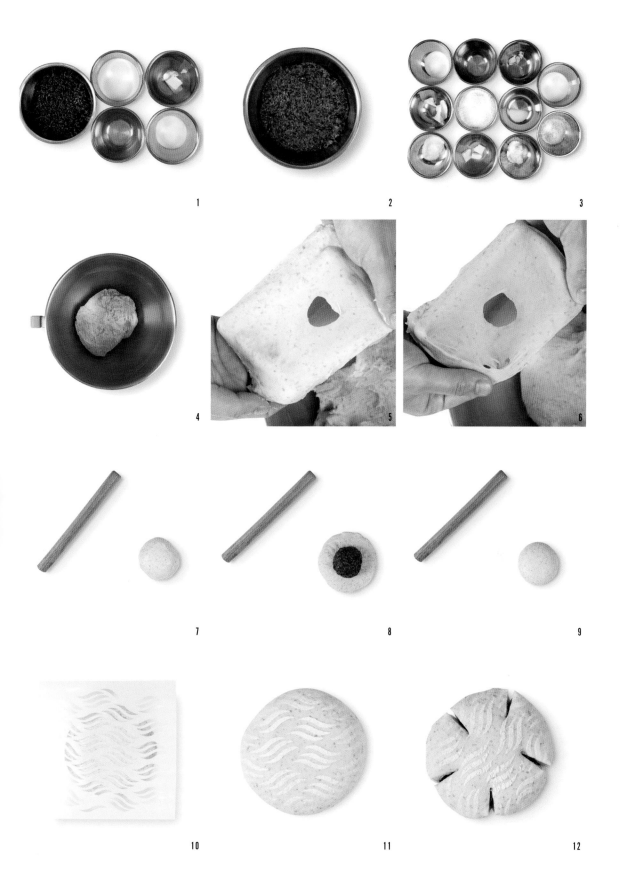

蒜香起司

材料（可製作13個）

蒜香醬

肯迪雅乳酸發酵奶油　250克
芹菜葉　75克
蒜頭　100克
鹽　3克

主麵團

王后柔風甜麵包粉　1000克
肯迪雅乳酸發酵奶油　60克
日式燙種　100克
細砂糖　100克
鮮酵母　30克
牛奶　560克
水　150克
鹽　16克

其他

起司粉　適量
肯迪雅乳酸發酵奶油　適量

製作方法

1 將製作蒜香醬的材料稱好放置備用。
2 把步驟1的所有材料放入調理機中。
3 攪打成泥備用。
4 將製作主麵團的材料稱好放置備用。
5 把麵包粉、鮮酵母和牛奶倒入攪拌缸。細砂糖與水混合，攪拌至細砂糖完全化開後倒入攪拌缸中，慢速攪拌成團至沒有乾粉。
6 加入鹽，慢速攪拌至七成麵筋，此時能拉出表面粗糙的厚膜，孔洞邊緣處帶有稍小的鋸齒。
7 加入室溫軟化至膏狀的奶油和日式燙種。
8 先慢速攪拌至奶油與麵團融合，再轉快速把麵團攪拌至十成麵筋，此時能拉出表面光滑的薄膜，孔洞邊緣處光滑無鋸齒。
9 取出麵團，把表面收整光滑成球形。麵團溫度控制在22～27℃，然後把麵團放在26～28℃的環境下基礎發酵40分鐘。發酵好後取出，分割成150克一個，滾圓，密封放在24～28℃的環境下鬆弛30分鐘。

1

2

3

4

5

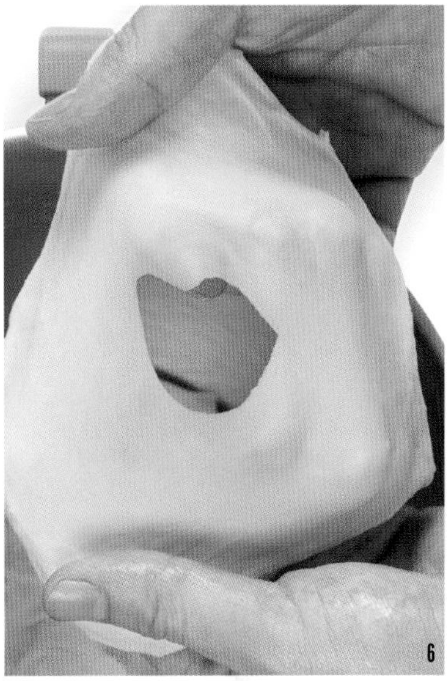

6

7

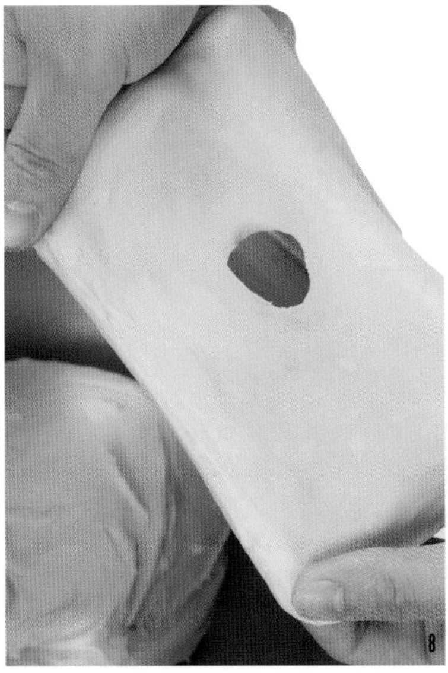

8

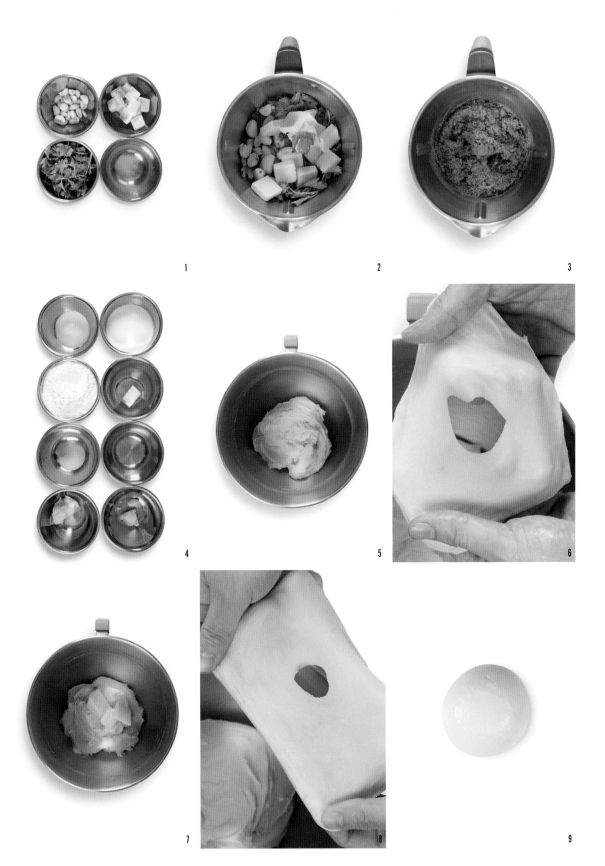

9

10 麵團鬆弛好後取出，表面蘸一層麵包粉（配方用量外），用手直接排氣拍扁，然後翻面。

11 把麵團從一邊往中間折1/3。

12 把麵團從另一邊再往中間折1/3，重疊在一起。

13 把麵團從中間再次對折，壓緊接口，做成橄欖形，最終長度約為20公分。

14 整型完的麵團，表面用噴水壺噴一層水，均勻地蘸一層起司粉。

15 正面朝上，均勻擺放在烤盤上，放入發酵箱（溫度30℃，濕度80%）最後發酵40分鐘。

16 發酵好後，把麵團取出，在表面正中心用法棍割刀劃一道刀口，把表皮劃破就好。

17 在刀口處用擠花袋擠上一條軟化後的奶油，放入烤箱，上火230℃，下火170℃，入爐後噴蒸氣2秒，烘烤約13分鐘。

18 取出，趁熱在表面刀口處擠上蒜香醬，用毛刷刷均勻，再次放回烤箱，上火230℃，下火170℃，烘烤1分鐘。烤好後取出，把麵團轉移到網架上冷卻即可。

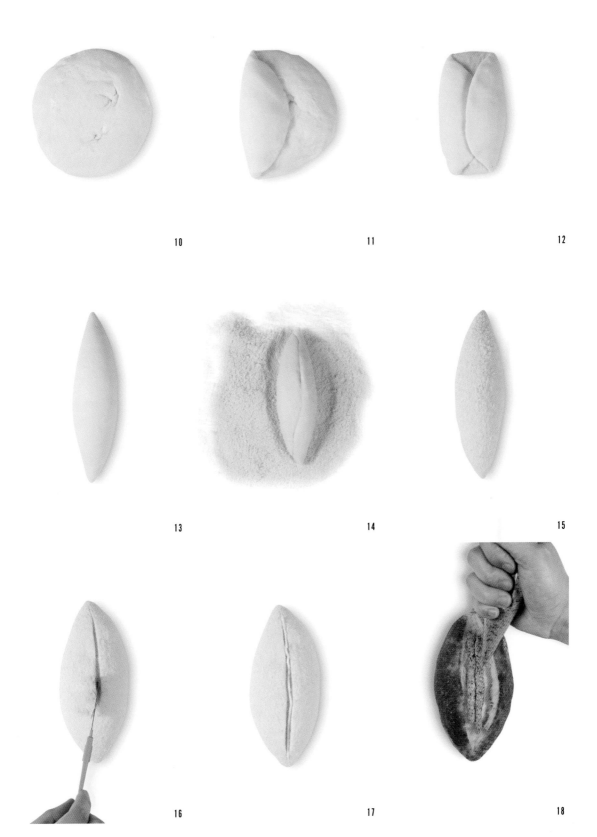

10

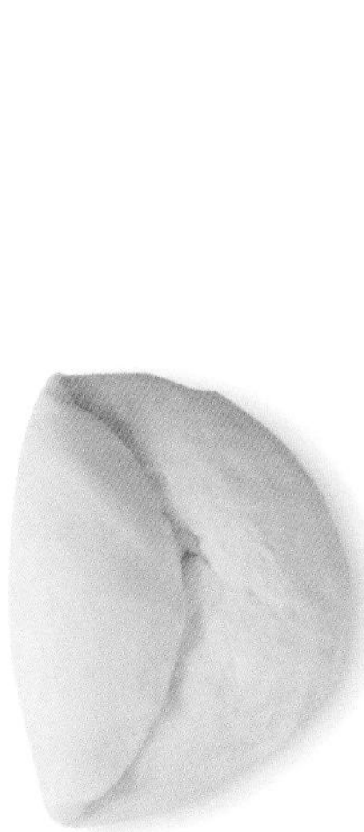

11

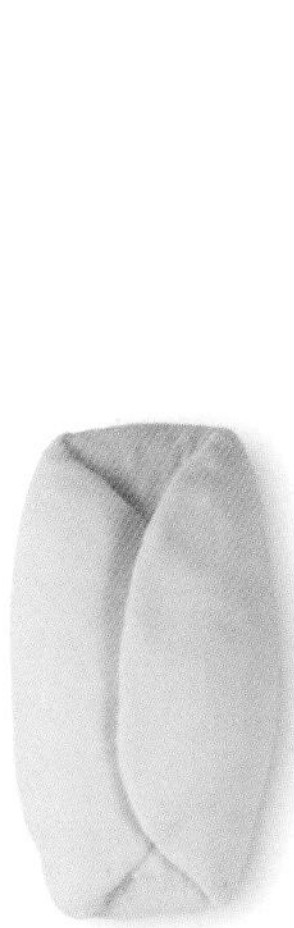

12

13

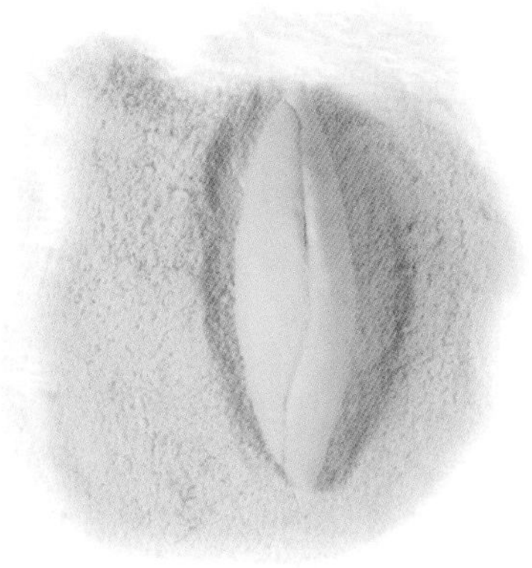

14

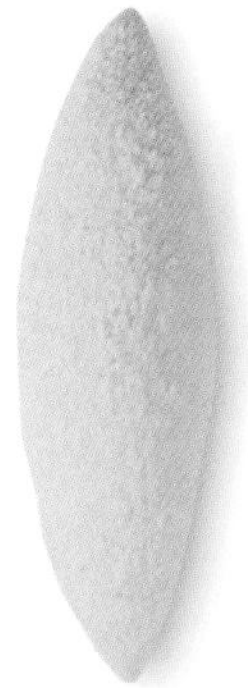

15

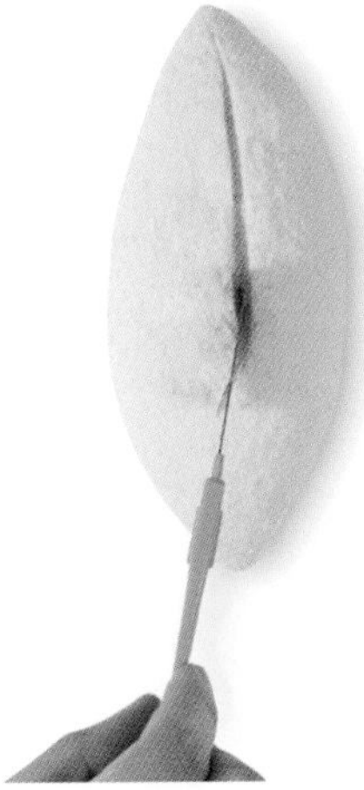

16

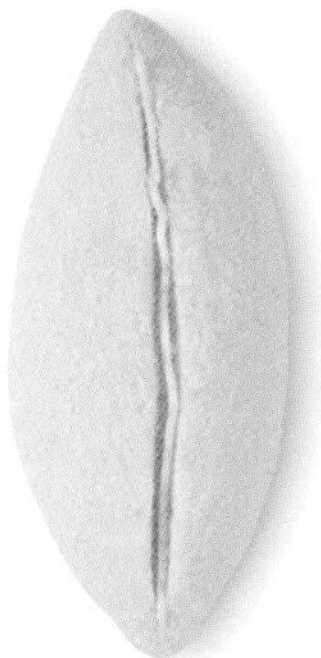

17

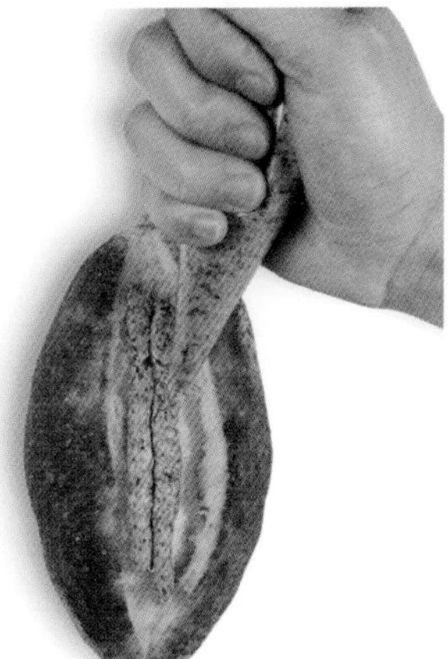

18

◎ 蒜香起司

◎ 抹茶麻糬歐包

抹茶麻糬歐包

材料（可製作13個）

麻糬餡

肯迪雅乳酸發酵奶油　28克

玉米澱粉　53克

糯米粉　180克

細砂糖　77克

牛奶　315克

抹茶酥粒

王后精製低筋麵粉　150克

肯迪雅乳酸發酵奶油　90克

細砂糖　65克

抹茶粉　18克

墨西哥醬

肯迪雅乳酸發酵奶油　100克

王后精製低筋麵粉　80克

糖粉　100克

全蛋　100克

中種麵糰

王后柔風甜麵包粉　400克

水　350克

鮮酵母　5克

主麵團

王后柔風甜麵包粉　600克

肯迪雅乳酸發酵奶油　60克

日式燙種　100克

抹茶粉　30克

細砂糖　80克

鮮酵母　30克

牛奶　180克

水　150克

鹽　16克

其他

蜜紅豆粒　120克

製作方法

1. 將製作麻糬餡的材料稱好放置備用。
2. 把牛奶、糯米粉、玉米澱粉、細砂糖混合，攪拌攪勻。然後放在盆裡隔水蒸熟成固體，趁熱加入奶油。
3. 攪拌至奶油完全融合後，用保鮮膜貼面包裹起來，放置冷卻備用。
4. 將製作抹茶酥粒的材料稱好放置備用。
5. 奶油隔水加熱至化開後，加入細砂糖攪拌均勻。加入抹茶粉和低筋麵粉，攪拌均勻成顆粒狀，密封放入冷凍冰箱備用。
6. 將製作墨西哥醬的材料稱好放置備用。
7. 奶油隔水加熱至化開，加入糖粉攪拌均勻。攪拌至順滑後，加入全蛋。再次攪拌均勻後，加入低筋麵粉。完全攪拌均勻後，裝入擠花袋，放入冷藏冰箱裡備用。
8. 將製作中種麵團的材料稱好放置備用。
9. 把鮮酵母加入水中，攪拌至完全化開，加入麵包粉。慢速攪拌成團至沒有乾粉，攪拌好的中種麵團密封放在30℃的環境下發酵2個小時。發酵好的中種麵團內部充滿豐富的網狀結構組織，即可拿去使用。

1

2

3

4

5

6

7

8

9

10 將製作主麵團的材料稱好放置備用。

11 細砂糖與水混合，攪拌至細砂糖完全化開。加入牛奶、麵包粉、鮮酵母和抹茶粉，慢速攪拌麵團至沒有乾粉。

12 麵糊成團後，加入鹽、日式燙種和發酵好的中種麵團。先慢速繼續攪拌均勻，然後轉快速攪拌至七成麵筋，此時能拉出表面粗糙的厚膜，孔洞邊緣處帶有稍小的鋸齒。

13 加入室溫軟化至膏狀的奶油。先慢速攪拌至奶油與麵團融合，再轉快速把麵團攪拌至十成麵筋，此時能拉出表面光滑的薄膜，孔洞邊緣處光滑無鋸齒。

14 取出麵團，把表面收整光滑成球形。麵團溫度控制在22～25℃，然後把麵團放在26～28℃的環境下基礎發酵40分鐘。發酵好後取出，分割成150克一個，滾圓，密封放在24～28℃的環境下鬆弛30分鐘。

15 麵團鬆弛好後取出，用擀麵棍擀成直徑14公分的圓形，中心厚，邊緣薄，翻面。在麵團中心先放50克麻糬餡，再放15克蜜紅豆粒。

16 放完餡料後，把餡料包起來，做成球形。麵團表面用噴水壺噴水，然後均勻蘸上一層抹茶酥粒。

17 把整型好的麵團均勻擺放在烤盤上，放入發酵箱（溫度30℃，濕度80%）最後發酵45分鐘。發酵好後，在表面用擠花袋轉圈擠上墨西哥醬。

18 擠完墨西哥醬後，表面再稍微撒一層抹茶酥粒，放入烤箱，上火200℃，下火170℃，入爐後噴蒸氣2秒，烘烤約15分鐘。出爐後，把麵包轉移到網架上冷卻即可。

10

11

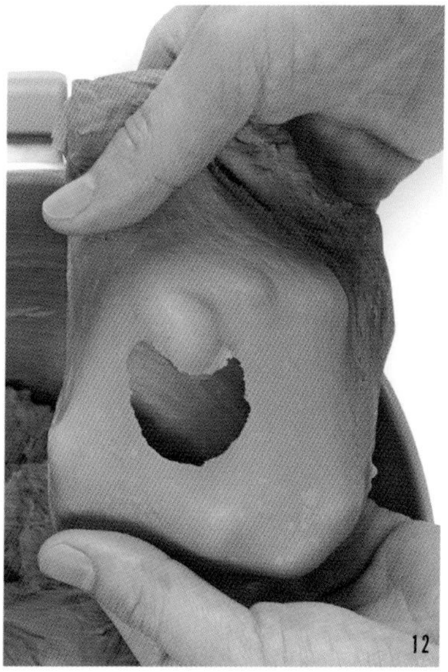

12

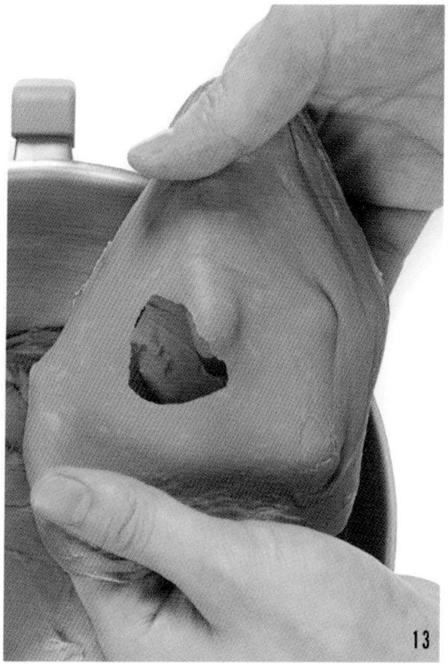

13

14

15

16

17

18

鹹蛋肉鬆

材料（可製作13個）

鹹蛋黃醬

肯迪雅乳酸發酵奶油　150克

鹹蛋黃　300克

煉乳　75克

鹽　7克

其他

原味肉鬆　130克

起司粉　適量

主麵團

王后柔風甜麵包粉　900克

王后特製全麥粉　100克

肯迪雅乳酸發酵奶油　60克

日式燙種　100克

細砂糖　60克

奶粉　20克

鮮酵母　30克

牛奶　200克

水　450克

鹽　15克

製作方法

1 將製作鹹蛋黃醬的材料稱好放置備用。

2 把鹹蛋黃放入烤箱，上火230℃，下火200℃，先烤5分鐘，取出用料理機打碎，再把製作鹹蛋黃醬的其他所有材料加入。

3 完全攪拌均勻成泥狀，裝入擠花袋備用。

4 將製作主麵團的材料稱好放置備用。

5 把麵包粉、鮮酵母、牛奶、全麥粉和奶粉倒入攪拌缸。細砂糖與水混合，攪拌至細砂糖完全化開後倒入攪拌缸中。慢速攪拌成團至沒有乾粉，加入鹽和日式燙種。

6 慢速攪拌至七成麵筋，此時能拉出表面粗糙的厚膜，孔洞邊緣處帶有稍小的鋸齒。

7 加入室溫軟化至膏狀的奶油。先慢速攪拌至奶油與麵團融合，再轉快速把麵團攪拌至十成麵筋，此時能拉出表面光滑的薄膜，孔洞邊緣處光滑無鋸齒。

8 取出麵團，把表面收整光滑成球形。麵團溫度控制在22～27℃，然後把麵團放在26～28℃的環境下基礎發酵40分鐘。發酵好後取出，分割成約150克一個，滾圓，密封放在24～28℃的環境下鬆弛30分鐘。

9 麵團鬆弛好後取出，把麵團直接從底部對折成長條狀。

10 用擀麵棍把麵團擀成長35公分、寬10公分的長條，翻面，擠上40克鹹蛋黃醬，用抹刀塗抹均勻。在鹹蛋黃醬上再均勻撒10克原味肉鬆。

11 將麵團沿著長邊自然捲起來，兩邊接口處保持平整。最終長度12公分。整型完的麵團，表面用噴水壺噴一層水，然後均勻蘸一層起司粉。

12 正面朝上，均勻擺放在烤盤上，放入發酵箱（溫度30℃，濕度80%）最後發酵45分鐘。發酵好後，直接放入烤箱，上火220℃，下火170℃，入爐後噴蒸氣2秒，烘烤約14分鐘。烤好後取出，把麵包轉移到網架上冷卻即可。

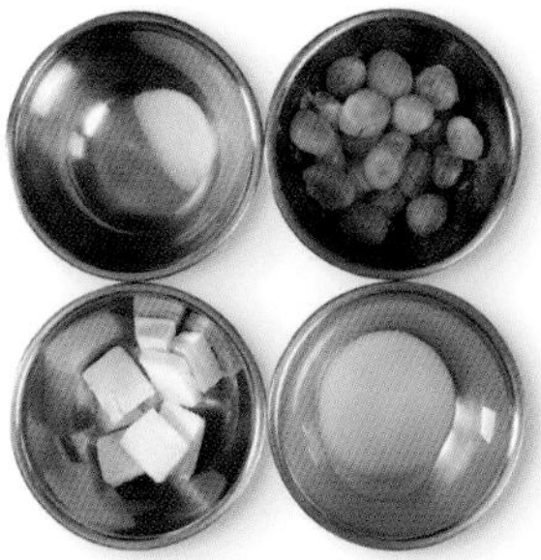
1

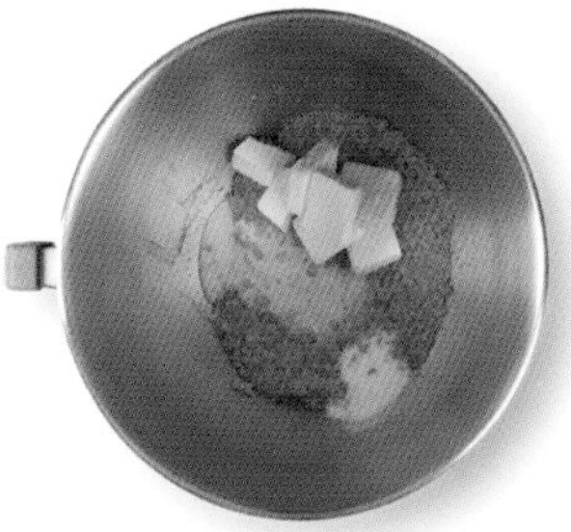
2

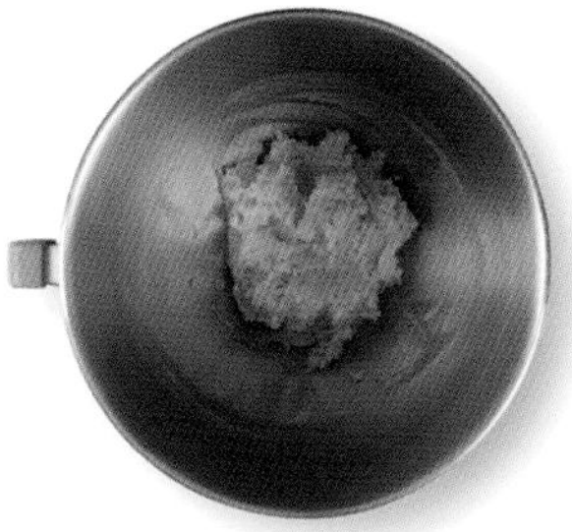
3

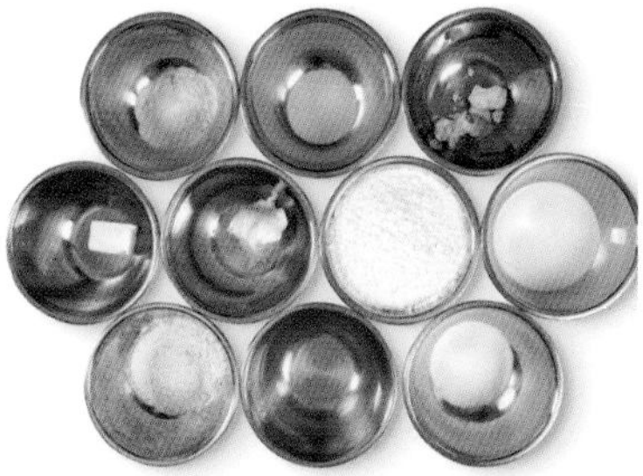
4

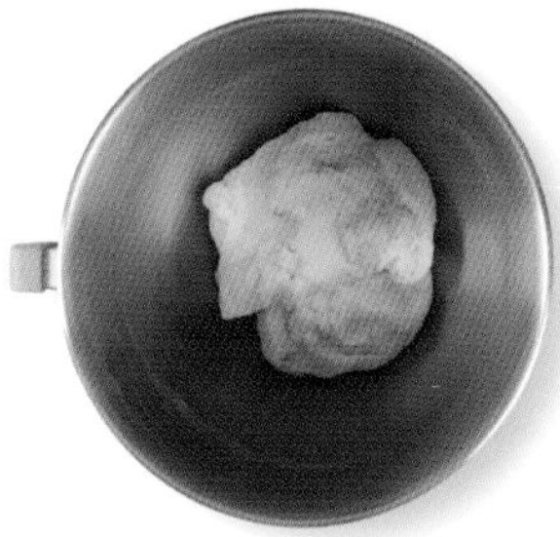
5

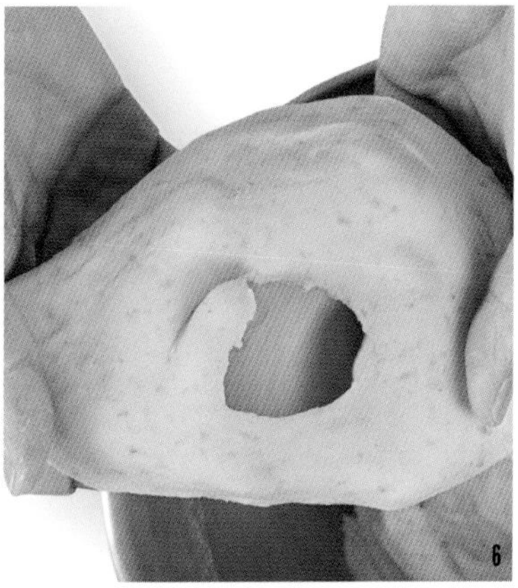
6

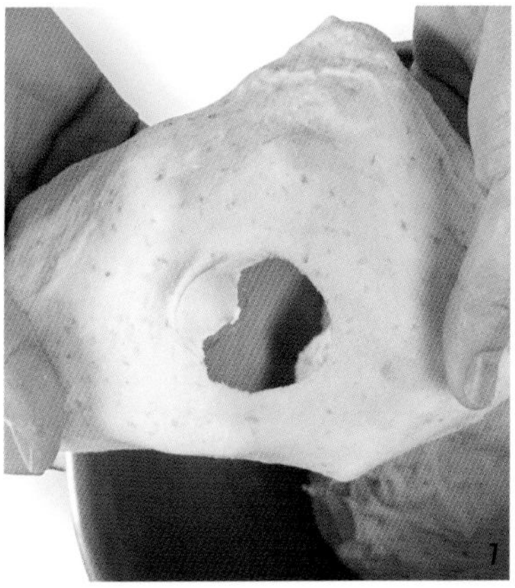
7

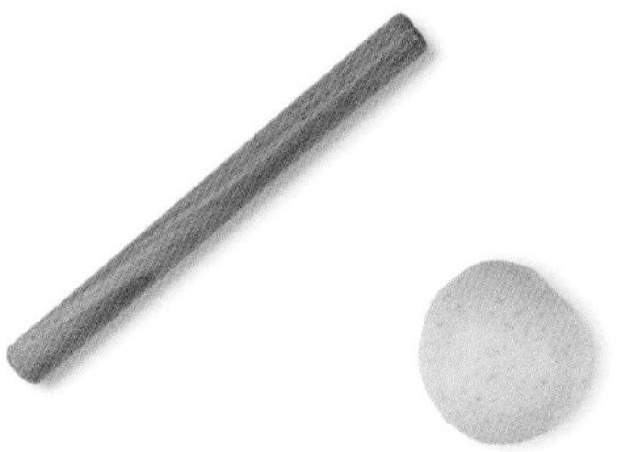
8

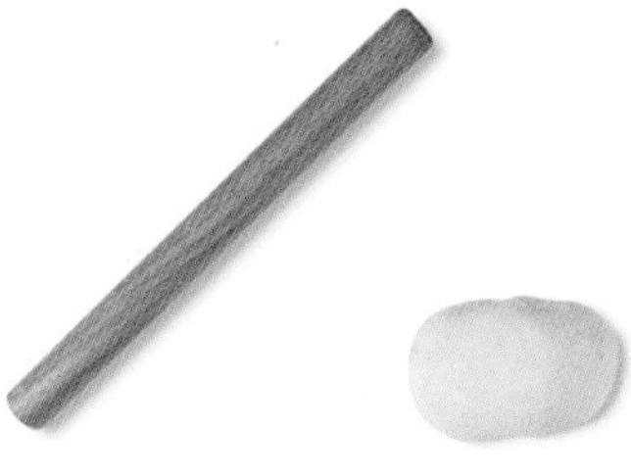
9

10

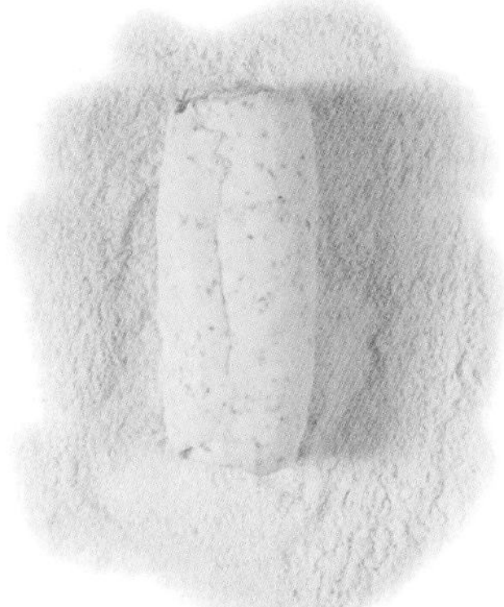
11

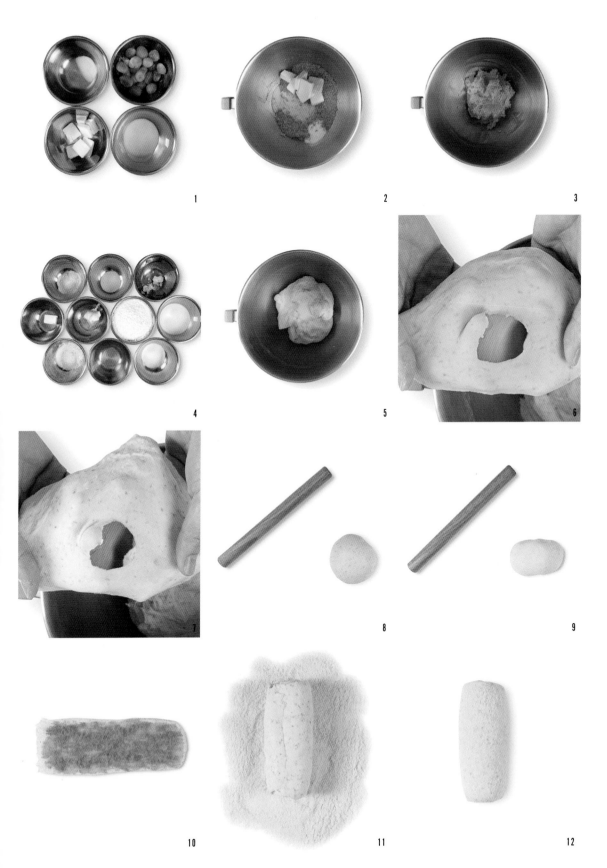
12

◎ 鹹蛋
肉鬆

◎ 火龍果起司

火龍果起司

材料（可製作17個）

墨西哥醬

肯迪雅乳酸發酵奶油　100克
糖粉　100克
全蛋　100克
王后精製低筋麵粉　100克

起司餡

奶油起司　800克
糖粉　240克
君度酒　16克

主麵糰

王后柔風甜麵包粉　1000克
肯迪雅乳酸發酵奶油　60克
火龍果　500克
細砂糖　80克
鮮酵母　30克
奶粉　20克
日式燙種　150克
水　700克
鹽　16克

製作方法

1 將製作墨西哥醬的材料稱好放置備用。
2 奶油隔水加熱至化開，加入糖粉攪拌均勻。攪拌至順滑狀後，加入全蛋。把全蛋完全攪拌均勻後，加入低筋麵粉。最終完全攪拌均勻後，裝入擠花袋，放入冷藏冰箱備用。
3 將製作起司餡的材料稱好放置備用。
4 把製作起司餡的所有材料放入攪拌機。拌均勻至順滑，裝入擠花袋備用。
5 將製作主麵團的材料稱好放置備用。
6 把麵包粉、鮮酵母、奶粉和火龍果倒入攪拌缸。細砂糖和水混合，攪拌至細砂糖完全化開後倒入攪拌缸中。慢速攪拌成團至沒有乾粉。
7 加入鹽和日式燙種，慢速攪拌至七成麵筋，此時能拉出表面粗糙的厚膜，孔洞邊緣處帶有稍小的鋸齒。
8 加入室溫軟化至膏狀的奶油。
9 先慢速攪拌至奶油與麵團融合，再轉快速把麵團攪拌至十成麵筋，此時能拉出表面光滑的薄膜，孔洞邊緣處光滑無鋸齒。

1

2

3

4

5

6

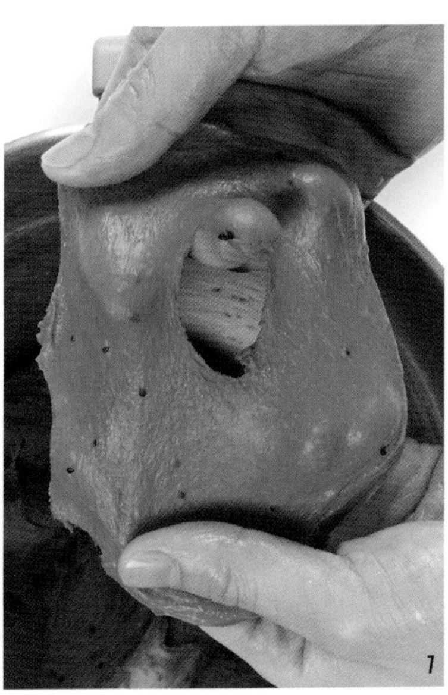

7

8

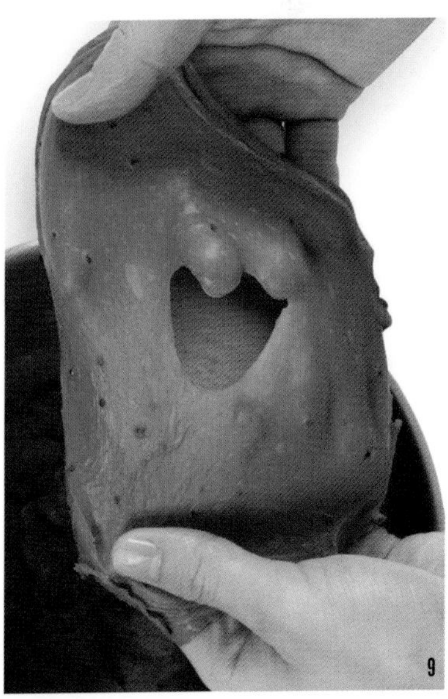

9

10 取出麵團，把表面收整光滑成球形。麵團溫度控制在22～25℃，然後把麵團放在26～28℃的環境下基礎發酵40分鐘。發酵好後取出，分割成150克一個，然後預整型長條狀，密封放在24～28℃的環境下鬆弛30分鐘。

11 麵團鬆弛好後，取出用擀麵棍擀成長35公分、寬9公分的長條狀，翻面。在距離圖中左側長邊約1/3處擠一條60克起司餡。

12 把圖中麵團左側長邊提起向右對折，先把起司餡包緊。

13 然後再次把麵團對折包一圈成長條狀，最終把麵團搓至50公分長。

14 把麵團在長度1/3處彎折成圖示樣子，然後把長的一端（A）搭在短的一端（B）之上，短的一端露出約2公分。

15 把麵團長的一端（A）從短的一端（B）底部繞一圈上來。然後從麵團表面中心處穿過，壓到底部。最終整型完後，呈現一個8字形。光滑面朝上，均勻擺放在烤盤上，放入發酵箱（溫度30℃，濕度80％）最後發酵40分鐘。

16 發酵好後，在麵團表面間隔處，用擠花袋擠上一條墨西哥醬。

17 表面用粉篩篩一層麵包粉（配方用量外）當作裝飾，放入烤箱，上火200℃，下火170℃，入爐後噴蒸氣2秒，烘烤約15分鐘。出爐後，把麵包轉移放置到網架上冷卻即可。

10

11

12

13

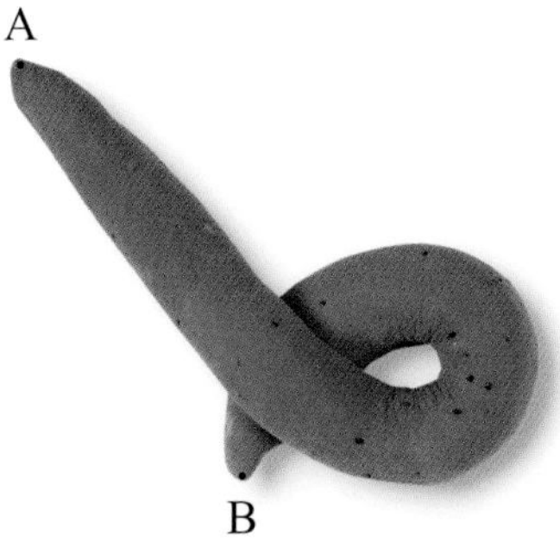

14

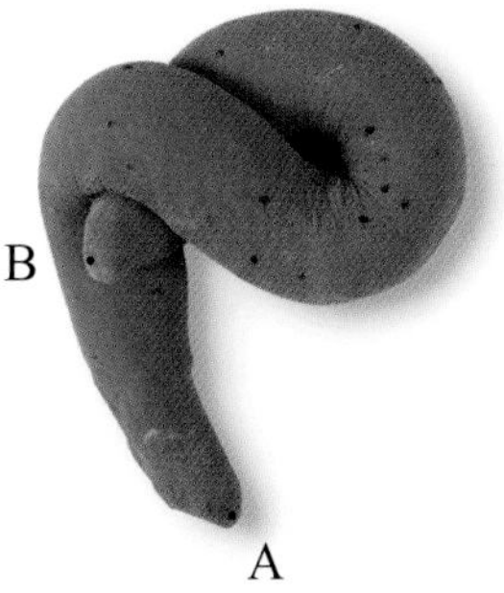

15-1

15-2

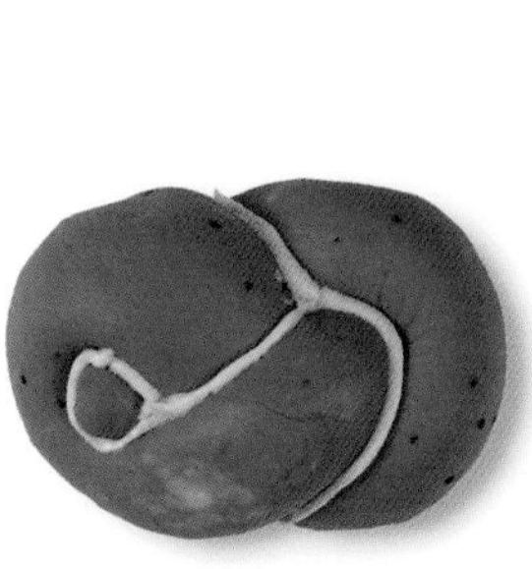

16

17

燻雞起司枕

材料（可製作12個）

雞肉餡
煙燻雞胸肉丁　500克
玉米粒　100克
耐高溫起司丁　50克
莫扎瑞拉起司　50克
黑胡椒粉　2克

主麵團
王后柔風甜麵包粉　1000克
肯迪雅乳酸發酵奶油　60克
細砂糖　80克
鮮酵母　30克
牛奶　120克
奶粉　20克
水　600克
鹽　16克

其他
起司片　13塊
起司粉　適量

製作方法

1 將製作雞肉餡的材料稱好放置備用。
2 把製作雞肉餡的所有材料放在一起。
3 完全攪拌均勻。
4 將製作主麵團的材料稱好放置備用。
5 把麵包粉、鮮酵母、奶粉和牛奶倒入攪拌缸。
6 把細砂糖與水混合，攪拌至細砂糖化開後倒入攪拌缸中。
7 把麵糊慢速攪拌成團至沒有乾粉。
8 麵糊成團後，加入鹽。
9 把麵團慢速攪拌至七成麵筋，此時表面能拉出粗糙的厚膜，孔洞邊緣處帶有稍小的鋸齒。

1

2

3

4

5

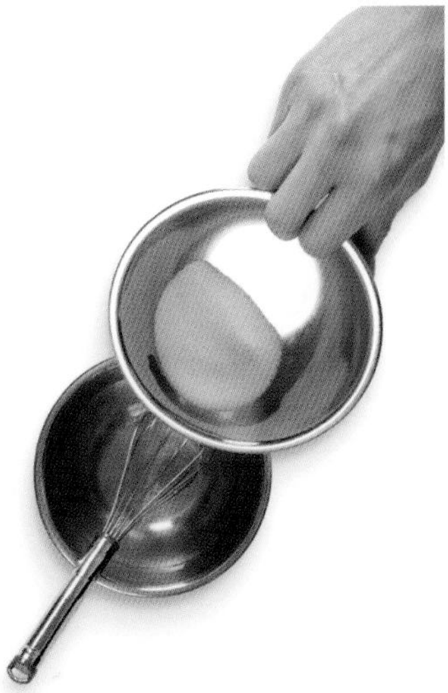

6

7

8

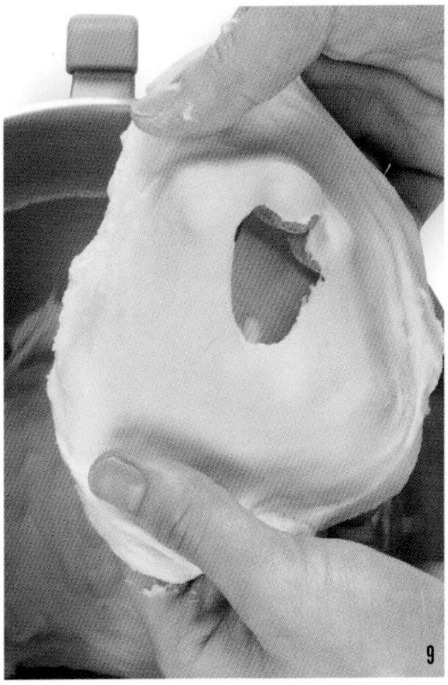

9

10 加入室溫軟化至膏狀的奶油。

11 先慢速攪拌至奶油與麵團融合，再轉快速把麵團攪拌至十成麵筋，此時能拉出表面光滑的薄膜，孔洞邊緣處光滑無鋸齒。

12 取出麵團，把表面收整光滑成球形。麵團溫度控制在22～27℃，然後把麵團放在26～28℃的環境下基礎發酵40分鐘。發酵好後取出，分割成160克一個，滾圓，密封放在24～28℃的環境下鬆弛30分鐘。

13 麵團鬆弛好後，取出用手直接排氣拍扁成直徑15公分的圓形，然後翻面，使底部朝上。

14 在麵團中間先放一塊起司片，接著在起司片上放50克雞肉餡。

15 順著起司片的四個邊，先把麵團提起到中間捏緊，然後把四個角的麵團捏合起來，最終成正方形。

16 整型完的麵團表面用噴水壺噴一層水，然後均勻地蘸一層起司粉。

17 蘸好起司粉後，正面朝上，均勻擺放在烤盤上，放入發酵箱（溫度30℃，濕度80%）最後發酵40分鐘。發酵好後，把麵團取出，在麵團表面用法棍割刀沿對角劃兩道刀口，把表皮劃破就好。

18 放入烤箱，上火220℃，下火170℃，入爐後噴蒸氣2秒，烘烤約13分鐘。出爐後，把麵團轉移到網架上冷卻即可。

10

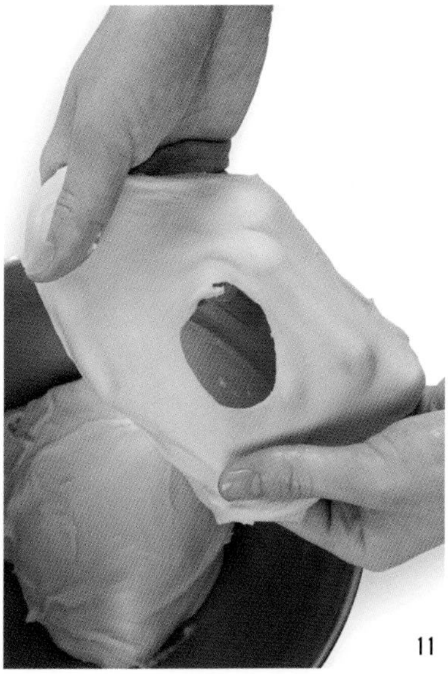

11

12

13

14

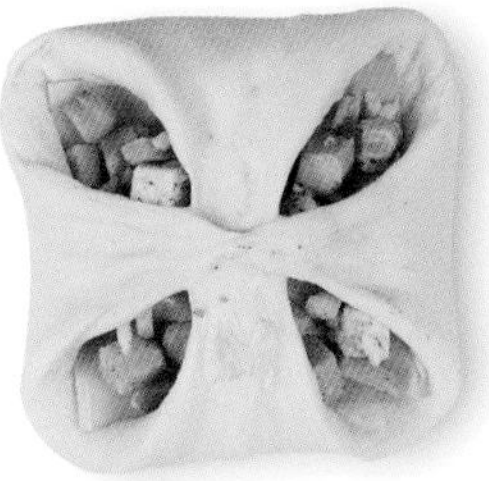

15

16

17

18

◎ 燻雞起司枕

◎ 巧克力香蕉麵包船

巧克力香蕉麵包船

材料（可製作16个）

巧克力餡

牛奶　500克

卡士達粉　170克

柯氏51％牛奶巧克力　250克

巧克力醬

肯迪雅鮮奶油　200克

柯氏51％牛奶巧克力　100克

其他

蛋液　適量

香蕉　適量

奧利奧餅乾碎　適量

巧克力酥粒（見P106）適量

主麵團

王后柔風甜麵包粉　500克

肯迪雅乳酸發酵奶油　25克

日式燙種　100克

牛奶液種（見P190）150克

細砂糖　50克

可可粉　18克

鮮酵母　18克

牛奶　100克

鹽　8克

水　235克

柯氏51％牛奶巧克力　200克

製作方法

1 將製作巧克力餡的材料稱好放置備用。

2 把牛奶與卡士達粉放混合，攪拌均勻。

3 巧克力隔水融化後加入步驟2攪拌好的卡士達醬中。

4 攪拌均勻後放入盆中。

5 將製作巧克力醬的材料稱好放置備用。

6 把鮮奶油與巧克力混合。

7 隔水加熱至化開，攪拌均勻。

8 將製作主麵團的材料稱好放置備用。

9 細砂糖與水混合，攪拌至細砂糖完全化開。

10 將麵包粉、可可粉、鮮酵母、牛奶和步驟9化好的糖水放入攪拌缸中。

11 慢速攪拌至無乾粉、無顆粒。

12 加入鹽、日式燙種和牛奶液種。

1

2

3

4

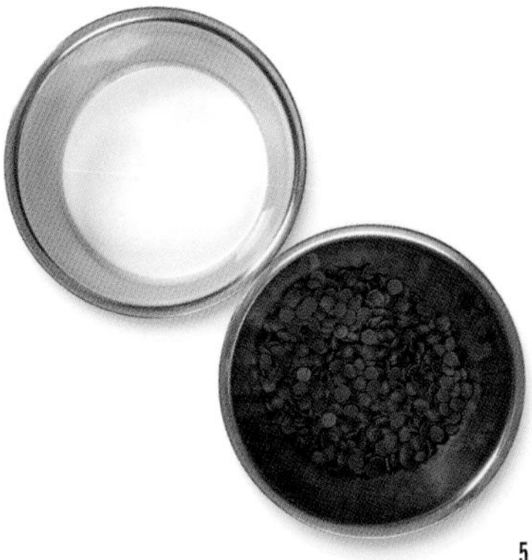

5

6

7

8

9

10

11

12

13 待鹽完全融入麵團，快速攪拌至麵筋擴展階段，此時麵筋具有彈性及良好的延展性，並能拉出較好的麵筋膜，麵筋膜表面光滑較厚，不透明，有鋸齒。

14 加入奶油和隔水加熱融化的巧克力。

15 轉快速攪拌至麵筋完全擴展階段，此時麵筋能拉開大片麵筋膜且麵筋膜薄，能清晰看到手指紋，無鋸齒。

16 取出麵團規整外型，蓋上保鮮膜放置室溫發酵40～50分鐘。發酵好後取出，分割成80克一個，揉圓，冷藏備用。

17 將麵團表面微微蘸麵包粉（配方用量外），用擀麵棍擀成橢圓形。

18 如圖示將麵團左側向中間收攏。

19 再將右側麵團向中間收攏。

20 將麵團整型成橄欖形狀。

21 在麵團表面及側面刷一層蛋液，底部接口處不要接觸蛋液。

22 將刷上蛋液的部分蘸上巧克力酥粒，放入烤盤，並放入發酵箱（溫度30℃，濕度80%）發酵40～50分鐘；發酵好後轉入烤箱，上火210℃，下火180℃，烘烤12分鐘，入爐後噴蒸氣2秒。

23 烤好的麵包冷卻後用鋸齒刀一切為二，底部不要切斷，擠上55克巧克力餡。

24 再將新鮮香蕉去皮切斷，裹巧克力醬後放在麵包上，最後用擠花袋在表面擠一層巧克力醬，撒上奧利奧餅乾碎即可。

牛奶液種

材料

王后柔風甜麵包粉　150克

牛奶　150克

鮮酵母　2克

製作方法

1 把鮮酵母加入牛奶中，用打蛋器攪拌至完全化開。

2 把麵包粉加步驟1的液體中，完全攪拌均勻至沒有乾粉。

3 用保鮮膜密封，放入發酵箱（溫度28℃）發酵2小時，然後轉冷藏冰箱隔夜發酵後即可使用。

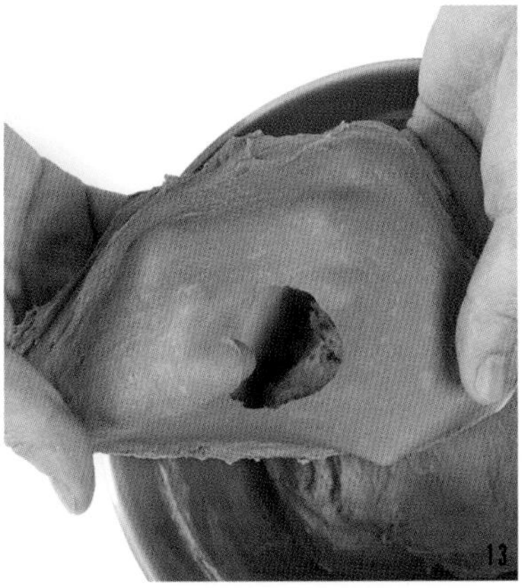

13

14

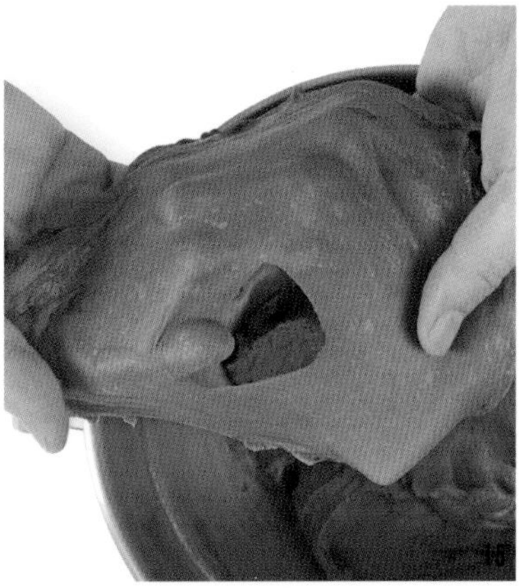

15

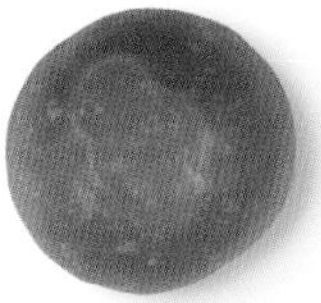

16

17

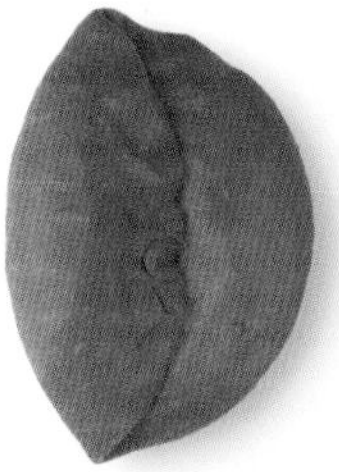

18

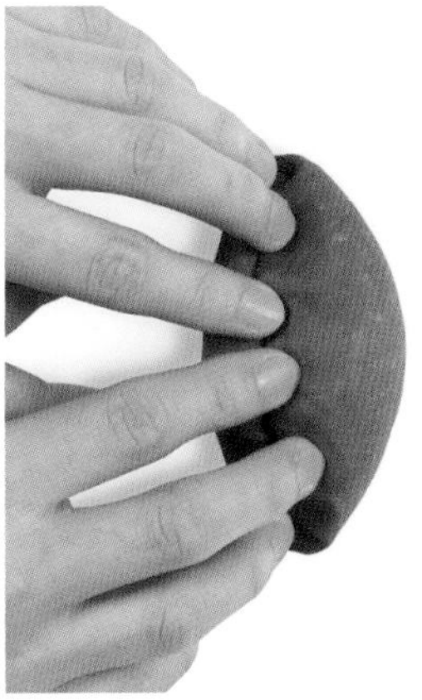

19

20

21

22

23

24

黑糖酵素軟歐麵包

材料（可製作6個）

王后柔風甜麵包粉　880克
肯迪雅乳酸發酵奶油　44克
日式燙種　176克
牛奶液種（見P190）　264克
鮮酵母　31克
黑糖　176克
奶粉　18克
鹽　14克
水　352克
牛奶　220克
蔓越莓乾　88克
葡萄乾　176克
芒果丁　44克
核桃　44克

製作方法

1 將所有材料稱好放置備用。
2 黑糖與水混合，攪拌均勻。
3 將步驟2的糖水連同麵包粉、奶粉、鮮酵母和牛奶一起放入攪拌缸中。
4 慢速攪拌至無乾粉。
5 加入鹽、日式燙種和牛奶液種。
6 待鹽完全融入麵團，快速攪拌至麵筋擴展階段，此時麵筋具有彈性及良好的延展性，並能拉出較好的麵筋膜，麵筋膜表面光滑較厚，不透明，有鋸齒。
7 加入奶油。
8 慢速攪拌均勻後轉快速攪拌至麵筋完全擴展階段，此時麵筋能拉開大片麵筋膜且麵筋膜薄，能清晰看到手指紋，無鋸齒。
9 加入葡萄乾、芒果丁、蔓越莓乾和核桃，攪拌均勻後出缸。

1

2

3

4

5

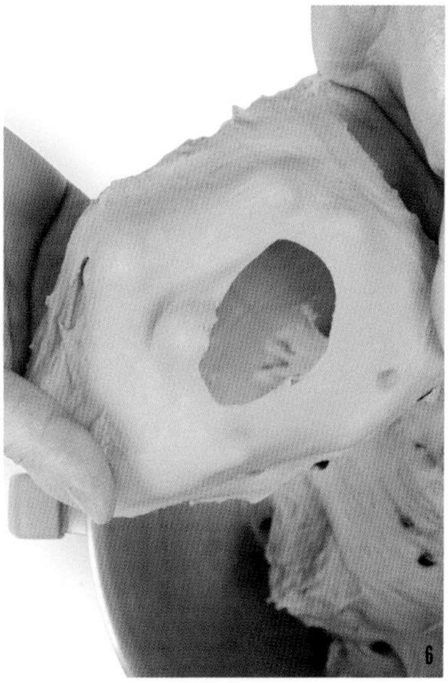

6

7

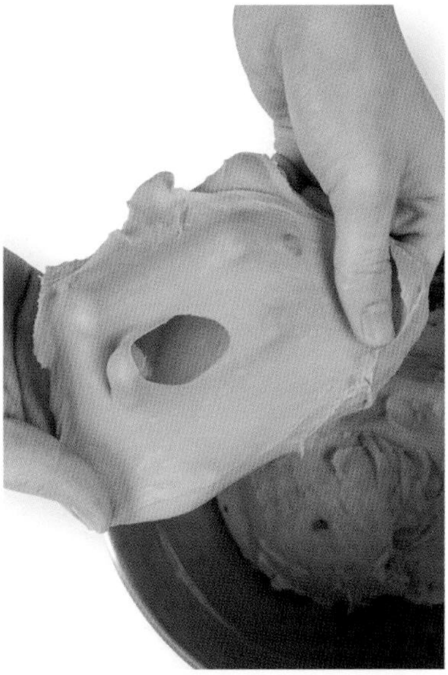

9

10 取出麵團規整外型，蓋上保鮮膜，放置室溫發酵40～50分鐘。發酵好後取出，分割成420克一個，揉圓，冷藏備用。

11 取出冷藏麵團。

12 將麵團表面微微蘸麵包粉（配方用量外），用手掌按壓排氣。

13 整型成橢圓形。

14 將麵團對折進行按壓排氣。

15 將麵團進行再次對折按壓排氣。

16 用雙手揉圓，放在烘焙油布上，並放入發酵箱（溫度30℃，濕度80%）發酵40～50分鐘。

17 發酵好的黑糖酵素麵包表面篩撒麵包粉（配方用量外）進行裝飾。

18 在四邊各割一刀，放入烤箱，上火240℃，下火200℃，入爐後噴蒸氣2秒，烘烤18分鐘即可。

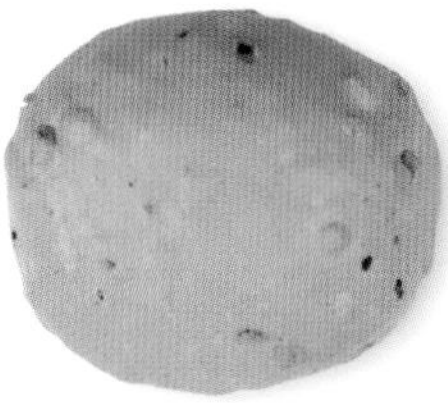

10

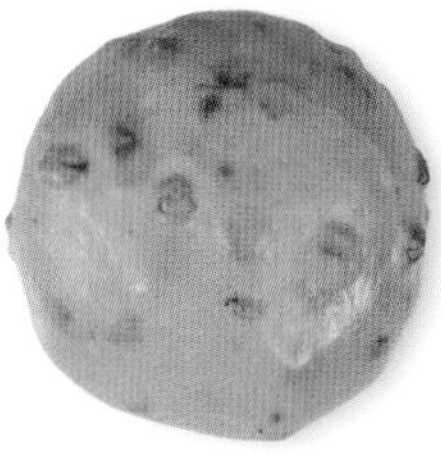

11

12

13

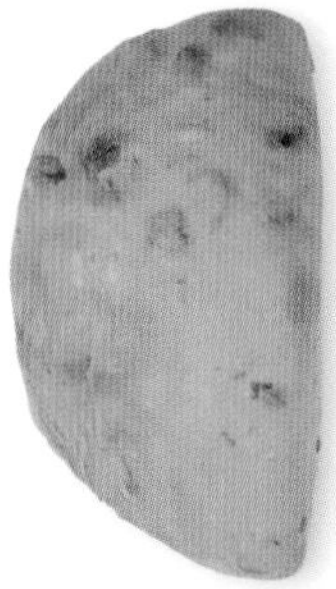

14

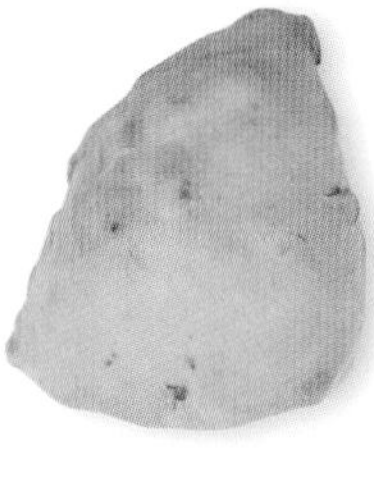

15

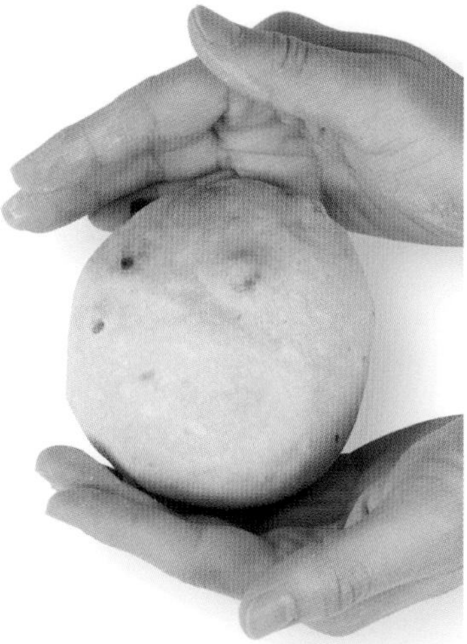

16

17

18

◎ 黑糖酵素軟歐麵包

◎ 紅棗益菌多麵包

紅棗益菌多麵包

材料（可製作12個）

紅棗餡

無核紅棗　400克

養樂多　80克

起司餡

牛奶　260克

卡士達粉　90克

奶油起司　150克

酥粒

肯迪雅乳酸發酵奶油　250克

王后精緻低筋麵粉　350克

糖粉　175克

奶粉　100克

主麵團

王后柔風甜麵包粉　1000克

肯迪雅乳酸發酵奶油　80克

日式燙種　200克

牛奶液種（見P190）　300克

細砂糖　100克

鮮酵母　30克

牛奶　200克

奶粉　20克

水　460克

鹽　16克

其他

蛋液　適量

杏仁片　適量

墨西哥醬（見P156）　適量

製作方法

1 將製作紅棗餡的材料稱好放置備用。

2 將無核紅棗切碎，和養樂多放在一起密封浸泡一晚。

3 將製作起司餡的材料稱好放置備用。

4 將牛奶與卡士達粉混合，攪拌均勻。

5 把奶油起司隔水軟化後加入步驟4攪拌好的卡士達醬中，攪拌均勻後放入盆中備用。

6 將製作酥粒的材料稱好放置備用。

7 奶油隔水軟化，加入糖粉攪拌均勻至發白狀態。

8 加入奶粉和低筋麵粉。

9 攪拌均勻至顆粒狀，放入盆中冷凍存儲。

10 將製作主麵團的材料稱好放置備用。

11 細砂糖與水混合，攪拌至細砂糖完全化開。

12 然後將麵包粉、奶粉、鮮酵母和牛奶放入攪拌缸中。

1

2

3

4

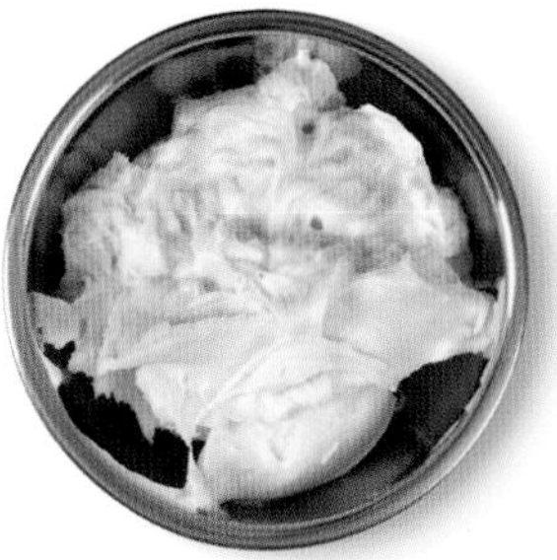

5

6

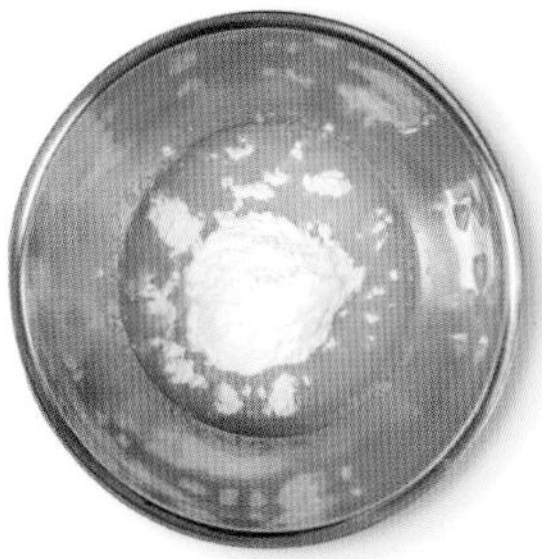

7

8

9

10

11

12

13 慢速攪拌至無乾粉、無顆粒。

14 加入鹽、日式燙種和牛奶液種。

15 待鹽完全融入麵團，快速攪拌至麵筋擴展階段，此時麵筋具有彈性及良好的延展性，並能拉出較好的麵筋膜，麵筋膜表面光滑較厚，不透明，有鋸齒。

16 加入奶油。

17 慢速攪拌均勻後轉快速攪拌至麵筋完全擴展階段，此時麵筋能拉開大片麵筋膜且麵筋膜薄，能清晰看到手指紋，無鋸齒。

18 取出麵團規整外型，蓋上保鮮膜放置室溫發酵40～50分鐘。發酵好後取出，分割成200克一個，揉圓，冷藏備用。

19 從冷藏中取出麵團放置備用。

20 將麵團表面微微蘸麵包粉（配方用量外），用擀麵棍擀成圓形。

21 將起司餡裝入擠花袋，擠40克在麵團上。

22 在起司餡上鋪40克浸泡好的紅棗餡。

23 將麵團底部收口整成三角形。

24 在麵團表面刷蛋液，表面蘸酥粒，放入烤盤，並放入發酵箱（溫度30℃，濕度80%）發酵40～50分鐘；發酵好後在表面擠上墨西哥醬，再撒適量杏仁片，轉入烤箱，上火220℃，下火180℃，入爐後噴蒸氣2秒，烘烤15分鐘即可。

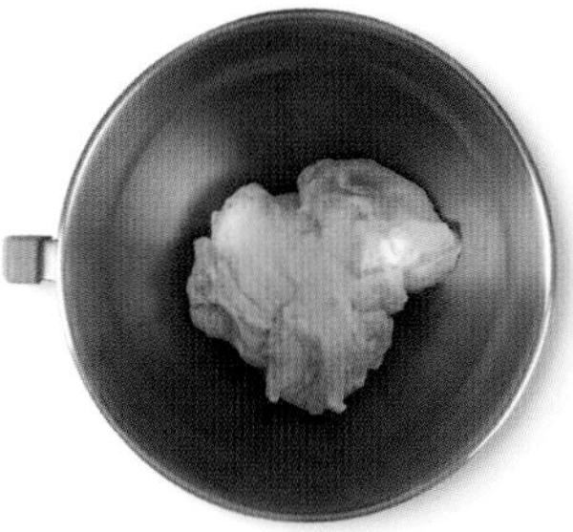

13

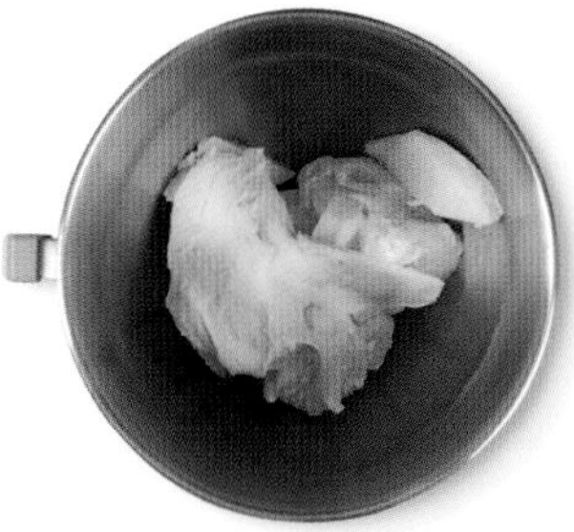

14

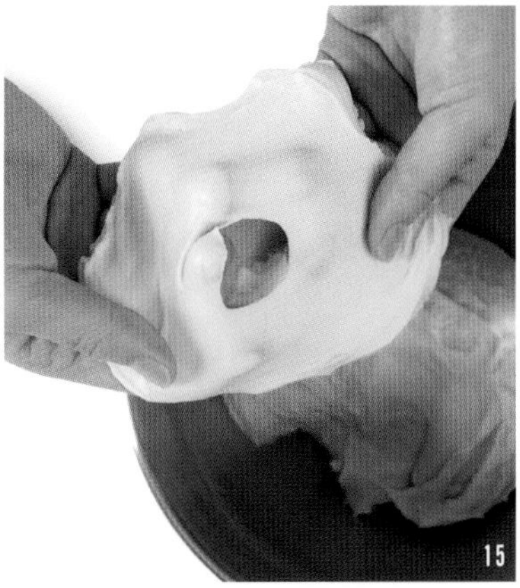

15

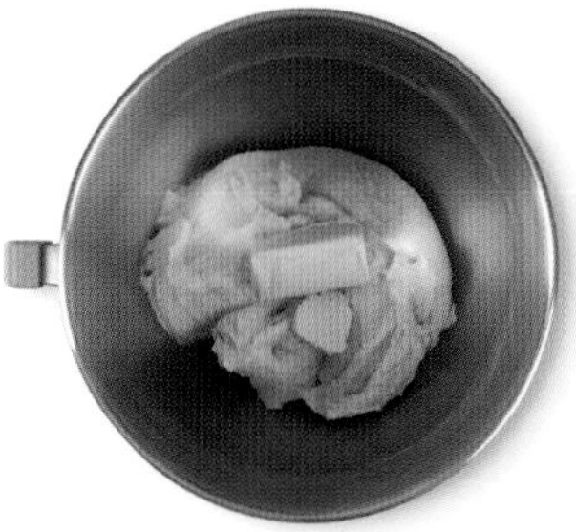

16

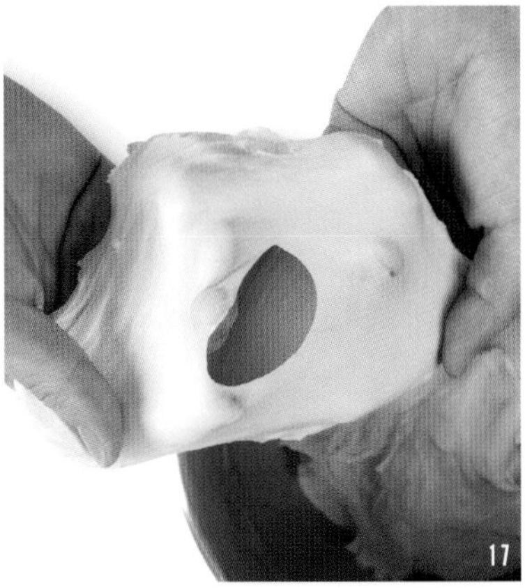

17

18

19

20

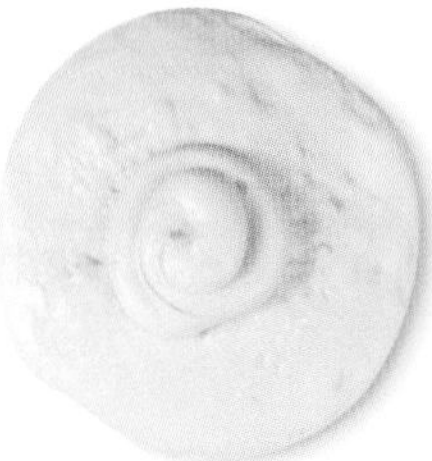

21

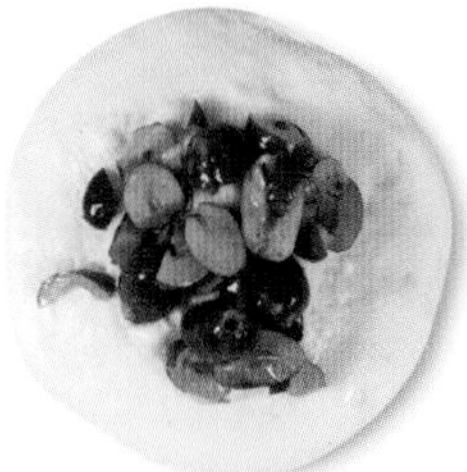

22

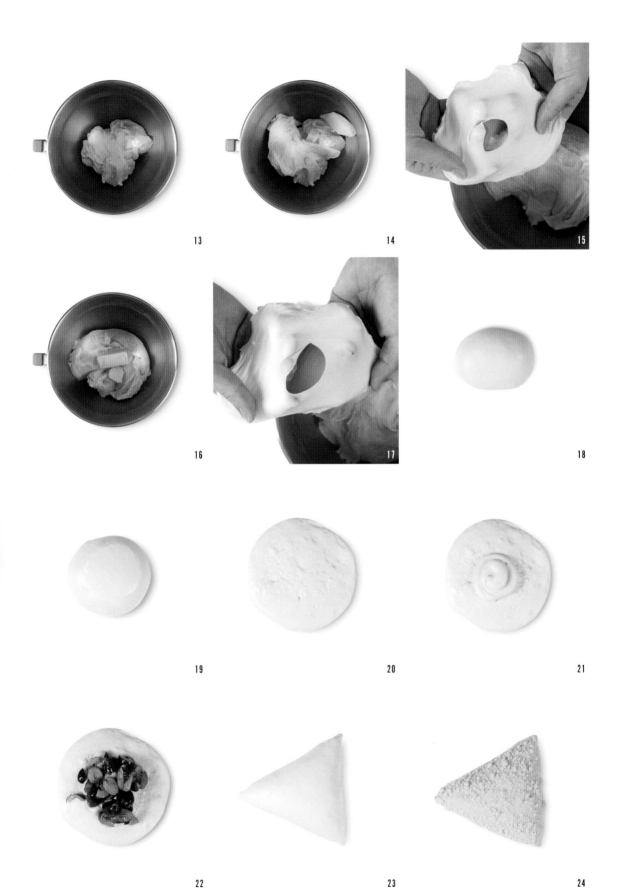

23

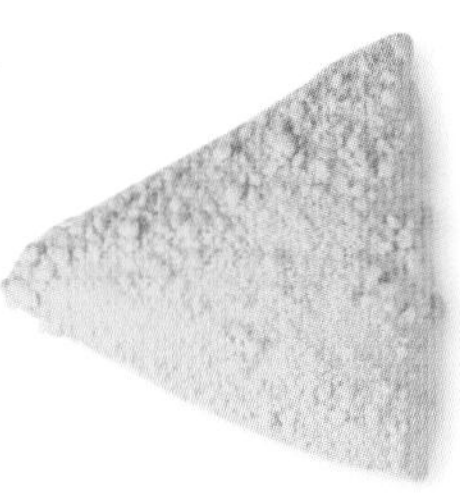

24

南國紅豆麵包

材料（可製作13個）

花生醬餡料

肯迪雅乳酸發酵奶油　70克
戚風蛋糕體（見P204）　600克
糖粉　50克
花生醬　90克

其他

杏仁粉　適量

主麵團

王后柔風甜麵包粉　1000克
肯迪雅乳酸發酵奶油　80克
日式燙種　200克
牛奶液種（見P190）　300克
鮮酵母　30克
細砂糖　100克
蜜紅豆粒　200克
奶粉　20克
牛奶　200克
水　460克
鹽　16克

製作方法

1. 將製作花生醬餡料的材料稱好放置備用。
2. 把戚風蛋糕體、奶油、糖粉和花生醬混合。
3. 攪拌均勻放入盆中備用。
4. 將製作主麵團的材料稱好放置備用。
5. 細砂糖與水混合，攪拌至細砂糖完全化開。
6. 將麵包粉、奶粉、鮮酵母和牛奶放入攪拌缸中，加入步驟5化好的糖水。
7. 慢速攪拌至無乾粉、無顆粒。
8. 加入鹽、日式燙種和牛奶液種。
9. 待鹽完全融入麵團，快速攪拌至麵筋擴展階段，此時麵筋具有彈性及良好的延展性，並能拉出較好的麵筋膜，麵筋膜表面光滑較厚，不透明，有鋸齒。

1

2

3

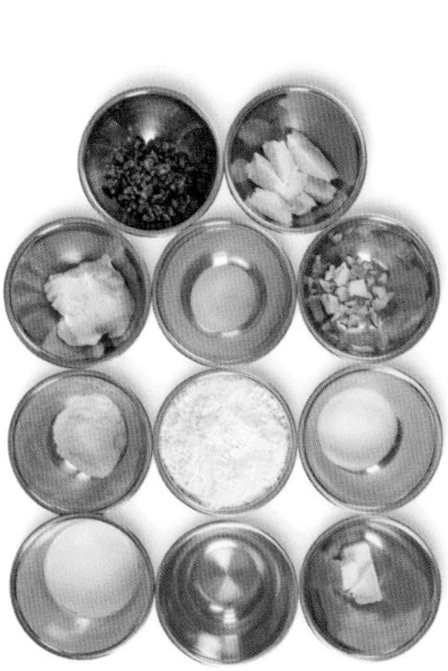

4

5

6

7

8

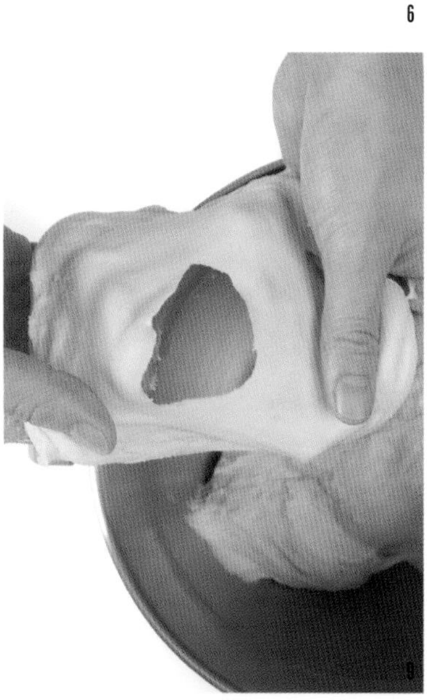

9

10 加入奶油。

11 慢速攪拌均勻後轉快速攪拌至麵筋完全擴展階段，此時麵筋能拉開大片麵筋膜且麵筋膜薄，能清晰看到手指紋，無鋸齒。

12 加入蜜紅豆粒，攪拌均勻後出缸。

13 取出麵團規整外型，蓋上保鮮膜放置室溫發酵40～50分鐘。發酵好後取出，分割成200克一個，揉圓，冷藏備用。

14 從冷藏中取出麵團放置備用。

15 將麵團表面微微蘸麵包粉（配方用量外），用擀麵棍擀成長條形，翻面底部收口。

16 在麵團上均勻鋪上60克花生醬餡料。

17 將麵團由上到下捲起。

18 將整型好的麵團表面噴水，蘸杏仁粉，放入烤盤，並放置發酵箱（溫度30℃，濕度80%）發酵40～50分鐘；發酵好後轉入烤箱，上火220℃，下火180℃，入爐後噴蒸氣2秒，烘烤15分鐘即可。

戚風蛋糕體

材料

王后精製低筋麵粉　140克	全蛋　70克
肯迪雅乳酸發酵奶油　70克	蛋黃　1750克
玉米澱粉　15克	蛋白　350克
細砂糖　235克	檸檬汁　15克
玉米油　70克	鹽　1克
牛奶　70克	

製作方法

1 將奶油、玉米油和牛奶混合，隔水加熱至45℃，用打蛋器攪拌均勻至看不見油花的狀態。

2 加入過篩後的麵粉，用打蛋器攪拌均勻。

3 加入全蛋攪拌均勻，再加入蛋黃用打蛋器畫「Z」字攪拌，防止攪拌起筋，然後放置備用。

4 把細砂糖和玉米澱粉混合攪拌均勻。

5 蛋白中加入鹽和檸檬汁，加入1/3的步驟4的混合物，中高速攪拌。

6 攪拌出大氣泡時再加入1/3的步驟4的混合物，此時蛋白的顏色由透明轉白，大氣泡變小氣泡。

7 攪打至泡沫綿密時，加入剩下的步驟4的混合物。

8 最終攪打至乾性發泡，有直立小尖角的狀態。

9 將打發好的蛋白分三次均勻加入步驟3的蛋黃糊中翻拌均勻。

10 最終攪拌至完全順滑。

11 把攪拌好的麵糊倒在烤盤上（烤盤底部墊一張烘焙油布防黏），用刮刀把表面抹至平整。

12 放入烤箱，上火180℃，下火180℃，烘烤20~22分鐘，烤至表面金黃後即可出爐，放涼後備用。

10

11

12

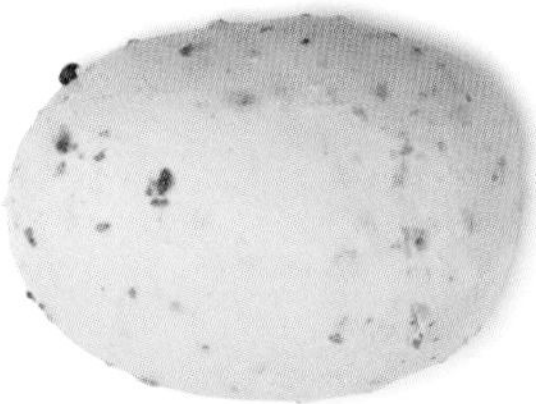

13

14

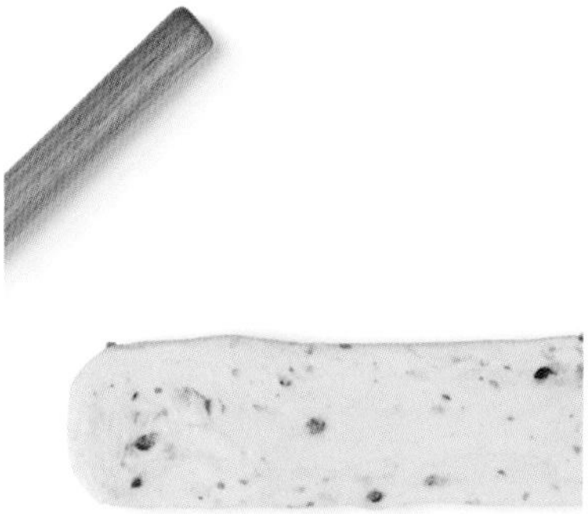

15

16

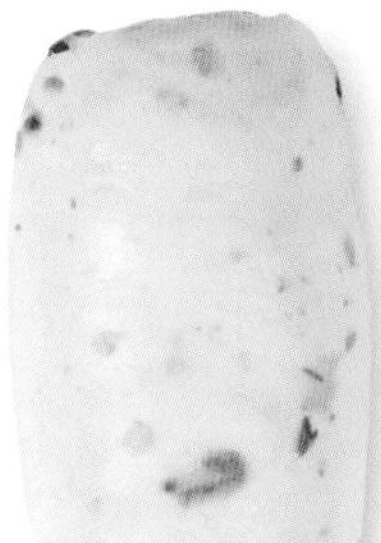

17

18

◎ 南國紅豆麵包

花式丹麥系列

原味可頌

材料（可製作12個）

可頌麵團　1000克
蛋液　適量

製作方法

1 取出起酥並鬆弛好的可頌麵團，用起酥機把麵團的寬度壓至32公分，然後再換方向壓長，最終厚度壓到3.5公厘（mm）。取出用美工刀分割成底部寬10公分、高30公分的等腰三角形。
2 把麵團從三角形底部捲起來，麵團兩邊間距要保持一致，最終接口要壓到底部中間。
3 整型完成後，均勻擺放到烤盤上，先放入發酵箱（溫度26℃，濕度75％）回溫半小時，然後把溫度調到30℃，再發酵90分鐘。
4 發酵完成後取出，表面刷一層蛋液。放入烤箱，上火220℃、下火170℃，烘烤15～18分鐘。烤至表面金黃即可出爐。

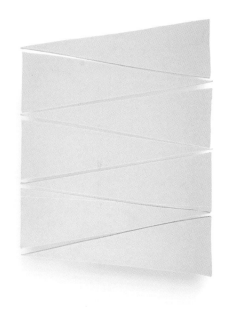

1

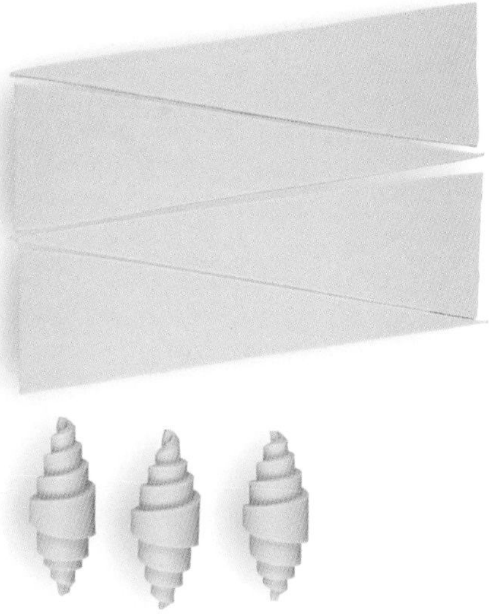

2

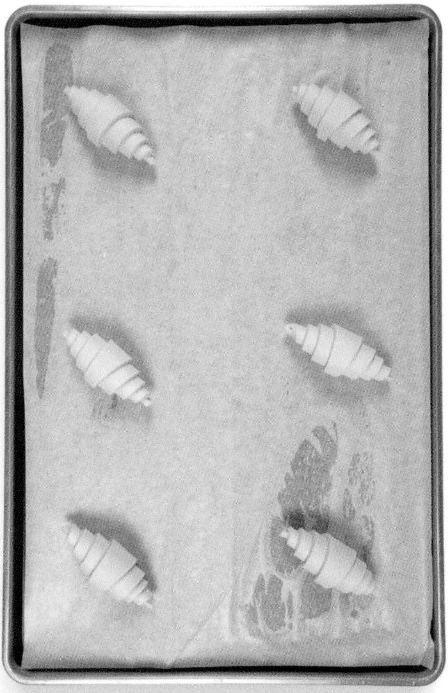

3

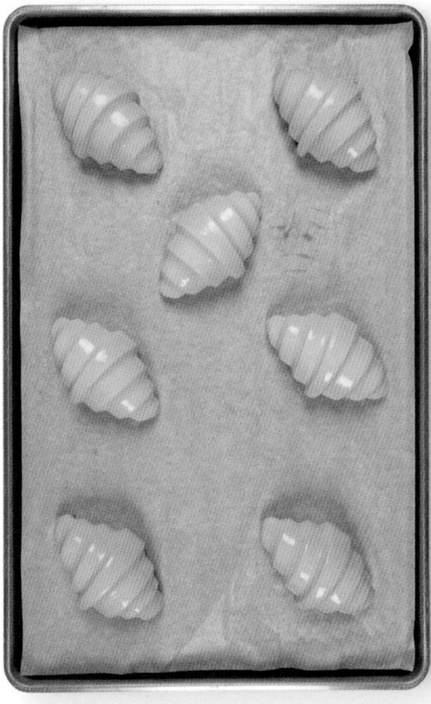

4

◎ 原味可頌

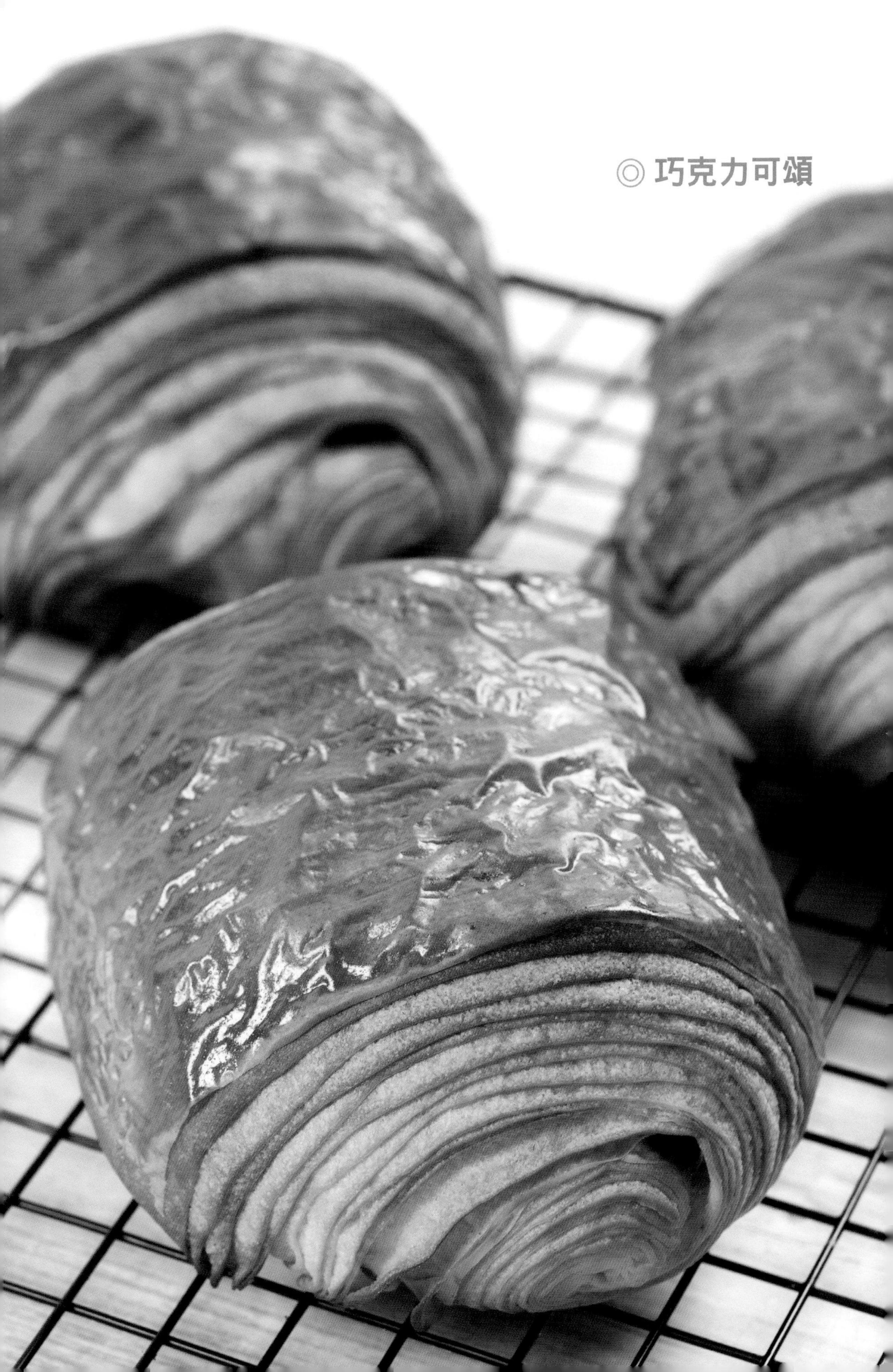
◎ 巧克力可頌

巧克力可頌

材料（可製作12個）

可頌麵團　1000克
耐高溫巧克力條　24根
蛋液　適量

製作方法

1 取出起酥並鬆弛好的可頌麵團，用起酥機把麵團的寬度壓至32公分，然後再換方向壓長，最終厚度壓到3.5公厘（mm）。取出用美工刀分割成長15公分、寬9公分的長方形。
2 在麵團底部往上1/5處，先放一根耐高溫巧克力條，然後把麵團捲一圈包裹住。
3 在接口處再放一根耐高溫巧克力條，然後順著捲起來，接口壓到底部中間。
4 整型完成後，均勻擺放到烤盤上，先放入發酵箱（溫度26℃，濕度75%）回溫半小時，然後把溫度調到30℃，再發酵90分鐘。
5 發酵完成後取出，表面刷一層蛋液。放入烤箱，上火220℃、下火170℃，烘烤15～18分鐘。烤至表面金黃即可出爐。

1

2

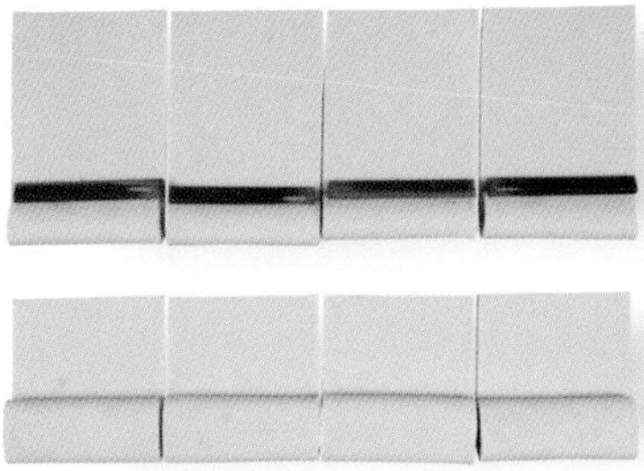

3

4

5

鳳梨丹麥

材料（可製作12個）

牛奶卡士達醬

王后精緻低筋麵粉　30克

肯迪雅乳酸發酵奶油　100克

玉米澱粉　20克

細砂糖　120克

牛奶　500克

蛋黃　150克

其他

可頌麵團　1000克

蛋液　適量

開心果碎　適量

鳳梨　10片

製作方法

1 將製作牛奶卡士達醬的材料稱好放置備用。

2 細砂糖與蛋黃混合攪拌均勻，加入麵粉與玉米澱粉，再次攪拌均勻。牛奶倒入厚底鍋中在電磁爐上燒開，然後緩慢地倒入攪拌好的蛋黃糊中攪拌均勻。

3 攪拌好的液體再次倒入厚底鍋中用小火加熱，持續攪拌直至濃稠冒泡，再加入奶油。

4 攪拌均勻，用保鮮膜貼面包裹，冷藏備用。

5 取出起酥並鬆弛好的可頌麵團，用起酥機把麵團的寬度壓至32公分，然後再換方向壓長，最終厚度壓到3.5公厘（mm）。取出用美工刀分割成邊長10公分的正方形。

6 把麵團均勻擺放到烤盤上，先放入發酵箱（溫度30℃，濕度75%）發酵70分鐘。

7 發酵完成後取出，表面刷一層蛋液，注意不要將蛋液刷到側邊的酥層。

8 在麵團中心處轉圈擠上牛奶卡士達醬。

9 放上一片鳳梨，放入烤箱，上火220℃，下火170℃，烘烤15～18分鐘。烤至表面金黃色即可出爐。等冷卻後，在表面裝飾開心果碎即可。

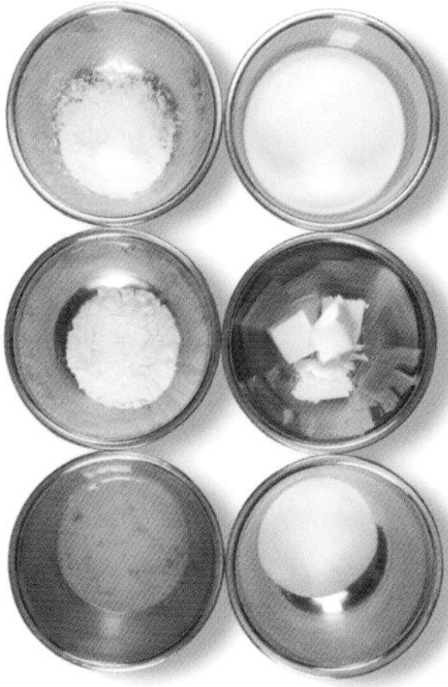

1

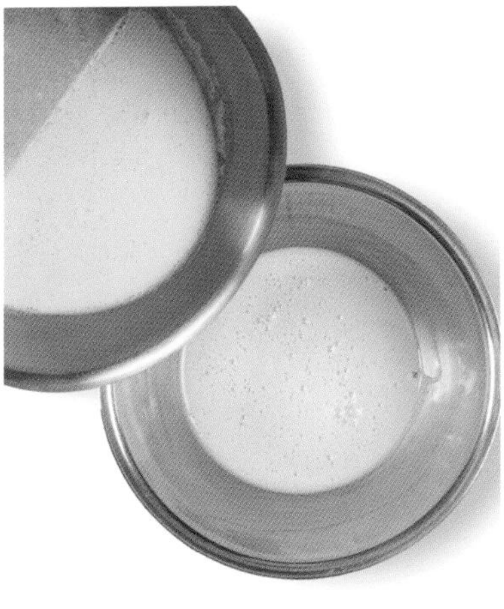

2

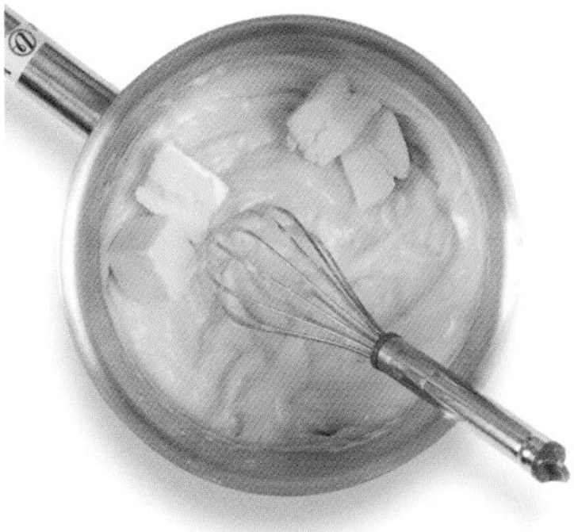

3

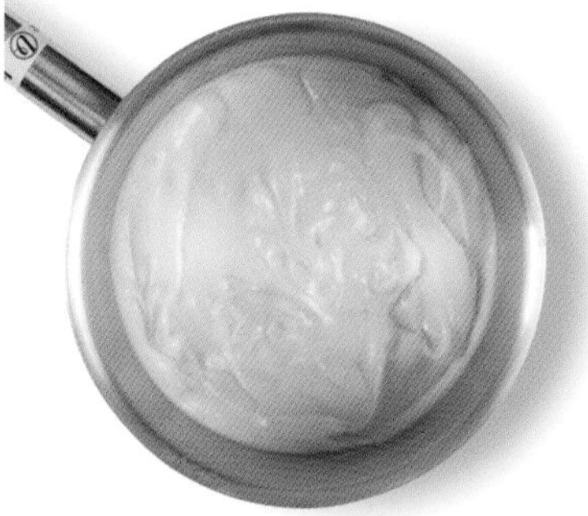

4

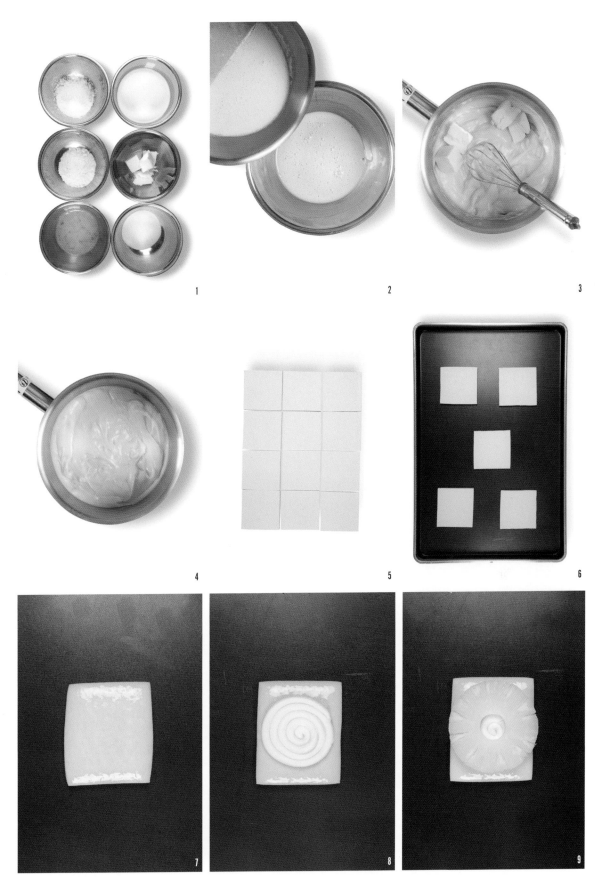

5

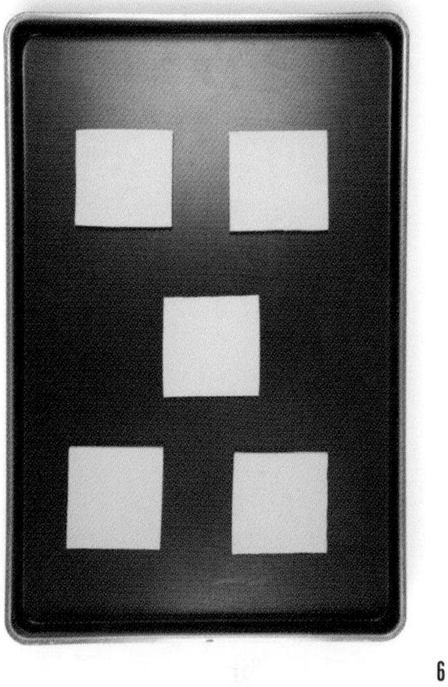

6

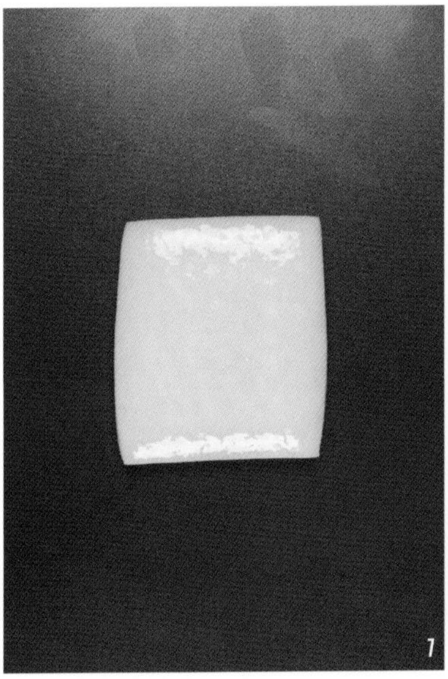

7

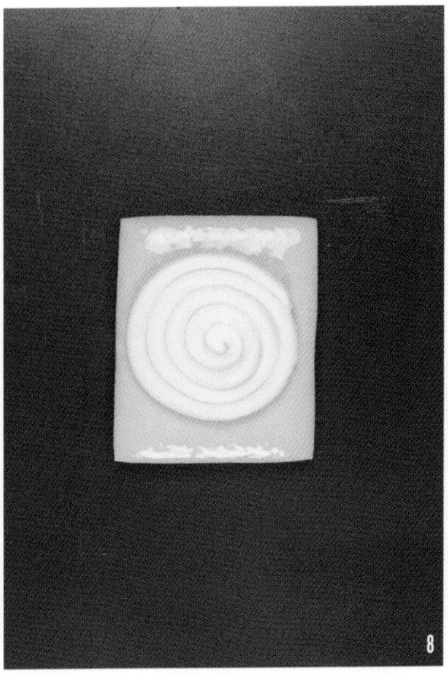

8

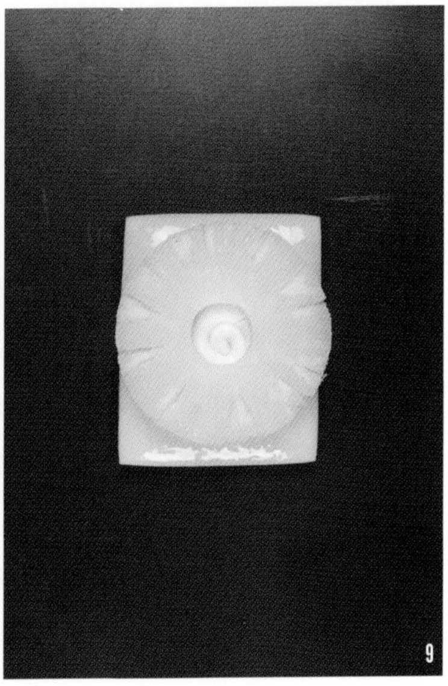

9

鳳梨丹麥

◎ 法式布朗尼巧克力丹麥

法式布朗尼巧克力丹麥

材料（可製作12個）

巧克力布朗尼

肯迪雅乳酸發酵奶油　200克

柯氏51%牛奶巧克力　140克

柯氏72%黑巧克力　200克

王后精緻低筋麵粉　345克

細砂糖　350克

泡打粉　5克

葡萄乾　200克

全蛋　250克

鹽　1克

巧克力貼皮麵團

可頌麵團　200克

可可粉　15克

其他

可頌麵團　1000克

果膠　適量

開心果碎　適量

製作方法

1 將製作巧克力布朗尼的材料稱好放置備用。

2 將全蛋與細砂糖混合，攪拌至細砂糖完全化開；將黑巧克力、牛奶巧克力與奶油放在厚底鍋中，小火加熱至化開。將攪拌好的蛋液倒入盛有化開巧克力的鍋中。

3 加入麵粉，攪拌均勻。

4 加入葡萄乾，攪拌均勻。

5 倒入鋪有烘焙油布的烤盤中，約半盤的量。

6 放入旋風烤箱，170℃烘烤30分鐘。

7 出爐冷卻後，用直徑4公分的圓形刻模刻出形狀，放置備用。

8 將製作巧克力貼皮麵團的材料稱好放置備用。

9 將可可粉與可頌麵團混合，揉勻。

10 用擀麵棍擀至長方形，用保鮮膜包裹，冷藏鬆弛40分鐘。然後取出提前起酥好的可頌麵團，表面噴水，放上巧克力貼皮麵團，用保鮮膜包裹，冷凍至不軟不硬的狀態。

11 取出用起酥機把麵團的寬度壓至40公分，然後再換方向壓長，最終厚度壓到3.5公厘（mm）。用美工刀刻出直徑15公分的圓形，再用刻布朗尼的模具刻出小的麵團。

12 將小麵團用擀麵棍擀薄放在4寸漢堡模具底部。

13 在直徑15公分的圓形麵皮上從裡向外劃16刀，注意不要劃斷。翻面，使白色部分朝上。

14 將步驟7刻好的巧克力布朗尼放在麵團中間。

15 將劃開的麵團扭成麻花形翻轉放入模具，放入發酵箱（溫度30℃，濕度75%）發酵90分鐘，發酵好後轉入烤箱，上火210℃，下火200℃，烘烤18分鐘，出爐後表面刷果膠，撒開心果碎即可。

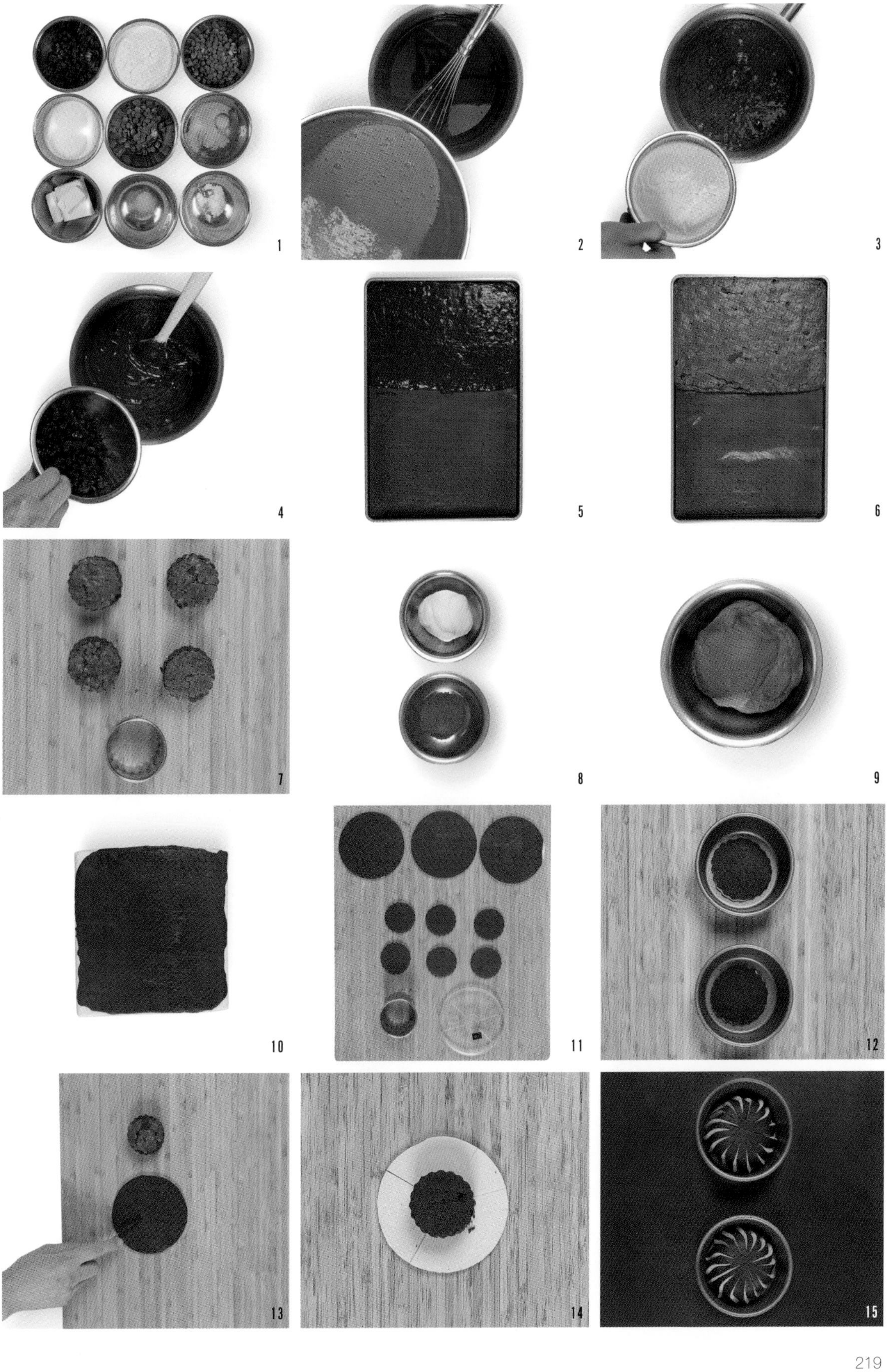
1
2
3
4
5
6
7
8
9
10
11
12
13
14
15

覆盆子磅蛋糕起酥

材料（可製作12個）

覆盆子餡

寶茸覆盆子果泥　500克

葡萄糖　40克

細砂糖　180克

吉利丁粉　5克

水　15克

紅色麵皮

可頌麵團　200克

馬卡龍紅色色粉　10克

其他

可頌麵團　1250克

戚風蛋糕體（見P204）　300克

起司餡　240克

果膠　適量

開心果碎　適量

製作方法

1 將製作覆盆子餡的材料稱好放置備用。

2 把細砂糖與覆盆子果泥倒入厚底鍋中，再加入葡萄糖。

3 將吉利丁粉與水混合攪拌均勻，等覆盆子果泥燒開以後關火倒入，攪拌均勻。

4 倒入直徑4公分的圓形矽膠模具中急速冷凍。

5 將製作紅色麵皮的材料稱好放置備用。

6 將馬卡龍紅色色粉與可頌麵團混合，揉勻。

7 用擀麵棍擀成長30公分、寬20公分的長方形，用保鮮膜包裹，冷藏鬆弛40分鐘。

8 取出起酥並鬆弛好的可頌麵團，表面噴水，放上紅色麵皮，用保鮮膜包裹，冷凍至不軟不硬的狀態。

9 取出用起酥機把麵團的寬度壓至40公分，然後再換方向壓長，最終厚度壓到3.5公厘（mm）。用美工刀刻出邊長為12公分的正方形，再平均切分成4個小正方形。

10 將小正方形麵皮沿對角切開成三角形，把三角形兩邊黏合放入模具中，共放置8塊。

11 將戚風蛋糕體用直徑4公分的圓形刻模刻出形狀，放在中心部位，用手壓緊。

12 放入發酵箱（溫度30℃，濕度75%）發酵90分鐘，發酵好後在表面擠起司餡，放入烤箱，上火210℃，下火200℃，烘烤18分鐘，出爐後表面刷果膠，撒開心果碎，放入凍好的覆盆子餡即可。

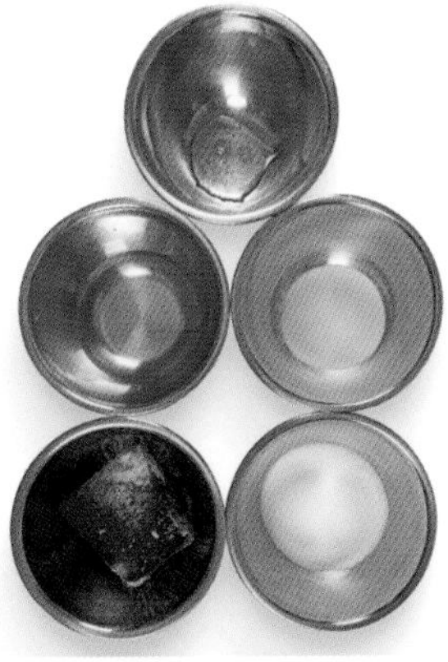

1

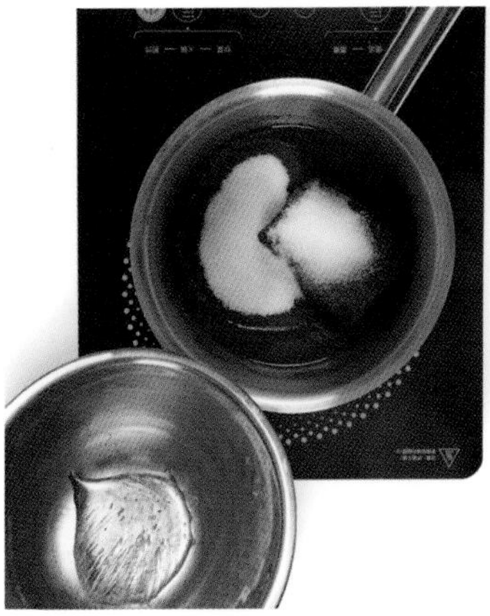

2

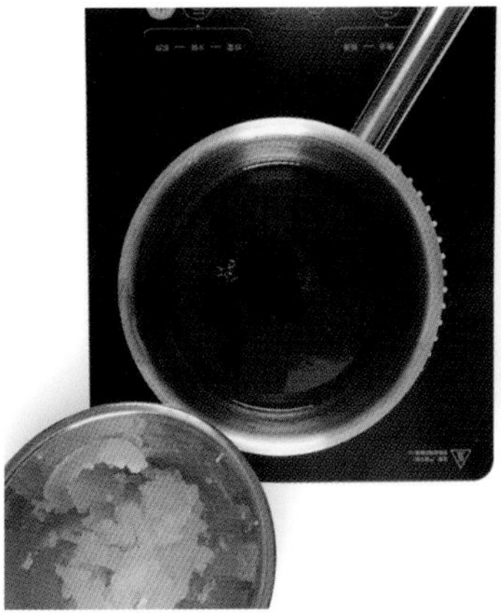

3

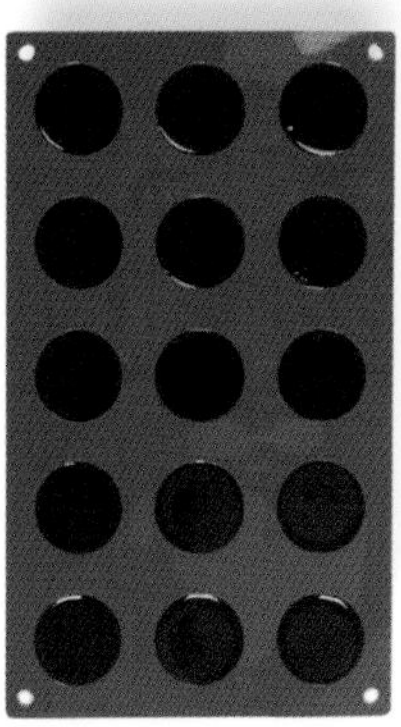

4

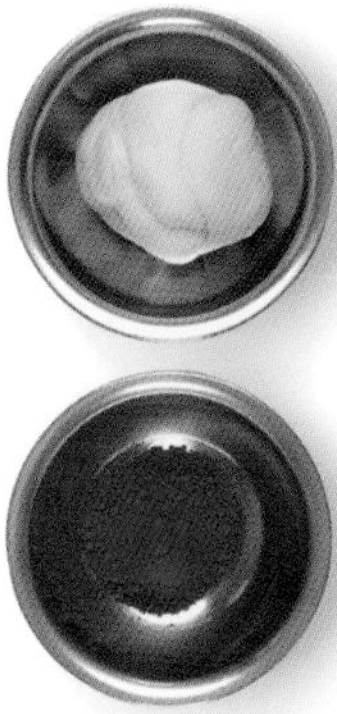

5

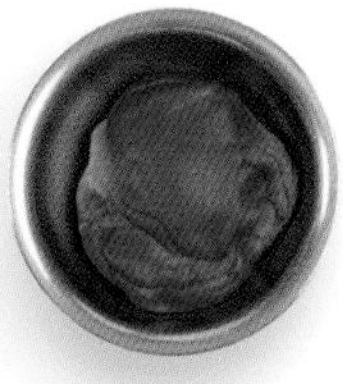

6

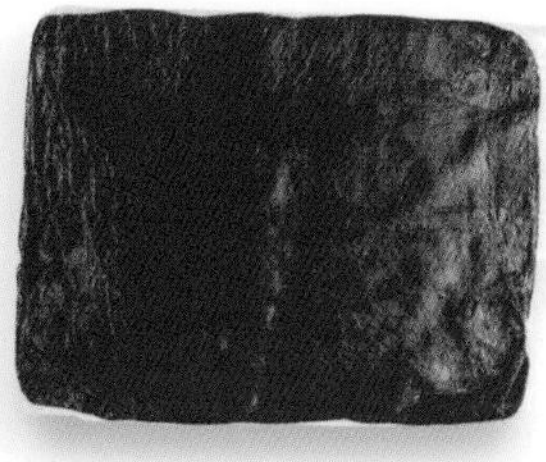

7

8

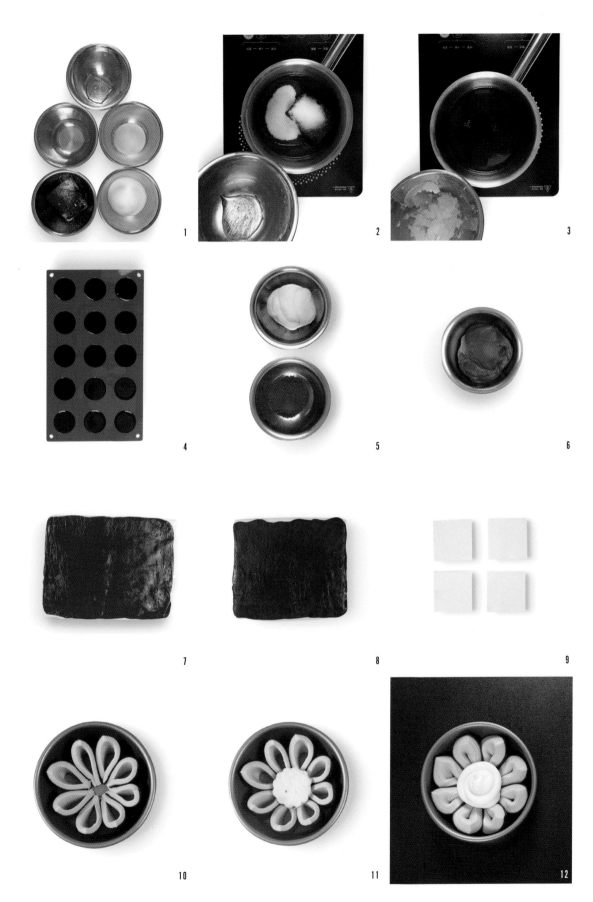

9

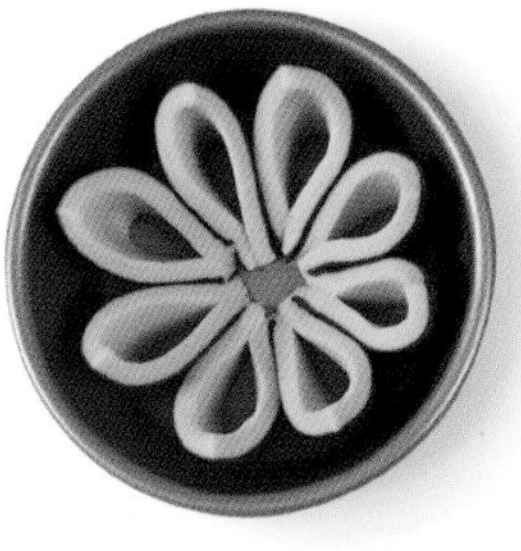

10

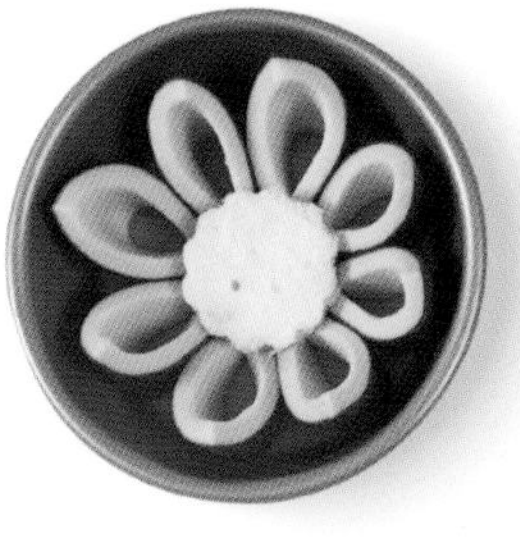

11

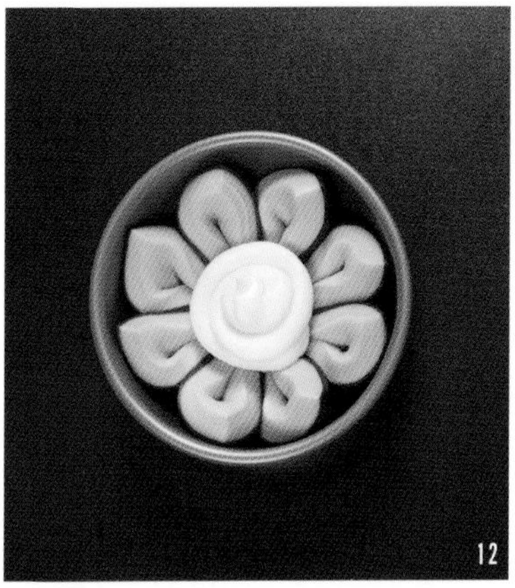

12

覆盆子磅蛋糕
起酥

◎ 維也納楓糖核桃

維也納楓糖核桃

材料（可製作25個）

奶油醬

牛奶　500克

卡士達粉　170克

奶油起司　500克

其他

可頌麵團　2000克

核桃　適量

果膠　適量

開心果碎　適量

製作方法

1 將製作奶油醬的材料稱好放置備用。

2 把牛奶與卡士達粉混合，攪拌均勻。

3 將奶油起司隔水軟化，加入步驟2的卡士達醬中。

4 攪拌均勻，裝入擠花袋，冷藏保存。

5 取出起酥並鬆弛好的可頌麵團，用起酥機把麵團的寬度壓至33公分，然後再換方向壓長，最終厚度壓到3.5公厘（mm）。把準備好的模具（用硬紙板手工刻成，直徑約11公分）放在麵團上，用美工刀刻出50片花形麵皮。

6 取25片花形麵皮，用型號SN7095的擠花嘴在中間刻一個洞，再用型號SN7068的擠花嘴在邊緣刻出六個小洞。

7 在另外25片完整的麵皮上擠奶油醬。

8 把核桃放在奶油醬上。

9 將麵皮邊緣刷薄薄一層水，蓋上刻出小洞的麵皮，放入烤盤，並放入發酵箱（溫度30℃，濕度75%）發酵60分鐘，發酵好後轉入烤箱，上火210℃，下火200℃，烘烤18分鐘，出爐後表面刷果膠，撒開心果碎即可。

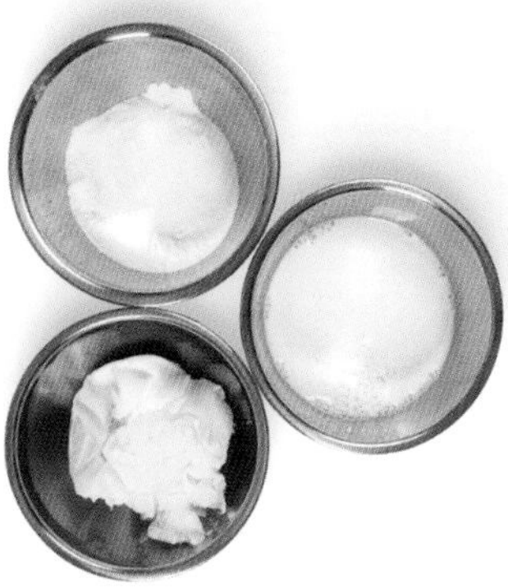

1

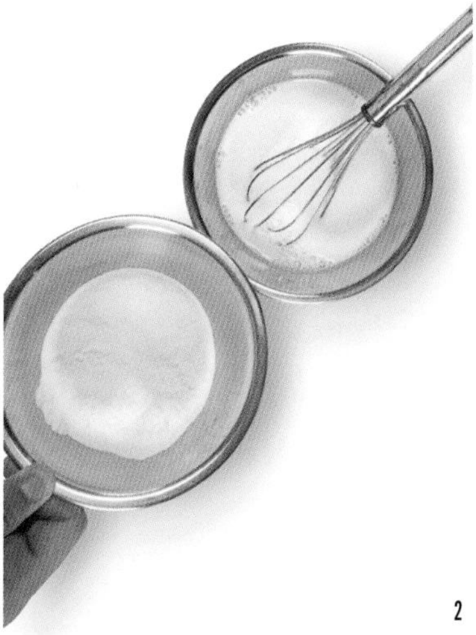

2

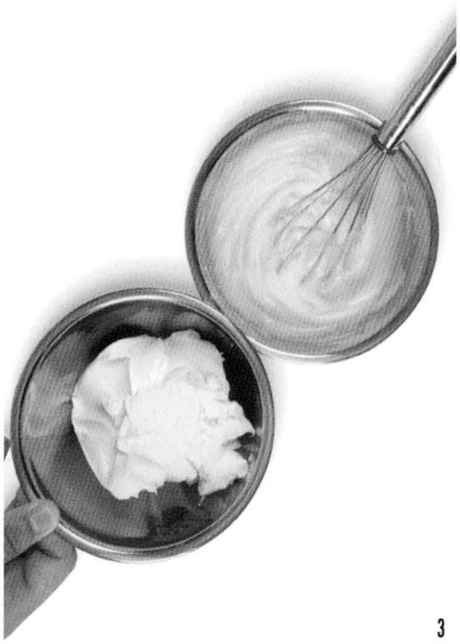

3

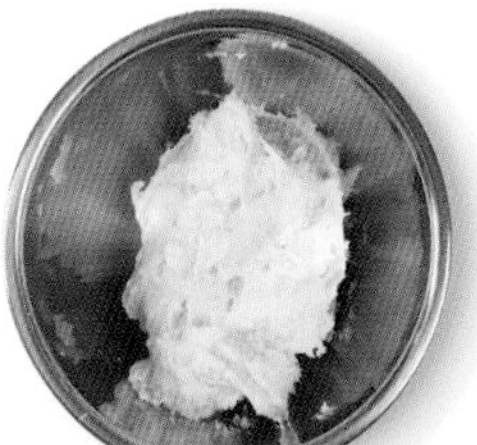

4

5

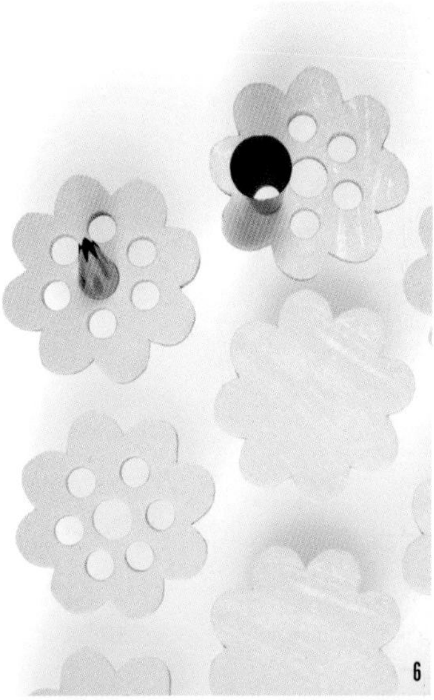

6

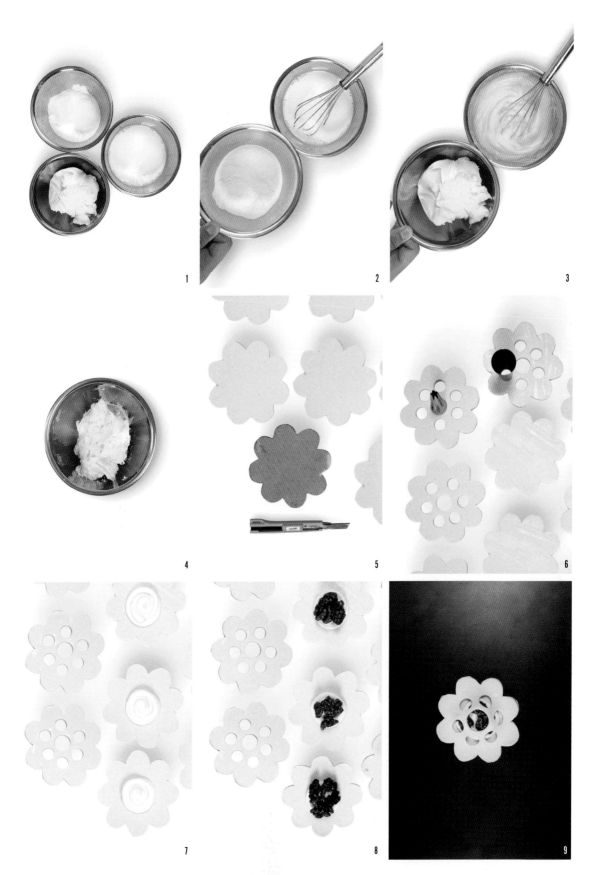

7

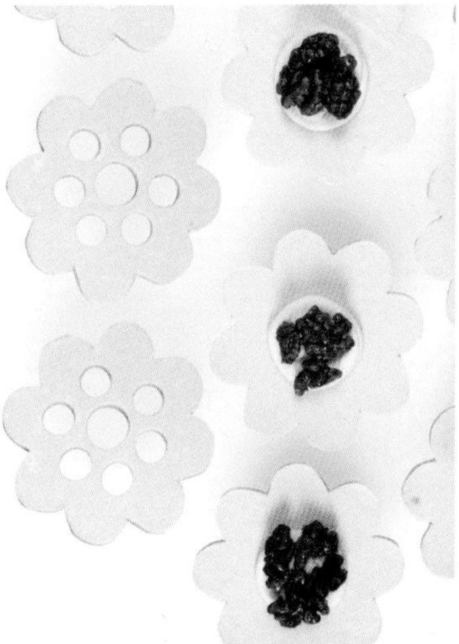

8

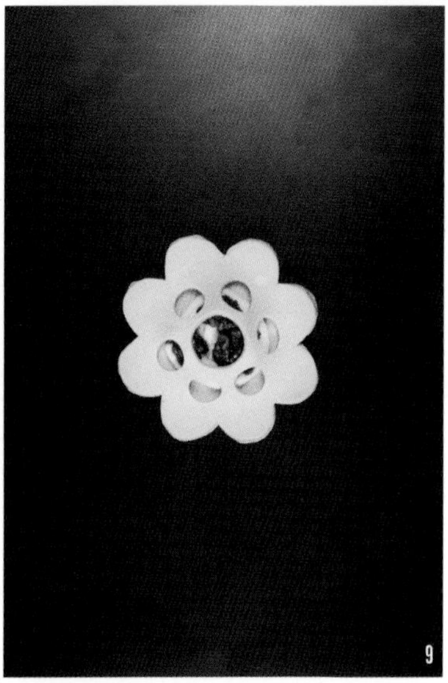

9

覆盆子丹麥

材料（可製作12個）

牛奶卡士達醬

牛奶　270克

蛋黃　80克

細砂糖　65克

王后精緻低筋麵粉　15克

玉米澱粉　10克

肯迪雅乳酸發酵奶油　55克

其他

可頌麵團　1000克

蛋液　適量

新鮮覆盆子　適量

開心果碎　適量

製作方法

1 將製作牛奶卡士達醬的材料稱好放置備用。

2 細砂糖與蛋黃混合，攪拌均勻，加入麵粉與玉米澱粉，再次攪拌均勻。牛奶倒入厚底鍋中，在電磁爐上燒開，緩慢地倒入攪拌好的蛋黃糊中攪拌均勻。

3 攪拌好的液體再次倒入厚底鍋中用小火加熱，持續攪拌直至濃稠冒泡，加入奶油。

4 攪拌均勻，用保鮮膜貼面包裹，冷藏備用。

5 取出起酥並鬆弛好的可頌麵團，用起酥機把麵團的寬度壓至32公分，然後再換方向壓長，最終厚度壓到3.5公厘（mm）。取出用美工刀分割成邊長10公分的正方形。

6 把麵團均勻擺放到4寸漢堡模具裡，放入發酵箱（溫度30℃，濕度75%）發酵70分鐘。

7 發酵完成後取出，表面刷一層蛋液，注意不要將蛋液刷到側邊的酥層，在麵團中心處轉圈擠上20克牛奶卡士達醬，然後放入烤箱，上火220℃，下火170℃，烘烤15～18分鐘。烤至表面金黃色即可出爐。出爐冷卻後，在中心再次擠上20克牛奶卡士達醬，表面裝飾新鮮覆盆子，最後在麵包四個邊角黏上少許開心果碎裝飾即可。

你還可以這樣做

掃QR code查看洋梨丹麥製作方法

1

2

3

4

5

6

7

◎ 覆盆子丹麥

◎ 卡士達可芬

卡士達可芬

材料（可製作10個）

卡士達餡

牛奶　500克

卡士達粉　120克

肯迪雅鮮奶油　500克

其他

可頌麵團　1000克

細砂糖　適量

裝飾小餅乾　適量

脫模油　適量

肯迪雅乳酸發酵奶油　適量

製作方法

1 將製作卡士達餡的材料稱好放置備用。
2 把牛奶和卡士達粉混合，攪拌均勻。
3 將鮮奶油微微打發，加入步驟2攪拌均勻的材料。
4 攪拌均勻，裝入擠花袋，冷藏保存。
5 取出起酥並鬆弛好的可頌麵團，用起酥機把麵團的寬度壓至42公分，然後再換方向壓長，最終厚度壓到3.5公厘（mm）。取出用美工刀分割成長20公分、寬3公分的長方形。
6 將3個長方形麵團疊壓，每個距離1.5公分，然後由上到下捲起，將尾部麵團折疊在麵團中間並按壓。
7 可芬模具均勻地噴上脫模油，放入步驟6的麵團，在麵團中間部分用手指按壓。放入發酵箱（溫度30℃，濕度75%）發酵90分鐘，發酵好後轉入烤箱，上火210℃，下火210℃，烘烤18分鐘。
8 出爐冷卻後戴上手套，用筷子或竹籤在麵包中間部分打洞。
9 把奶油化開，均勻地刷在麵包上。
10 表面均勻地撒上細砂糖，擠入卡士達餡，表面裝飾小餅乾即可。

你還可以這樣做

掃QR code查看爆漿巧克力可芬製作方法

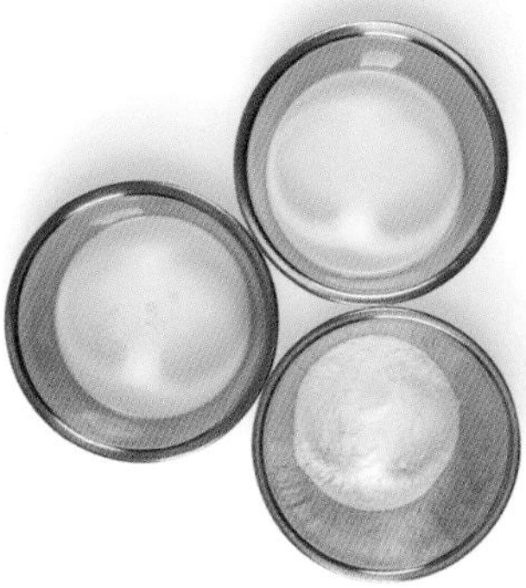
1

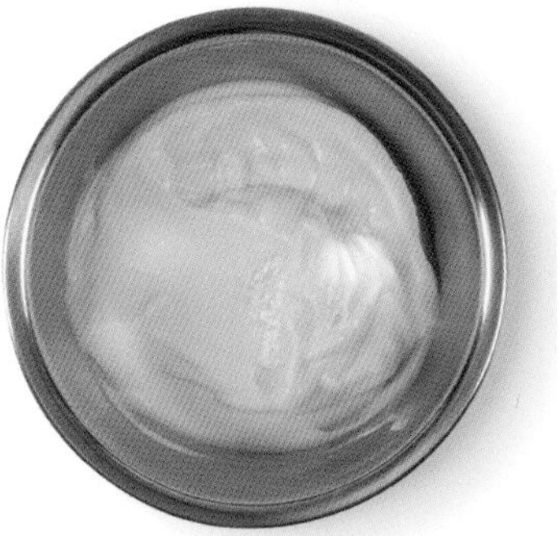
2

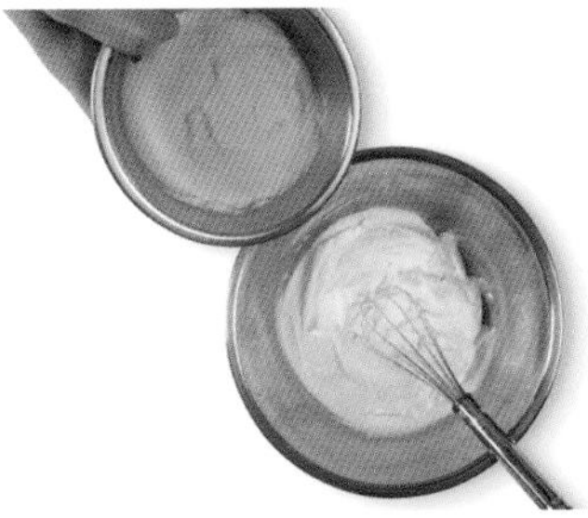
3

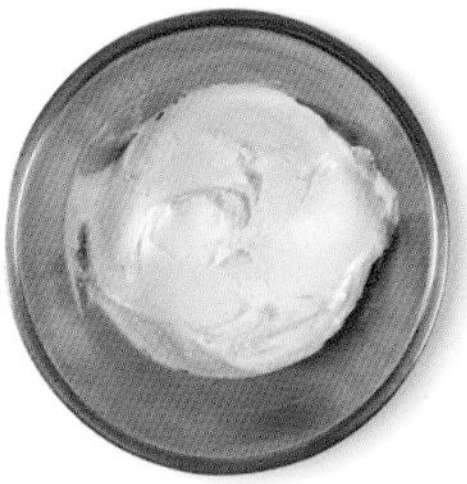
4

5

6-1

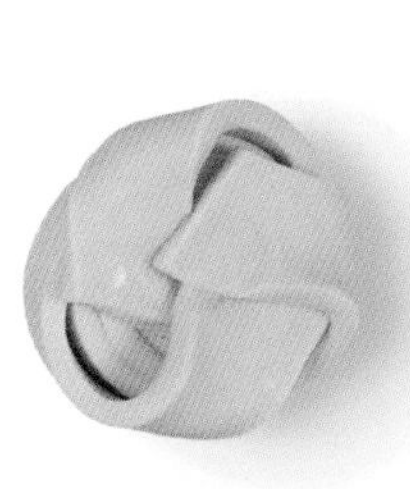
6-2

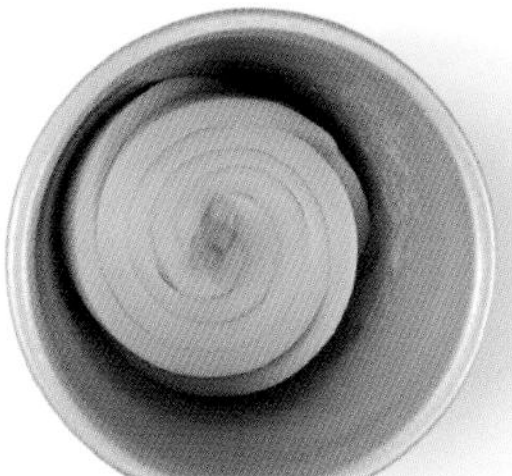
7

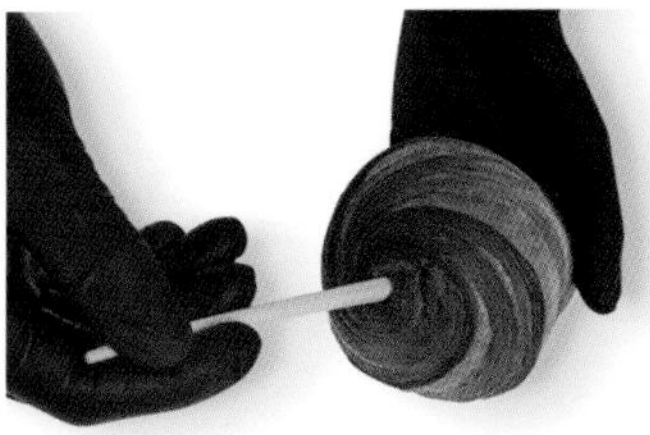
8

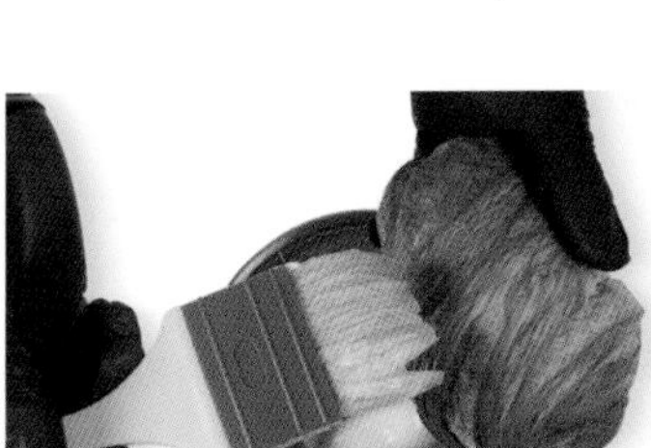
9

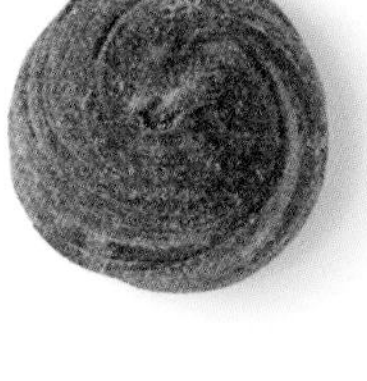
10

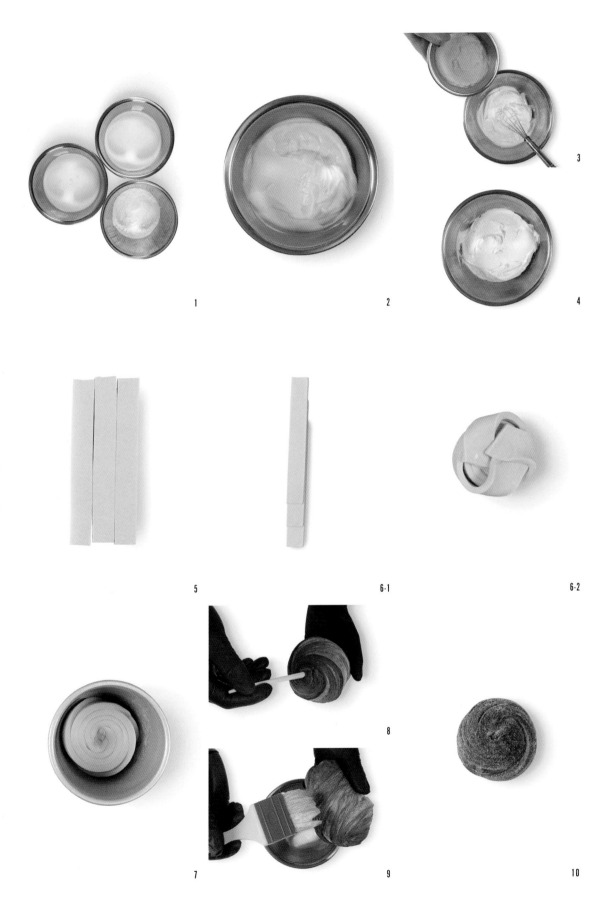

焦糖蘋果丹麥

材料（可製作12個）

焦糖蘋果

細砂糖　200克

水　20克

蘋果片　2個

其他

可頌麵團　1000克

蛋液　適量

製作方法

1 將製作焦糖蘋果的材料稱好放置備用。

2 把細砂糖和水倒入厚底鍋，放電磁爐上開中火熬成焦糖色。

3 把切好的蘋果片倒入翻炒均勻。

4 翻炒均勻後停火，留在鍋裡浸泡10分鐘。倒出過濾掉水分後即可使用。

5 取出起酥並鬆弛好的可頌麵團，用起酥機把麵團的寬度壓至32公分，然後再換方向壓長，最終厚度壓到3.5公厘（mm）。取出用美工刀分割成邊長10公分的正方形。

6 把麵團均勻擺放到烤盤上，放入發酵箱（溫度30℃，濕度75%）發酵70分鐘。

7 發酵完成後取出，表面刷一層蛋液，注意不要將蛋液刷到側邊的酥層。

8 麵團表面重疊放5片焦糖蘋果，放入烤箱，上火220℃，下火170℃，烘烤15～18分鐘。烤至表面金黃色即可出爐。

1

2

3

4

5

6

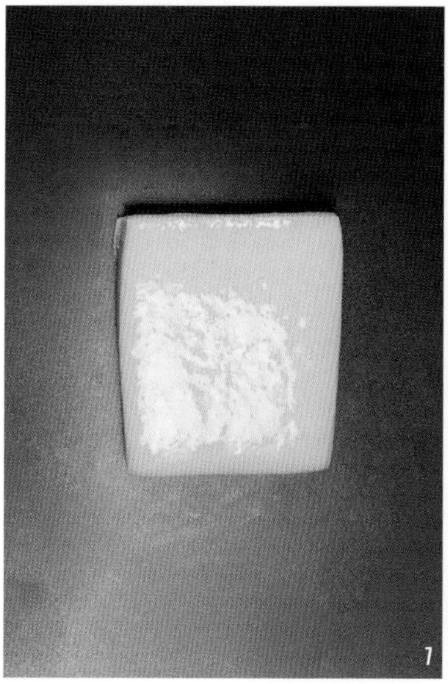

7

8

開心果蝸牛捲

材料（可製作10個）

開心果醬

開心果仁　85克

杏仁粉　17克

細砂糖　42克

水　25克

牛奶　34克

其他

可頌麵團　900克

蛋液　適量

製作方法

1. 將製作開心果醬的材料稱好放置備用。
2. 把細砂糖、牛奶和水放入厚底鍋中用電磁爐煮開。
3. 倒入調理機中。
4. 攪拌成泥狀即可裝入擠花袋備用。
5. 取出起酥並鬆弛好的可頌麵團，用起酥機把麵團的寬度壓至42公分，然後再換方向壓長，最終厚度壓到3.5公厘（mm）。把麵團切割成長40公分、寬30公分的長方形，在表面擠上200克開心果醬，塗抹均勻。
6. 把麵團從下往上捲起，搓成長30公分、大小均勻的長條。
7. 用鋸刀把麵團切分成10塊，每塊寬3公分。
8. 把麵團均勻擺放到烤盤裡，放入發酵箱（溫度30℃，濕度75%）發酵70分鐘。
9. 發酵完成後取出，放上一個直徑12公分的慕斯圈，表面刷一層蛋液，放入烤箱，上火220℃，下火170℃，烘烤15～18分鐘。烤至表面金黃色即可出爐。

1

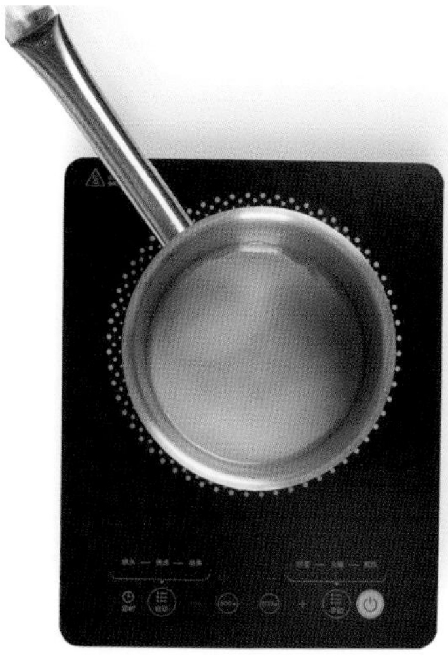

2

3

4

5

6

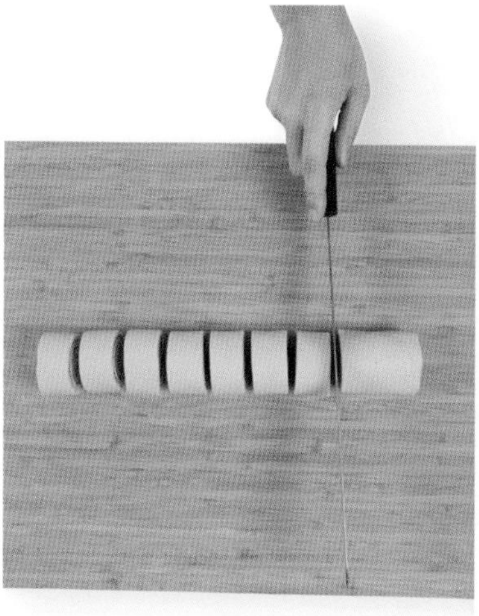

7

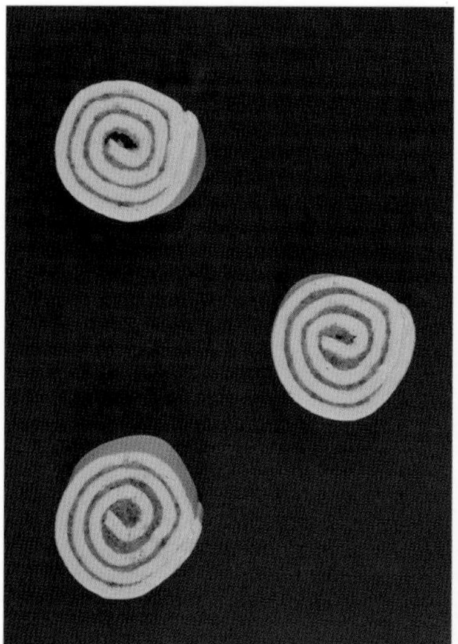

8

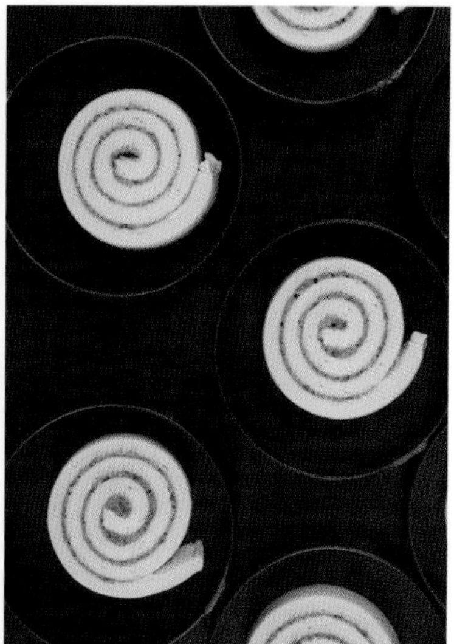

9

◎ 開心果蝸牛捲

傳統法式系列

傳統法棍

材料（可製作5個）

伯爵傳統T65麵粉　1000克

麥芽精　5克

水（A）　600克

鮮酵母　5克

魯邦種　200克

水（B）　50克

鹽　20克

製作方法

1 將所有材料稱好放置備用。

2 將麵粉和水（A）倒入攪拌缸中，攪拌均勻至無乾粉，放入盆中冷藏靜置水解40分鐘。

3 加入鮮酵母、麥芽精和魯邦種，繼續慢速攪拌均勻。

4 觀察麵團的狀態，當麵團攪拌至八成麵筋時分次加入水（B），並加入鹽融合，轉快速攪拌至麵團不黏缸、表面光滑且具有延展性，此時能拉開麵筋膜。

5 取出麵團後將烤盤噴灑脫模油（配方用量外），規整麵團，放入烤盤中，室溫發酵45分鐘。

6 翻面，將麵團頂部朝下，四周向中間折疊規整，然後繼續室溫發酵45分鐘。

7 取出發酵好的麵團，分割成350克一個，預整型為圓柱形，放在發酵布上，繼續室溫發酵35分鐘。發酵好後取出，用手掌拍壓，將多餘的氣體拍出。

8 將麵團較光滑的一面朝下，把底部的麵團向中間折疊。

9 將頂端的麵團向中間折疊，直至蓋住底端折疊的麵團。

10 用手掌的掌根處將麵團兩邊對接處壓實，搓成長55～58公分的長條。

11 將整型好的麵團底部朝上，放在發酵布上，室溫發酵60～80分鐘。

12 把發酵好的麵團接口處朝下，放在烘焙油布上。用刀片在麵團表面斜著劃5刀（把表皮劃破就好）。放入烤箱，上火250℃，下火210℃，入爐後噴蒸氣2秒，烘烤15分鐘，打開風門繼續烘烤10～12分鐘即可。

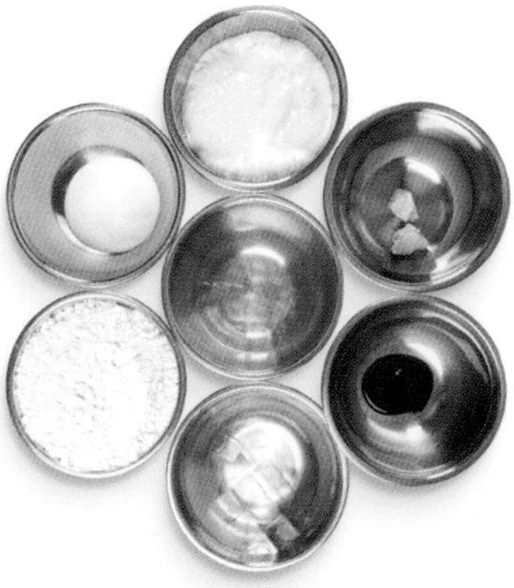

1

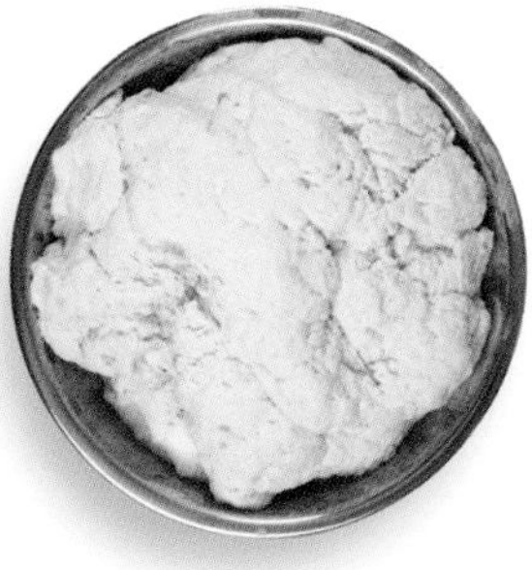

2

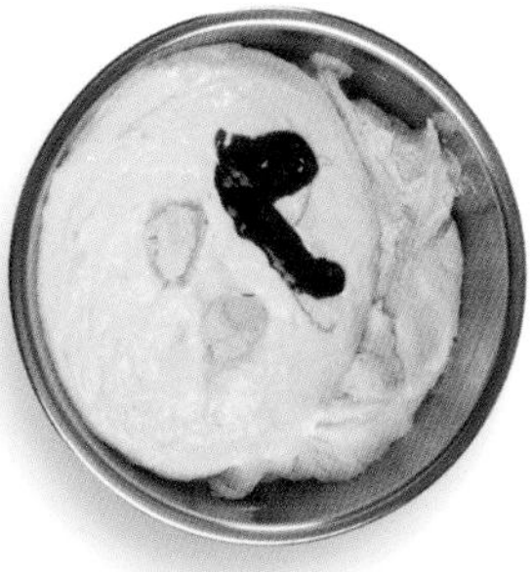

3

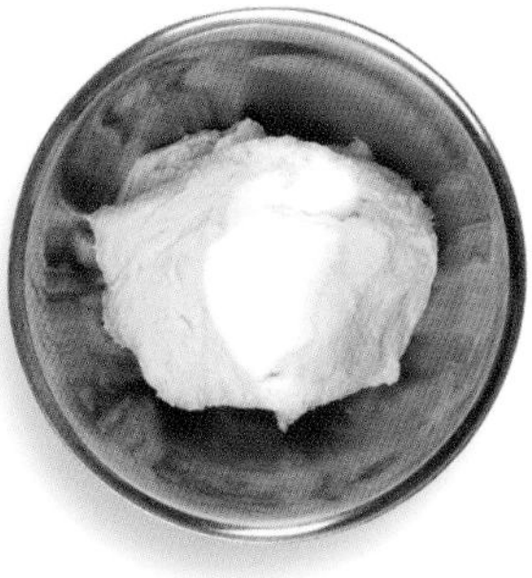

4

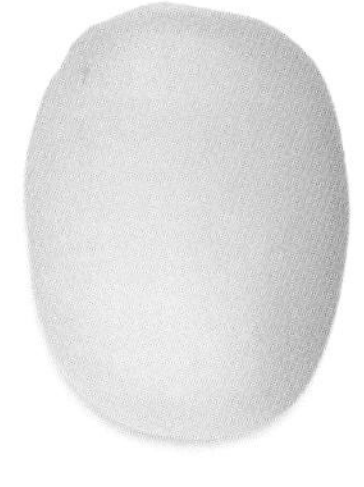

5

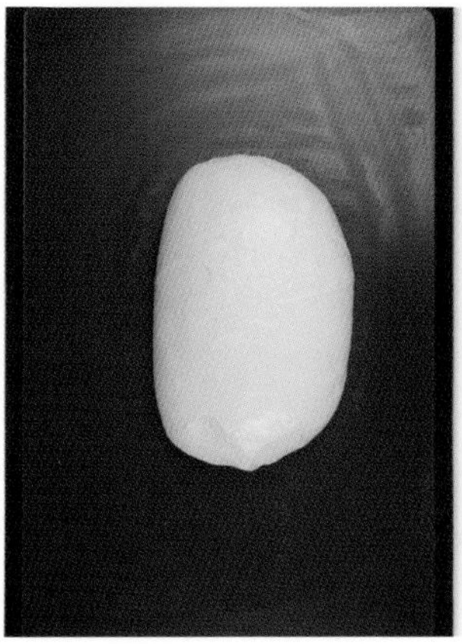

6

7

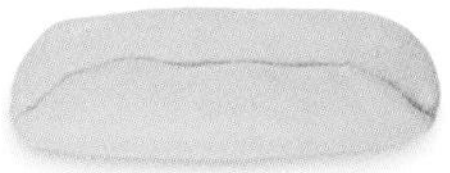

8

9

10

11

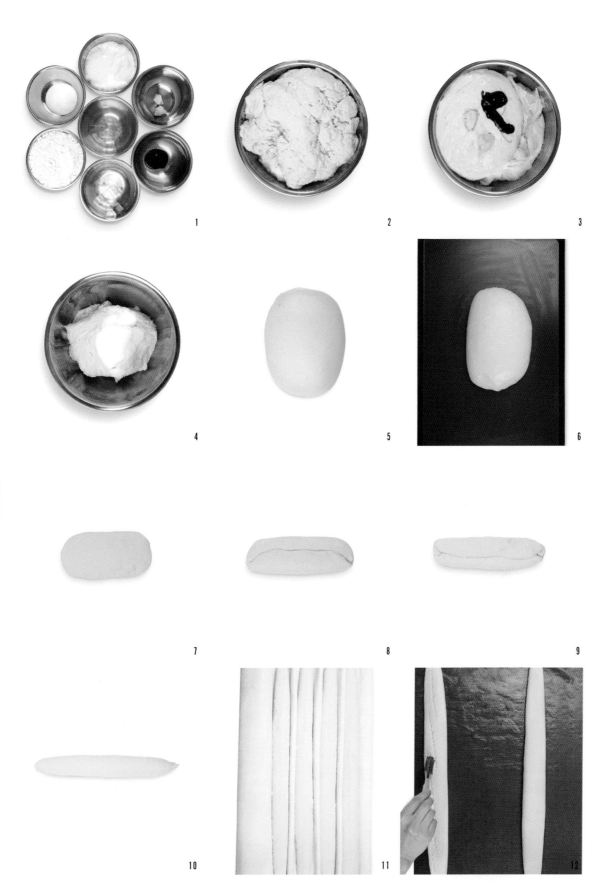

12

◎ 傳統法棍

◎ 種子多穀物歐包

種子多穀物歐包

材料（可製作6個）

伯爵傳統T65麵粉　1000克
麥芽精　5克
水（A）　620克
鮮酵母　5克
魯邦種　200克
水（B）　50克
鹽　20克
白芝麻　50克
黑芝麻　50克
葵花籽　50克
亞麻籽　50克
燕麥片　50克

製作方法

1 將所有材料稱好放置備用。
2 將麵粉、麥芽精、鮮酵母和水（A）倒入攪拌缸中，攪拌至均勻無乾粉，放入盆中冷藏，靜置水解40分鐘。
3 加入鹽和魯邦種，繼續慢速攪拌均勻。
4 觀察麵團的狀態，當麵團攪拌至八成麵筋時加入白芝麻、黑芝麻、葵花籽、亞麻籽、燕麥片及水（B），攪拌均勻，轉快速攪拌至麵團不黏缸、表面光滑且具有延展性，此時能拉開麵筋膜。
5 取出麵團，將烤盤噴灑脫模油（配方用量外），規整麵團，放入烤盤中，室溫發酵45分鐘。
6 翻面，將麵團頂部朝下，四周向中間部位折疊規整，然後繼續室溫發酵45分鐘。取出發酵好的麵團，分割成350克一個，預整型為圓形，放在發酵布上，繼續室溫發酵35分鐘。
7 取出發酵好的麵團，用手掌拍壓，將多餘的氣體拍出。
8 將麵團較光滑的一面朝下，把底部的麵團向中間折疊。
9 將頂端的麵團向中間折疊，直至蓋住底端折疊的麵團。
10 用手掌的掌根處將麵團的兩邊對接處壓實，搓成長橄欖形。
11 將整型好的麵團底部朝上，放在發酵布上，室溫發酵60～80分鐘。
12 把發酵好的麵團接口處朝下，放在烘焙油布上。用刀片在麵團表面劃直刀（把表皮劃破就好）。放入烤箱，上火250℃，下火210℃，入爐後噴蒸氣2秒，烘烤15分鐘，打開風門繼續烘烤10～12分鐘即可。

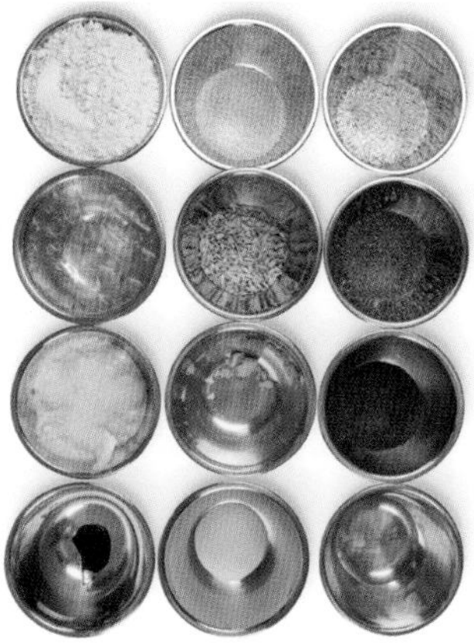

1

2

3

4

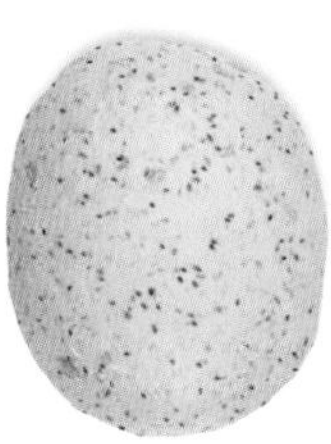

5

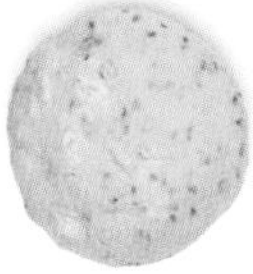

6

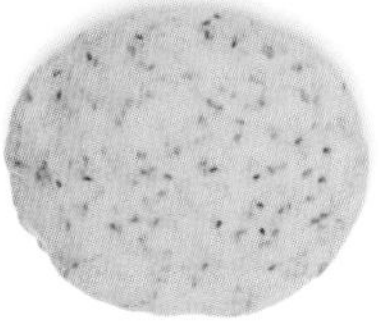

7

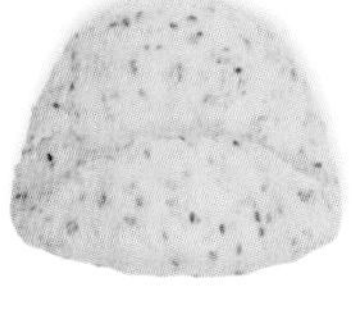

8

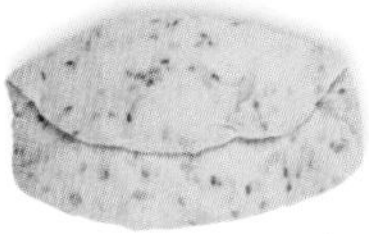

9

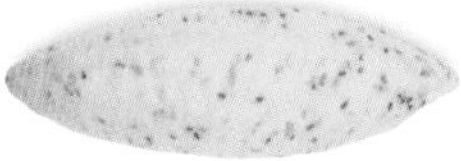

10

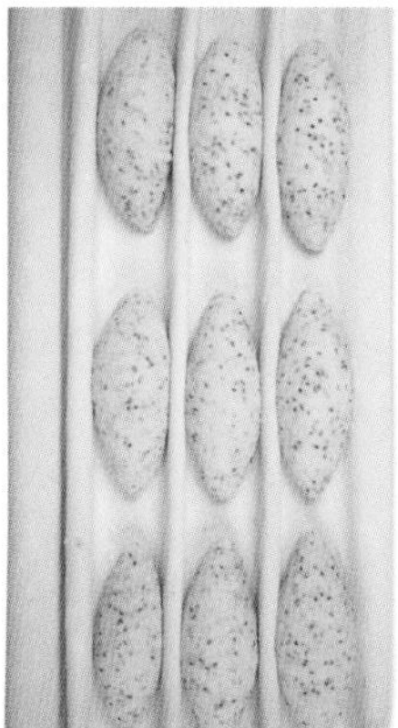

11

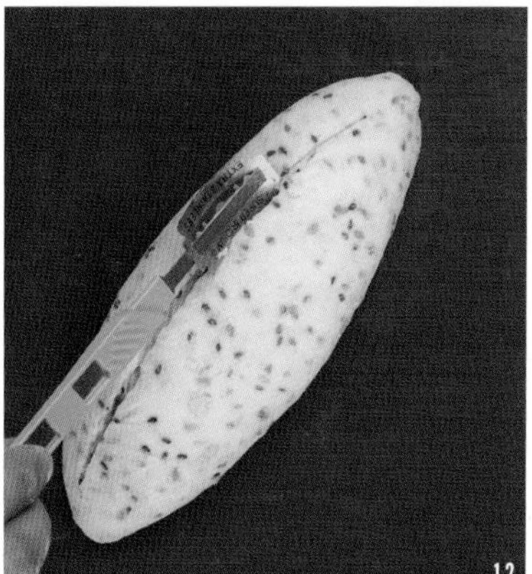

12

黑麥無花果

材料（可製作6個）

伯爵傳統T65麵粉　800克
伯爵傳統T170黑麥粉　200克
麥芽精　5克
水（A）　620克
鮮酵母　5克
魯邦種　200克
水（B）　50克
鹽　20克
無花果乾　200克
黑葡萄乾　50克

製作方法

1 將所有材料稱好放置備用。
2 將麵粉、黑麥粉、麥芽精、鮮酵母和水（A）倒入攪拌缸中，攪拌至均勻無乾粉，放入盆中冷藏，靜置水解40分鐘。
3 加入鹽和魯邦種，繼續慢速攪拌均勻。
4 待鹽完全融入麵團，分次慢慢加入水（B），攪拌均勻，然後轉快速攪拌至麵筋擴展階段，此時麵筋具有彈性及良好的延展性，並能拉出較好的麵筋膜，麵筋膜表面光滑無鋸齒。加入無花果乾和黑葡萄乾，慢速攪拌均勻。
5 取出麵團，將烤盤噴灑脫模油（配方用量外），規整麵團，放入烤盤中，室溫發酵45分鐘。
6 翻面，將麵團頂部朝下，四周向中間部位折疊規整，然後繼續室溫發酵45分鐘。
7 取出發酵好的麵團，分割成350克一個，預整型為圓柱形，放在發酵布上，繼續室溫發酵35分鐘。發酵好後取出，用手掌拍壓，將多餘的氣體拍出。
8 將麵團較光滑的一面朝下，把頂部的麵團向中間折疊。
9 再將麵團兩邊對折，整型成水滴形。
10 將麵團細的一端用手掌搓長形成魚鉤狀。
11 將整型好的麵團放在發酵布上，室溫發酵60～80分鐘。
12 把發酵好的麵團放在烘焙油布上，在表面均勻地撒上麵粉（配方用量外）。用刀片在麵團表面劃四刀（把表皮劃破就好），放入烤箱，上火250℃，下火210℃，入爐後噴蒸氣2秒，烘烤15分鐘，打開風門繼續烘烤10～12分鐘即可。

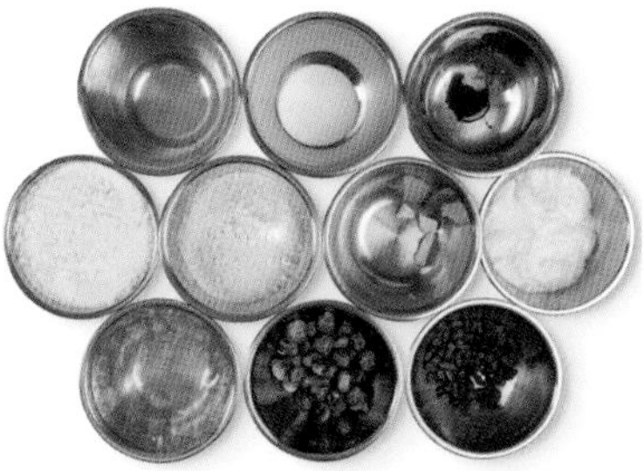
1

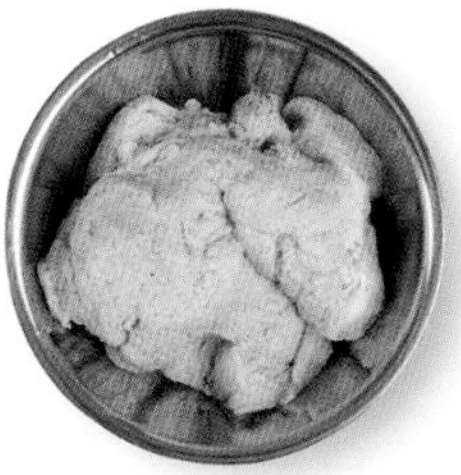
2

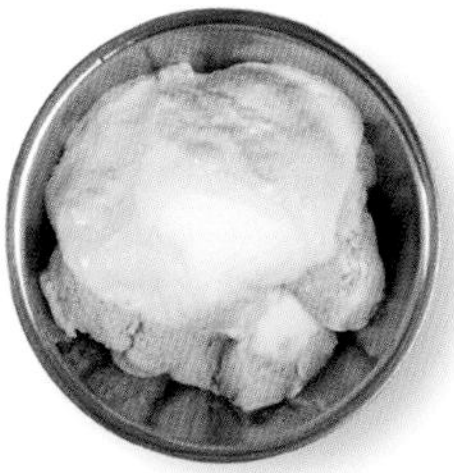
3

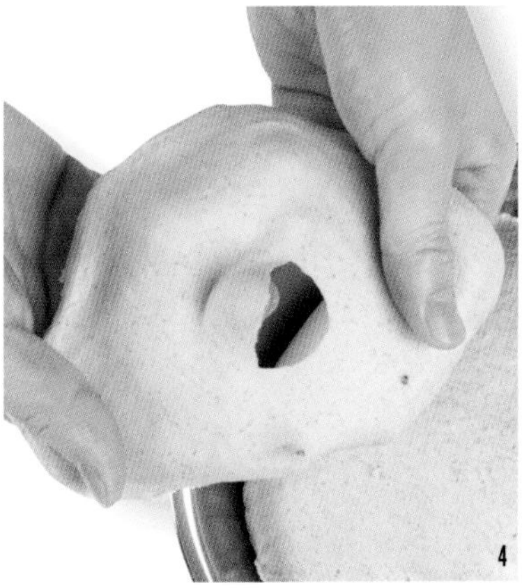
4

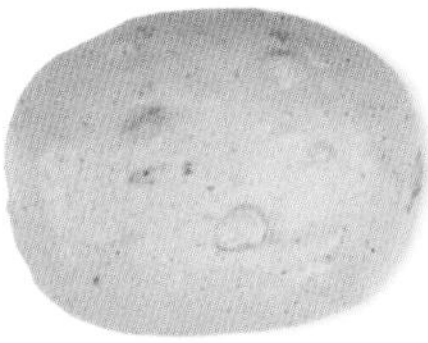
5

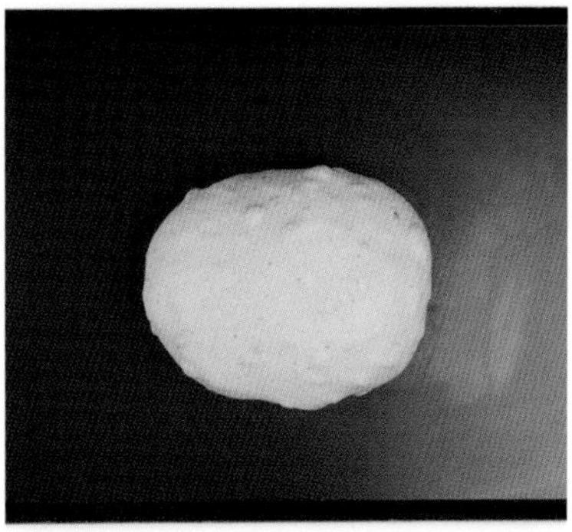
6

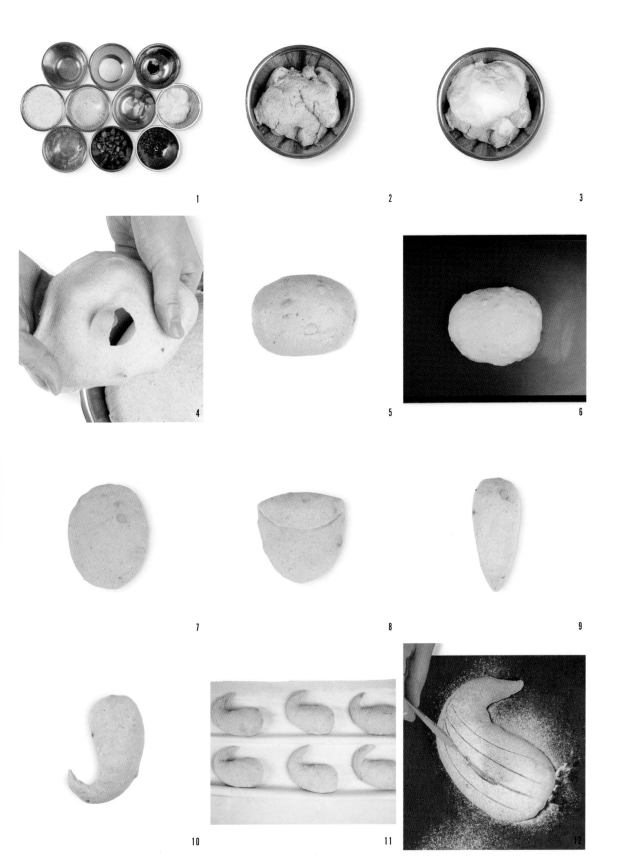
7

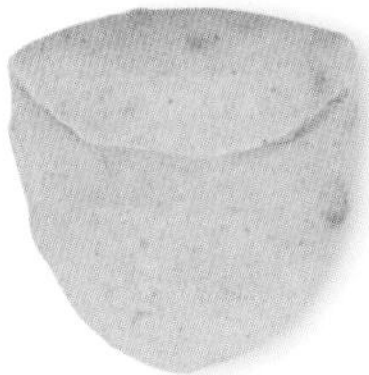
8

9

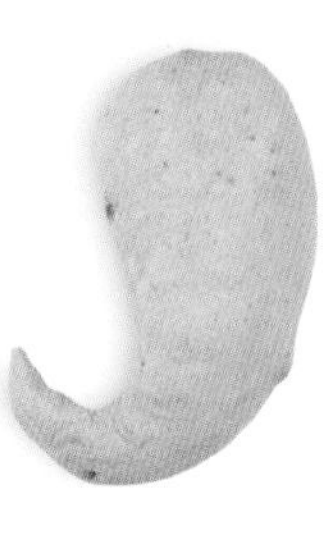
10

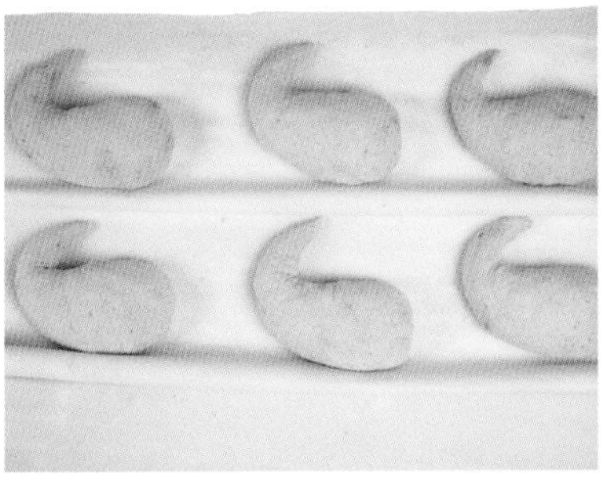
11

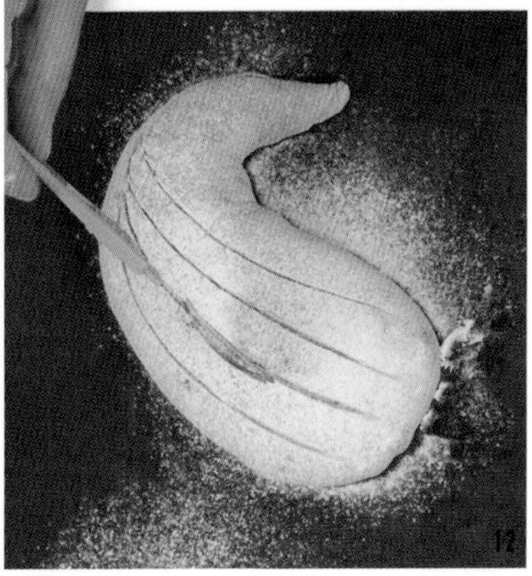
12

◎ 黑麥無花果

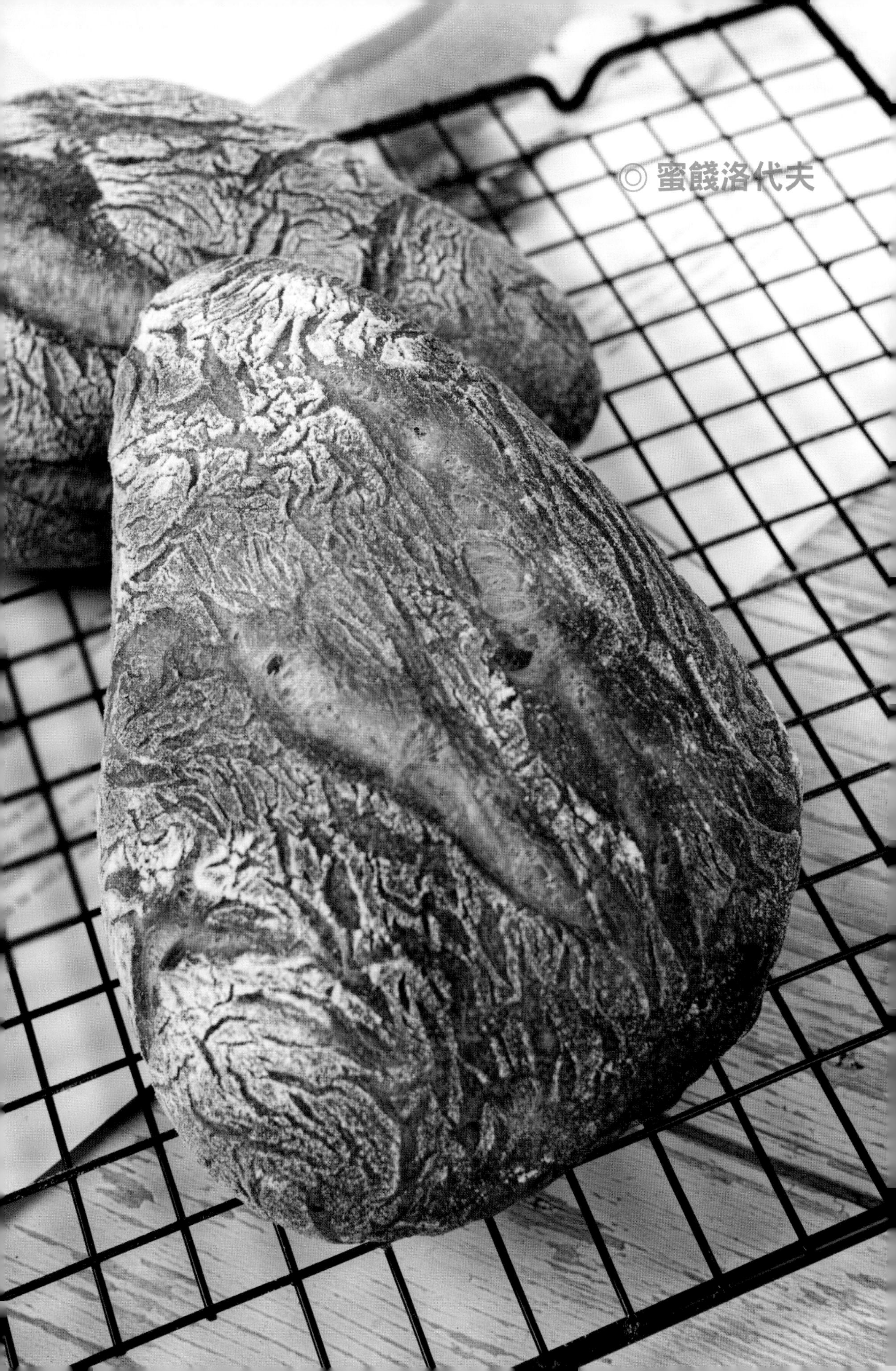
◎ 蜜餞洛代夫

蜜餞洛代夫

材料（可製作12個）

伯爵傳統T65麵粉　1000克
麥芽精　5克
水（A）　650克
鮮酵母　10克
魯邦種　200克
水（B）　50克
鹽　20克
芒果丁　100克
檸檬丁　100克

製作方法

1 將所有材料稱好放置備用。
2 將麵粉、水（A）、麥芽精和鮮酵母倒入攪拌缸中，攪拌至均勻無乾粉，放入盆中冷藏，靜置水解40分鐘。
3 加入鹽和魯邦種，繼續慢速攪拌均勻。觀察麵團的狀態，當麵團攪拌至八成麵筋時分次加入水（B），轉快速攪拌至麵團不黏缸、表面光滑具有延展性，此時能拉開麵筋膜。
4 加入芒果丁和檸檬丁，攪拌均勻。
5 取出麵團，將烤盤噴灑脫模油（配方用量外），規整麵團，放入烤盤中，室溫發酵45分鐘。
6 翻面，將麵團頂部朝下，四周向中間折疊規整，然後繼續室溫發酵45分鐘。
7 取出發酵好的麵團，分割成三角形（不要求重量），正反面裹住麵粉（配方用量外）。
8 將整型好的麵團底部朝上，放在發酵布上，室溫發酵40～50分鐘。
9 把發酵好的麵團底部朝上放在烘焙油布上。放入烤箱，上火250℃，下火210℃，入爐後噴蒸氣2秒，烘烤15分鐘，打開風門繼續烘烤10～12分鐘即可。

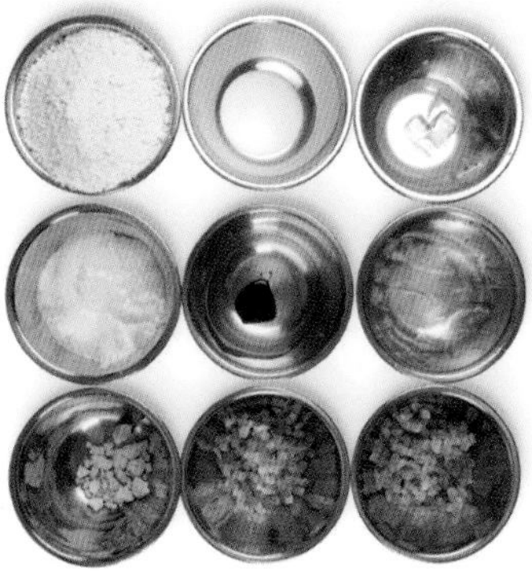

1

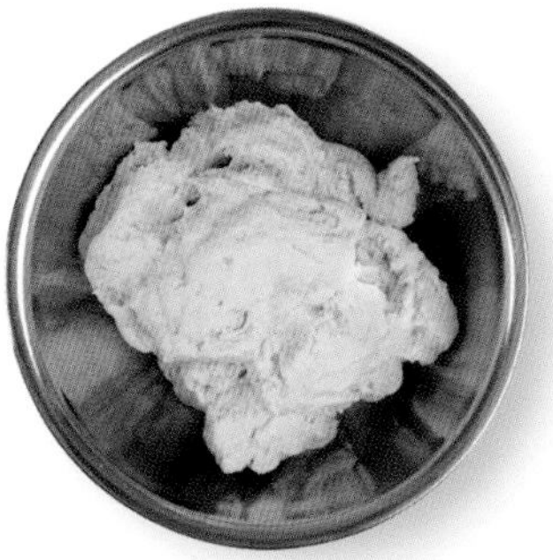

2

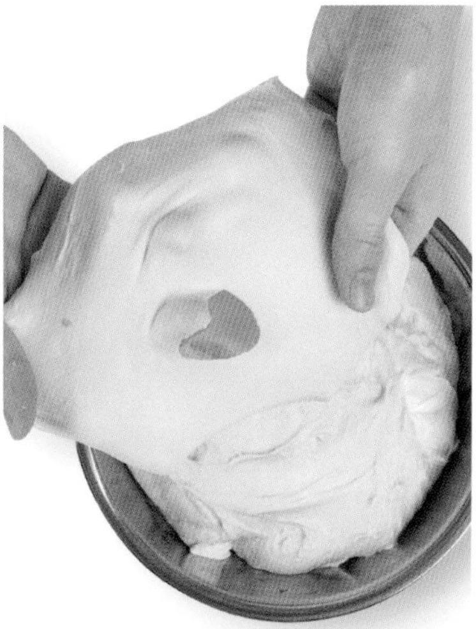

3

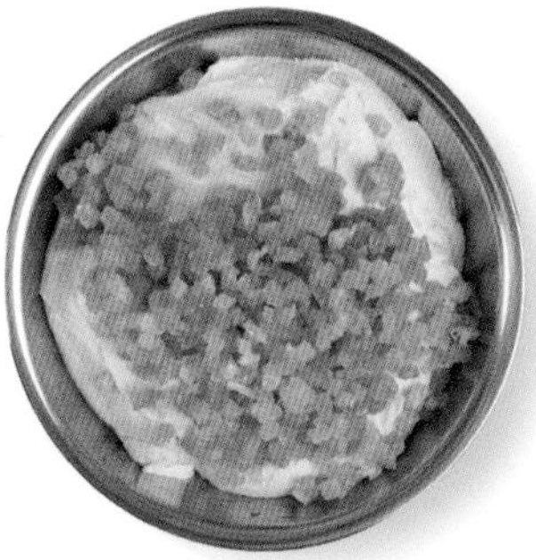

4

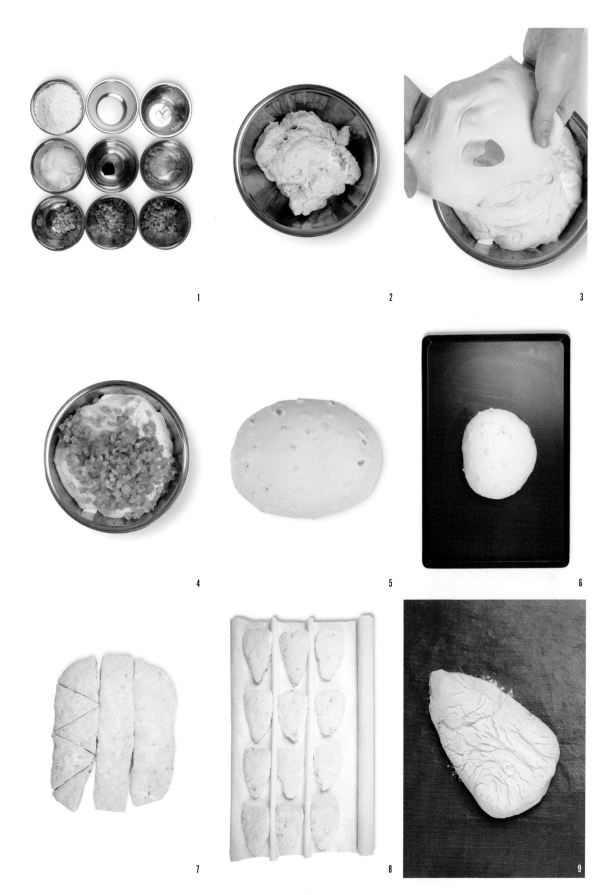

5

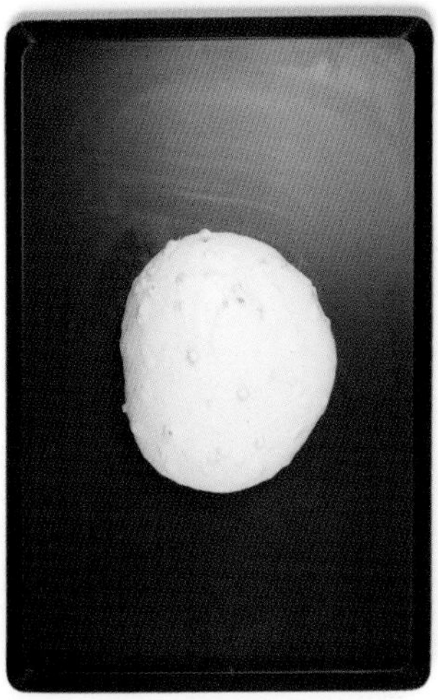

6

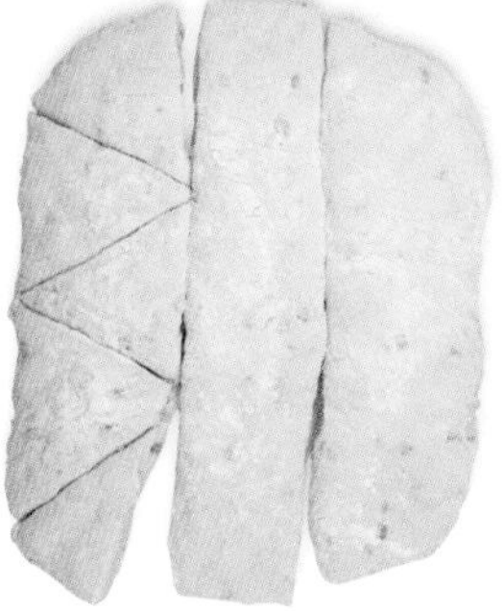

7

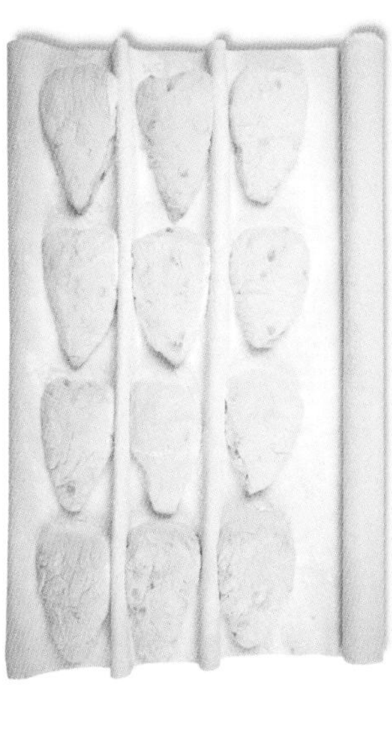

8

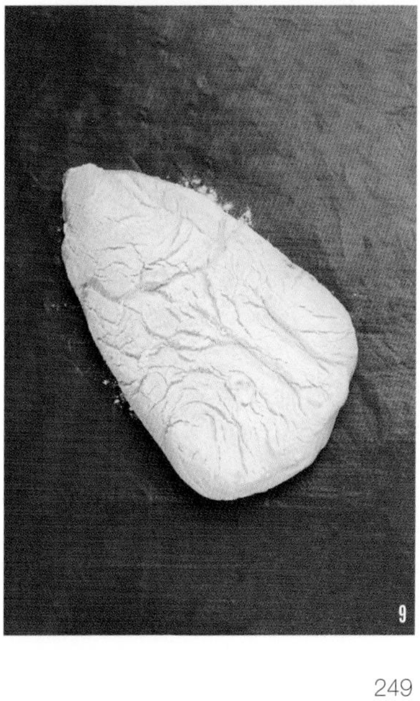

9

恰巴塔

材料（可製作12個）

伯爵傳統T65麵粉　1000克

麥芽精　5克

水　650克

鮮酵母　8克

魯邦種　200克

橄欖油　80克

鹽　20克

製作方法

1 將所有材料稱好放置備用。

2 把麵粉、水和麥芽精放入攪拌缸中，慢速把麵團攪拌至沒有乾粉成團後，取出放在盆裡，密封放在冷藏冰箱水解30分鐘。

3 麵團水解好後，加入鹽、魯邦種和鮮酵母。先慢速攪拌至材料完全化開、麵團呈光滑狀，然後邊慢速攪拌邊分次慢速添加橄欖油。

4 把麵團攪拌至九成麵筋，此時能拉出表面光滑的薄膜，孔洞邊緣處光滑無鋸齒。

5 取出麵團，表面整理光滑，放在發酵盒裡，放置在22～26℃的常溫下基礎發酵50分鐘，倒出進行翻面，先從左右兩邊把麵團往中間折1/3，然後從上下兩邊再次往中間折1/3，然後放回發酵盒裡再次發酵50分鐘。

6 麵團基礎發酵好後，在發酵布上撒一層麵粉（配方用量外），再把麵團倒出來，然後整成方形，厚薄保持一致。用刮板把麵團切成大小均勻的方塊，每塊麵團約160克。

7 麵團切好後，把邊緣的切口裹上一層麵粉（配方用量外），然後均勻放到發酵布上蓋起來，放在22～26℃的常溫下最後發酵60分鐘。

8 麵團發酵好後，用法棍轉移板把麵團轉移到烘焙油布上，麵團底部朝上，然後放入烤箱，上火250℃，下火220℃，入爐後噴蒸氣2秒，烘烤約24分鐘。出爐後，把麵包轉移到網架上冷卻即可。

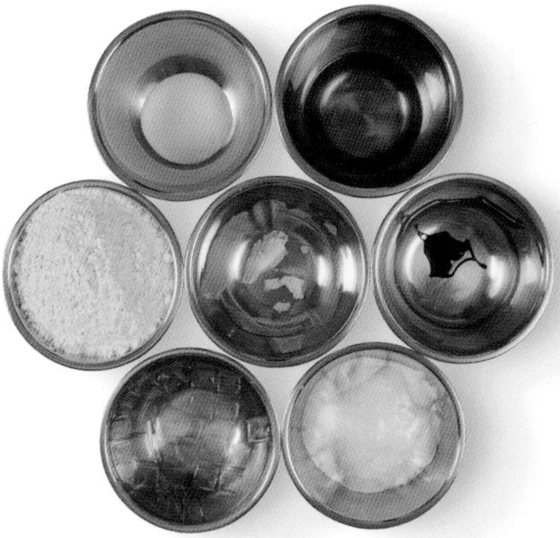

1

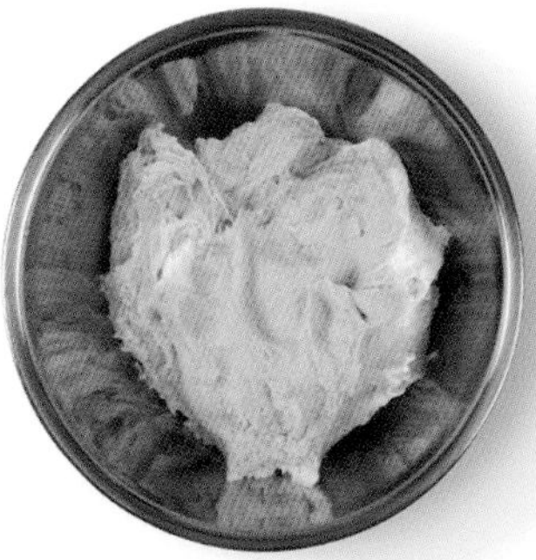

2

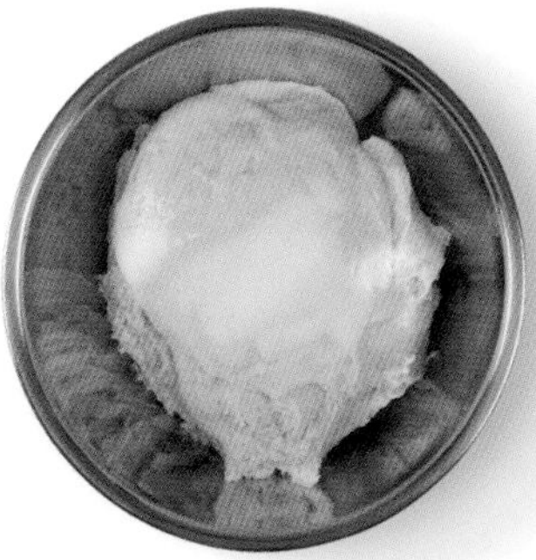

3

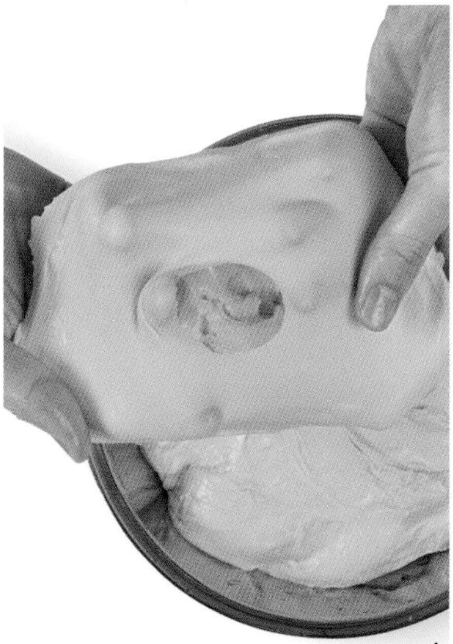

4

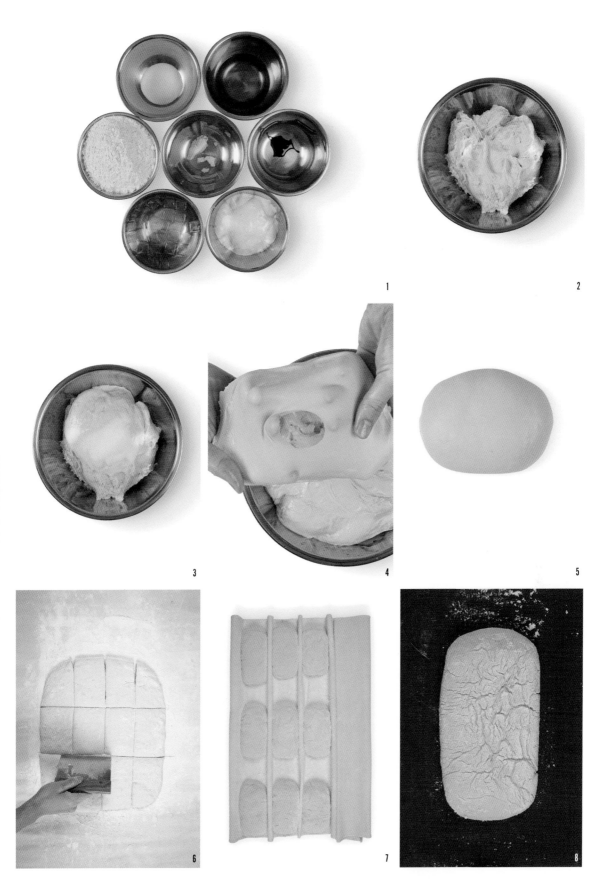

5

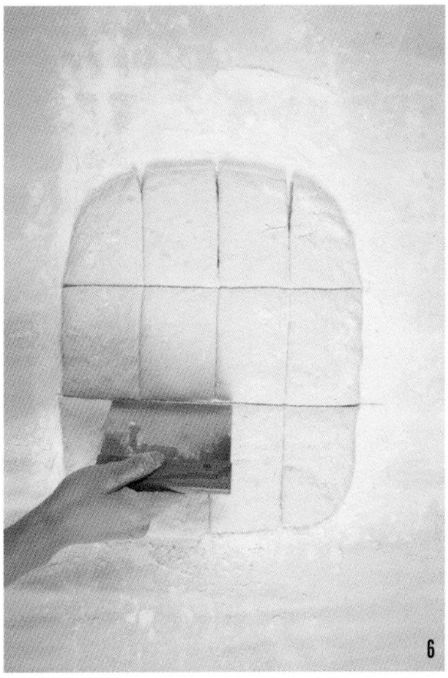

6

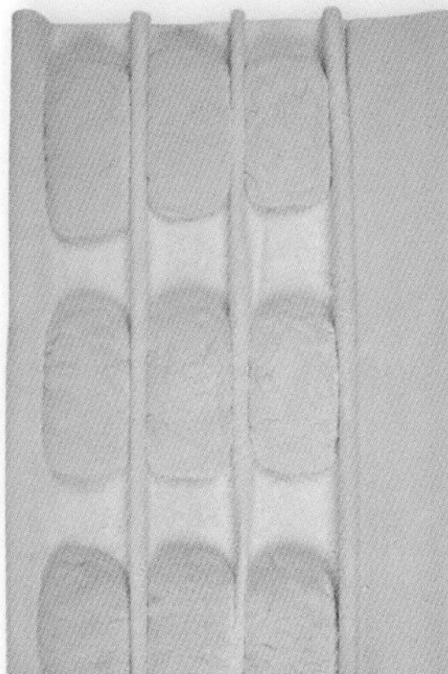

7

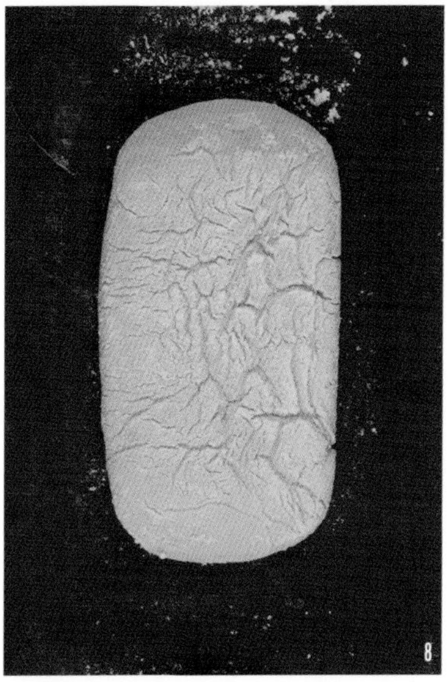

8

◎ 恰巴塔

◎ 紅棗核桃營養麵包

紅棗核桃營養麵包

材料（可製作6個）

伯爵傳統T65麵粉　700克
王后特製全麥粉　200克
伯爵傳統T170麵粉　100克
麥芽精　5克
水（A）　650克
鮮酵母　8克
魯邦種　200克
水（B）　50克
鹽　20克
紅棗碎　200克
核桃碎　100克

製作方法

1 將所有材料稱好放置備用。
2 把T65麵粉、T170麵粉、全麥粉、水（A）和麥芽精放入攪拌缸中，使用慢速把麵團攪拌至沒有乾粉成團後，取出放在盆裡，密封放在冷藏冰箱水解30分鐘。
3 麵團水解好後，加入魯邦種和鮮酵母。慢速攪拌至材料與麵團融合。加入鹽，先慢速攪拌至鹽完全化開，然後邊慢速攪拌邊分次慢慢加入水（B）。
4 把麵團攪拌至九成麵筋，此時能拉出表面光滑的薄膜，孔洞邊緣處光滑無鋸齒。
5 加入紅棗碎和核桃碎，慢速攪拌均勻。
6 取出麵團，表面整理光滑，放在發酵盒裡，放置在22～26℃的環境下基礎發酵50分鐘。
7 把麵團倒出進行翻面，從兩邊把麵團往中間折1/3，光滑面朝上放回發酵盒裡再次發酵50分鐘。
8 麵團基礎發酵好後，在發酵布上撒一層麵粉（配方用量外），再把麵團倒出來，分割成350克一個。預整型成圓形，密封放置在常溫環境下鬆弛30分鐘。麵團鬆弛好後，取出先光滑面朝上把麵團排氣拍扁，然後翻過來令底部朝上。
9 把麵團從一邊提起往中間折1/3。
10 再把麵團另一邊往中間折1/3。
11 最後把麵團從中間再次對折，做成長20公分的橄欖形。然後把麵團放到發酵布上蓋起來，放置在22～26℃的環境下最後發酵60分鐘。
12 麵團發酵好後，用法棍轉移板把麵團轉移到烘焙油布上，接著在表面篩一層T65麵粉（配方用量外）。最後用法棍割刀在表面上劃出間隔均勻的條紋刀口（把表皮劃破就好）。放入烤箱，上火250℃，下火220℃，入爐後噴蒸氣2秒，烘烤約25分鐘。出爐後，把麵包轉移到網架上冷卻即可。

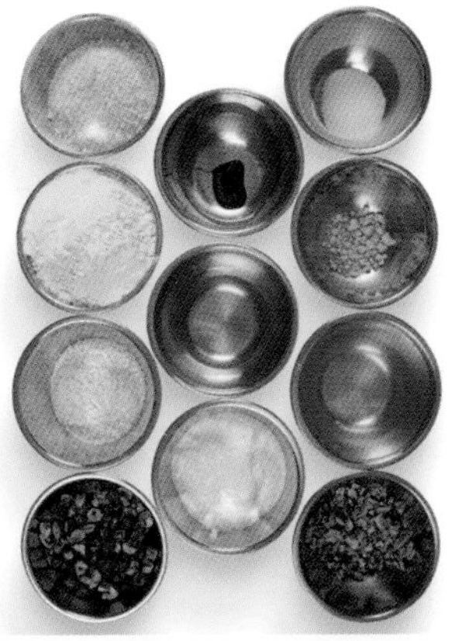

1

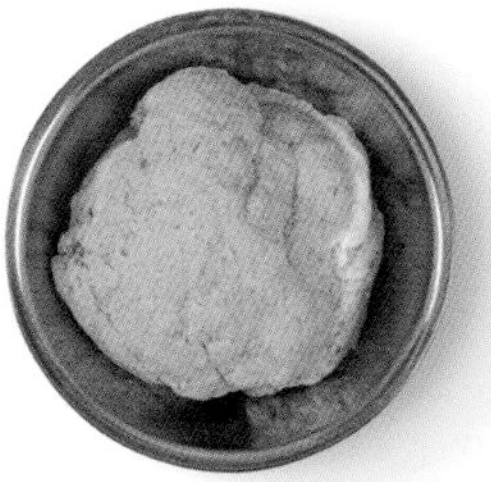

2

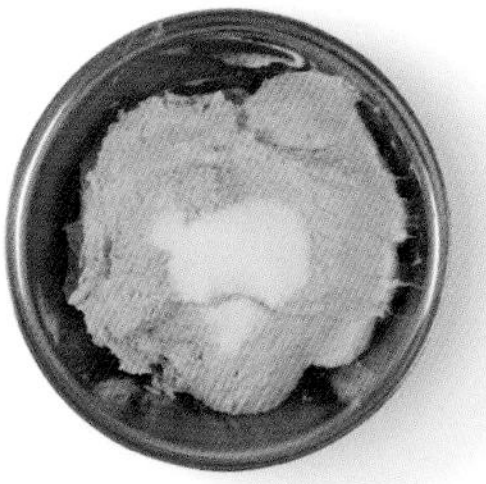

3

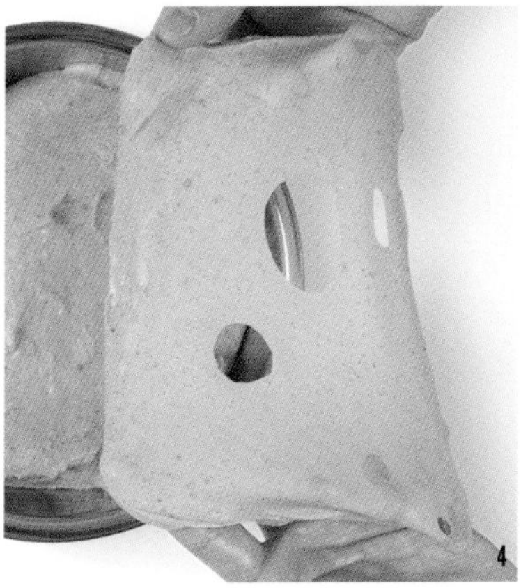

4

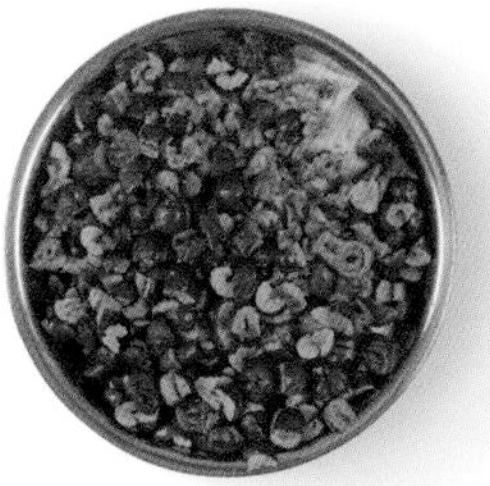

5

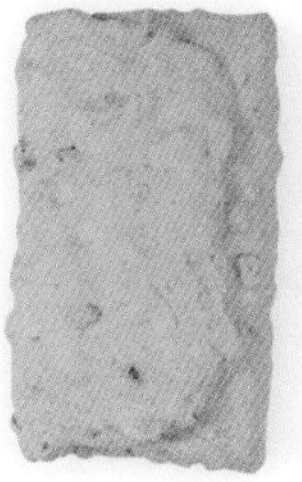

6

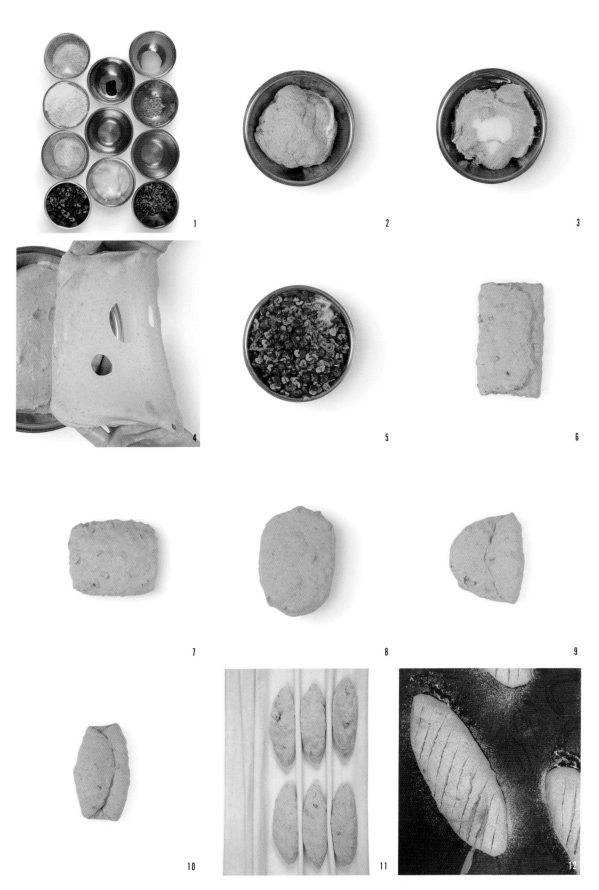

7

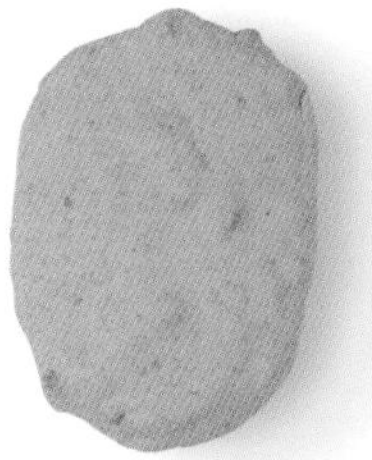

8

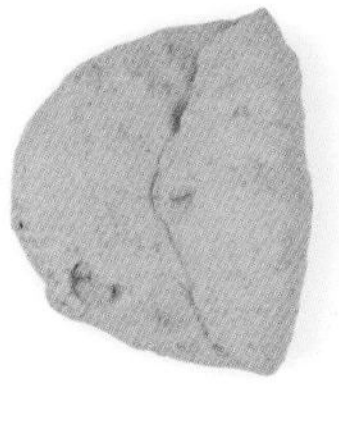

9

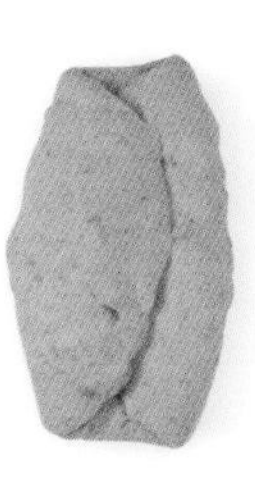

10

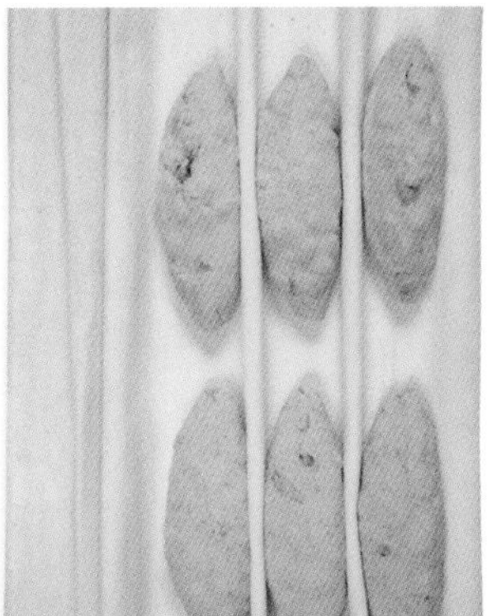

11

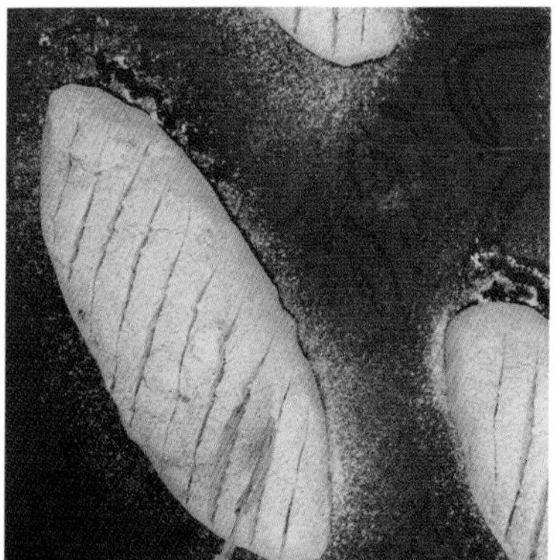

12

德式黑麥酸麵包

材料（可製作2個）

伯爵傳統T170黑麥粉　800克
鮮酵母　4克
鹽　18克
魯邦種　440克
水（65℃）　720克
冰水　40克

製作方法

1 將所有材料稱好放置備用。
2 將鮮酵母放入冰水中，使酵母溶解。將720克水加熱至65℃備用，把黑麥粉、鹽、魯邦種和65℃水放入攪拌缸中，慢速攪拌均勻，待麵團溫度有所下降後加入酵母溶液，慢速攪拌至麵團表面光滑（此時麵團溫度在36℃左右）。
3 麵團放入發酵車中，放在22～26℃的環境下發酵90分鐘。
4 將麵團分割成1000克一個，放在帆布上。
5 在麵團表面均勻地撒上黑麥粉（配方用量外）。
6 把麵團四周輕輕塞入麵團內部中心位置。
7 將麵團翻面，紋路朝下，用雙手轉動使其紋路更加清晰。
8 放入撒有黑麥粉（配方用量外）的藤籃中，麵團紋路面朝藤籃下方。
9 放在22～26℃的環境下密封發酵30分鐘，然後倒扣在烘焙油布上冷藏20分鐘，放入烤箱，上火250℃，下火230℃，入爐後噴蒸氣2秒，烘烤25分鐘，使麵團快速膨脹，將烤箱溫度調整為上火200℃，下火220℃，再烘烤25分鐘即可。

1

2

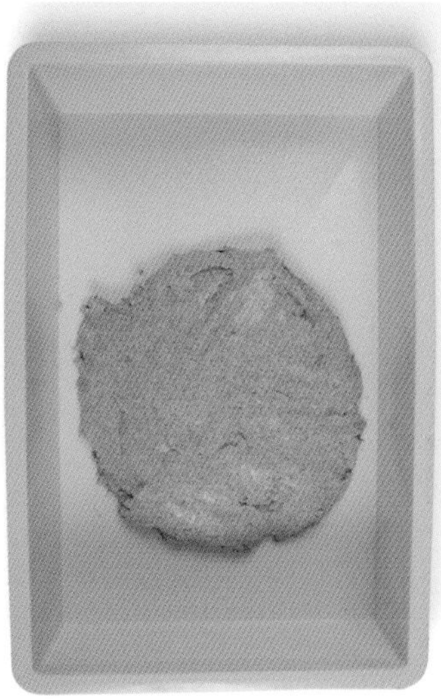
3

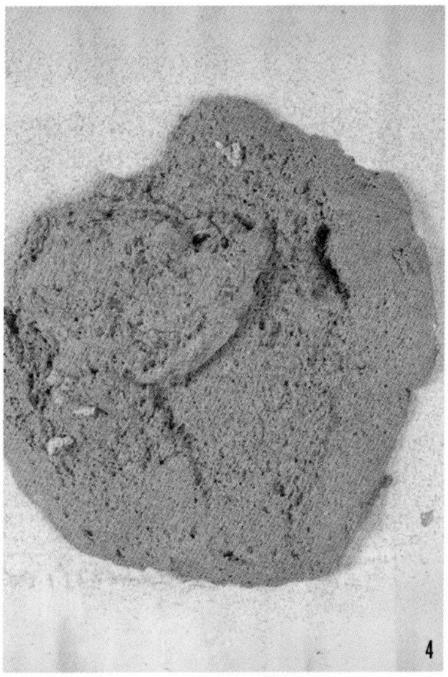
4

5

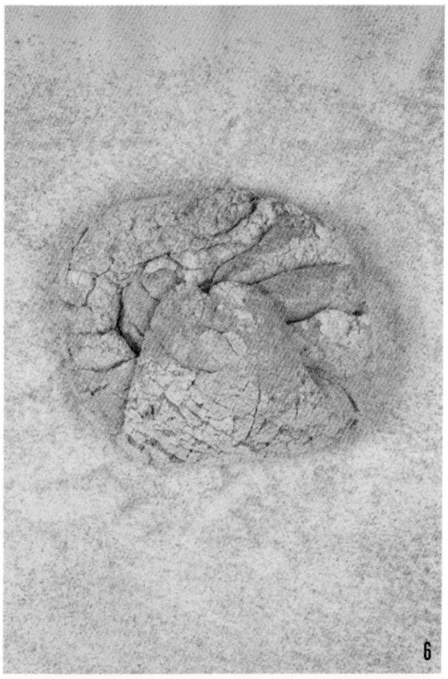
6

7

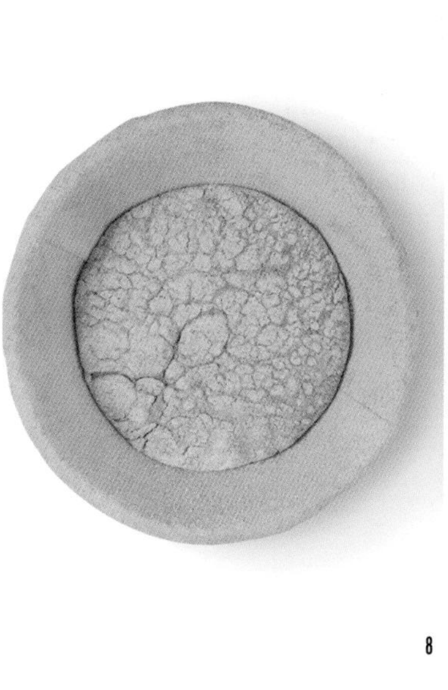
8

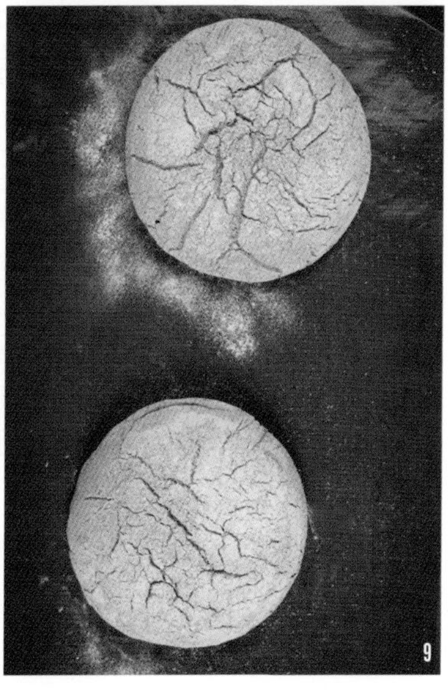
9

◎ 德式黑麥酸麵包

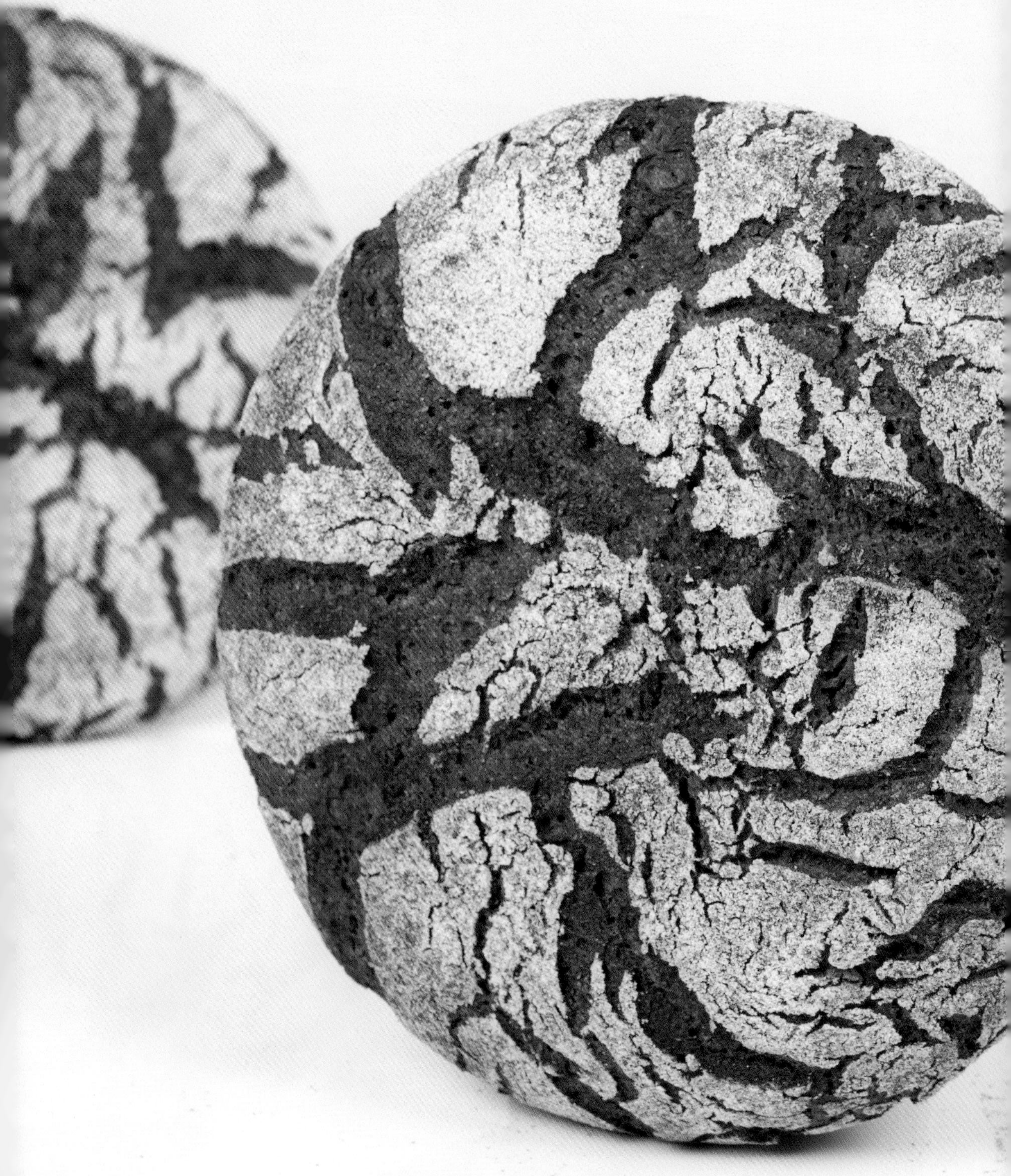

◎ 德式黑麥酸種 脆皮穀物麵包

德式黑麥酸種脆皮穀物麵包

材料（可製作3個）

伯爵傳統T170黑麥粉　1000克
鮮酵母　5克
雜糧穀物裝飾粒　300克
鹽　22克
魯邦種　550克
水（65℃）　1100克
冰水　100克

製作方法

1. 將所有材料稱好放置備用。
2. 將鮮酵母放入冰水中，使酵母溶解。將1100克水加熱至65℃備用，把黑麥粉、鹽、魯邦種和65℃水放入攪拌缸中，慢速攪拌均勻，待麵團溫度有所下降後加入酵母溶液，慢速攪拌均勻。
3. 加入雜糧穀物裝飾粒，慢速攪拌至麵團表面光滑（此時麵團溫度在36℃左右）。
4. 麵團放入發酵車中，室溫發酵90分鐘。
5. 將麵團分割成1000克一個，放在帆布上。
6. 在麵團表面均勻地撒上黑麥粉（配方用量外）。
7. 把麵團四周輕輕塞入麵團內部中心位置。
8. 將麵團整成圓柱形。
9. 放入450克的吐司模具中，用面刀蘸水抹平表面使其光滑。
10. 在表面均勻地撒上黑麥粉（配方用量外）。
11. 室溫密封發酵60分鐘，表面有明顯裂紋時可開始烘烤。放入烤箱，上火250℃，下火250℃，入爐後噴蒸氣2秒，烘烤25分鐘，使麵團快速膨脹，將烤箱溫度調整為上火200℃，下火250℃，再烘烤25分鐘即可。

1

2

3

4

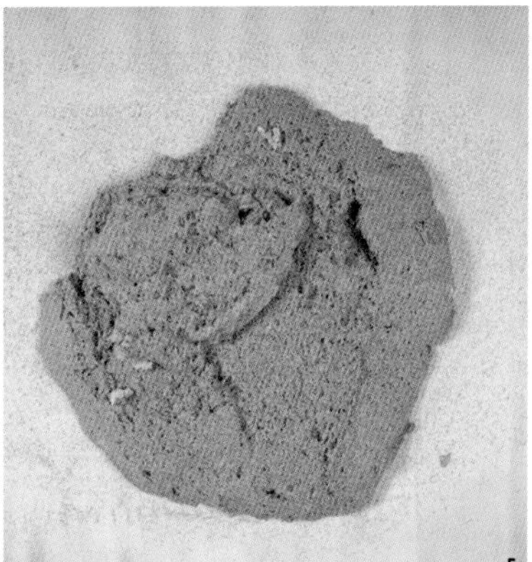
5

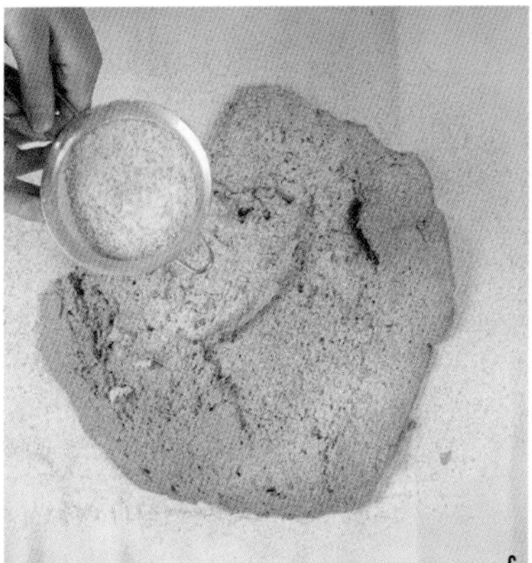
6

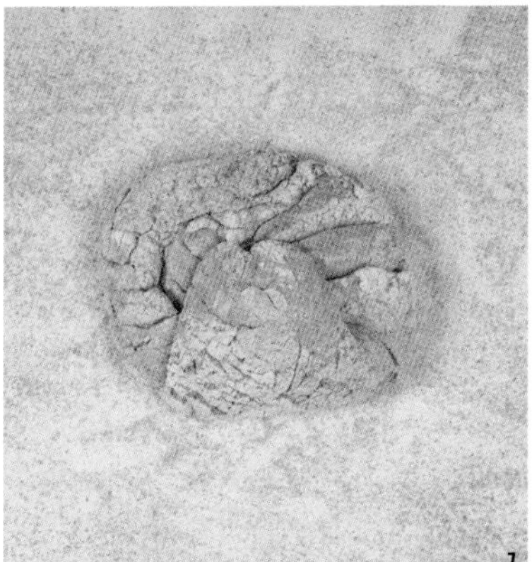
7

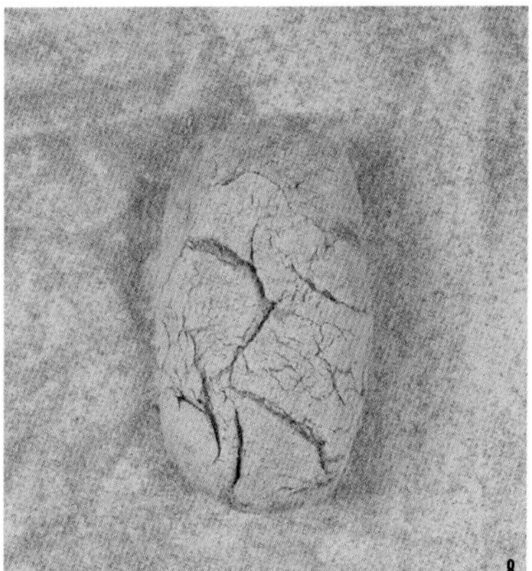
8

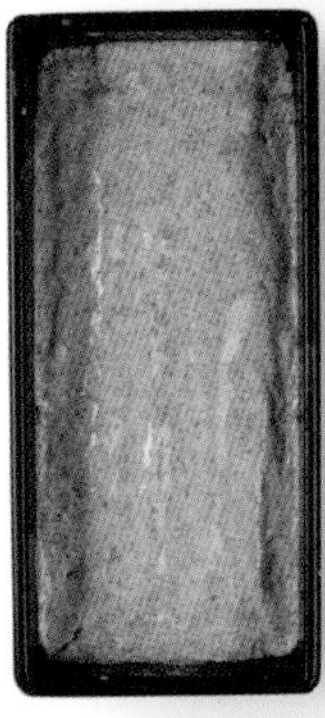
9

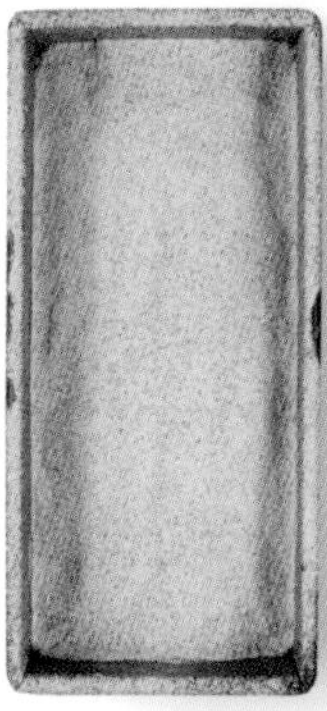
10

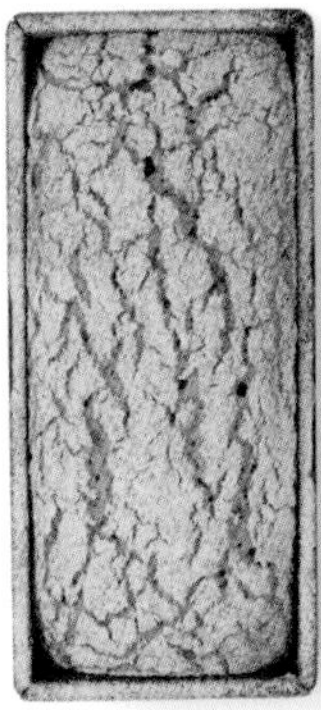
11

鹼水麵包

材料（可製作17個）

鹼水

水　1000克

烘焙鹼　30克

主麵團

伯爵傳統T65麵粉　1000克

細砂糖　50克

鮮酵母　10克

肯迪雅鮮奶油　125克

水　500克

鹽　20克

其他

海鹽　適量

製作方法

1 將製作鹼水的材料稱好放置備用。
2 把烘焙鹼加入水中攪拌均勻，然後燒開放涼備用。
3 將製作主麵團的材料稱好放置備用。
4 把麵粉、鮮酵母和鮮奶油倒入攪拌缸中。
5 把細砂糖與水混合，攪拌至細砂糖完全化開後倒入攪拌缸中。
6 把麵團慢速攪拌成團至沒有乾粉，麵團成團後，加入鹽。
7 加入鹽後，先慢速攪拌至與麵團融合，再轉快速把麵團攪拌至十成麵筋，此時能拉出表面光滑的厚膜，孔洞邊緣處光滑無鋸齒。
8 取出麵團，分割成100克一個，滾圓，密封放在冷藏冰箱裡鬆弛60分鐘。
9 麵團鬆弛好後，用擀麵棍擀成長25公分、寬8公分的長條。

1

2

3

4

5

6

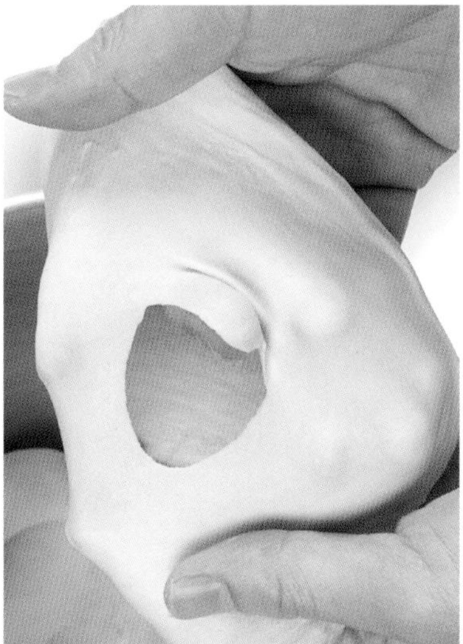

7

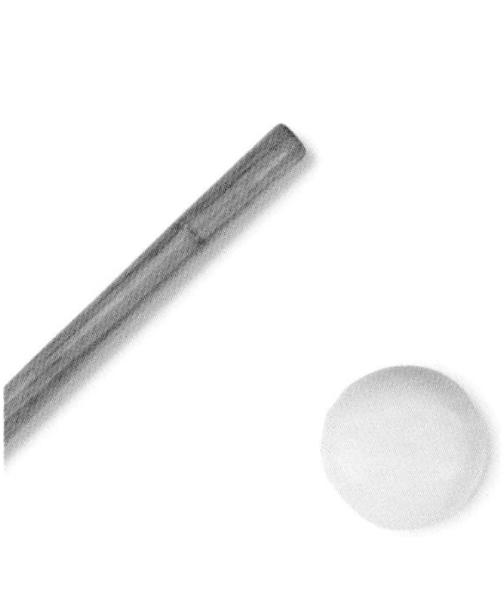

8

9

10 把麵團翻面，將其中一條長邊拉成直線，且壓薄接口處。

11 把麵團捲成橄欖形的長條。

12 把麵團搓長，中間粗，兩邊細，最終長度約70公分。

13 搓好的麵團，光滑面朝上，兩邊麵團往上折，在約1/3處交叉重疊。

14 在重疊處轉一圈，把麵包兩端往下拉壓在麵團中心粗的部分上面。然後均勻擺放在烤盤上，密封放入冷凍冰箱凍硬。

15 麵團凍硬後，拿出放入提前做好的鹼水裡浸泡50秒。

16 浸泡好的麵團撈出，均勻擺放在烘焙油布上，放在22～26℃的環境下解凍40分鐘。麵團解凍後，用法棍割刀在麵團頂部粗的地方割一刀，深度為麵團的一半。

17 在刀口處撒上適量海鹽，然後放入烤箱，上火240℃，下火170℃，烘烤約15分鐘。出爐後，把麵包轉移到網架上冷卻即可。

10

11

12

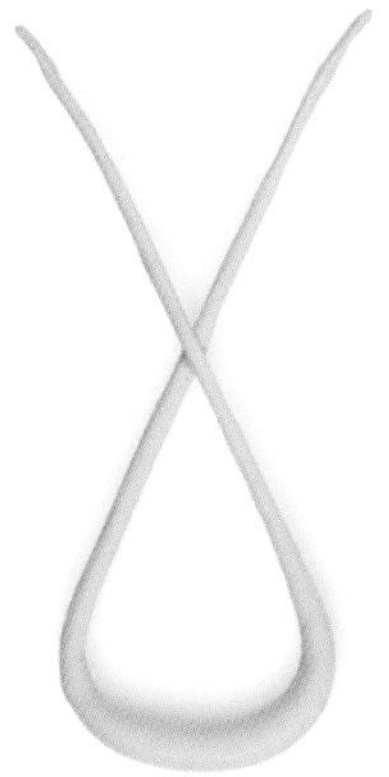
13

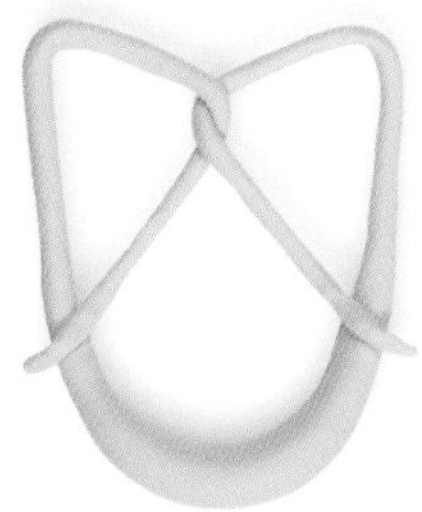
14

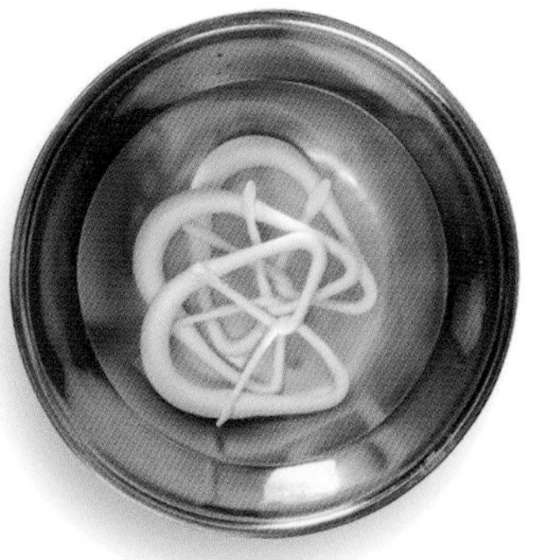
15

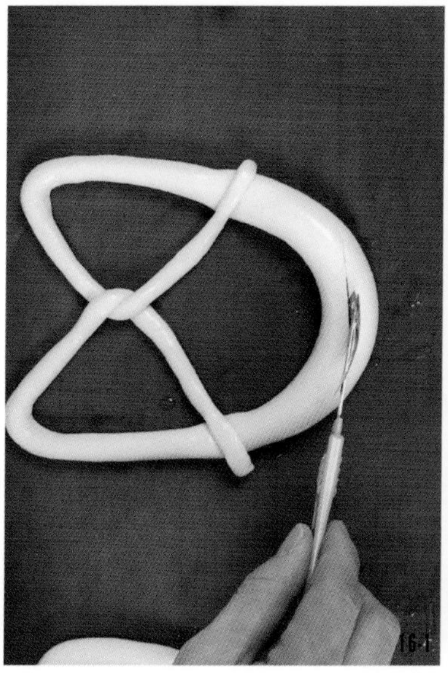
16-1

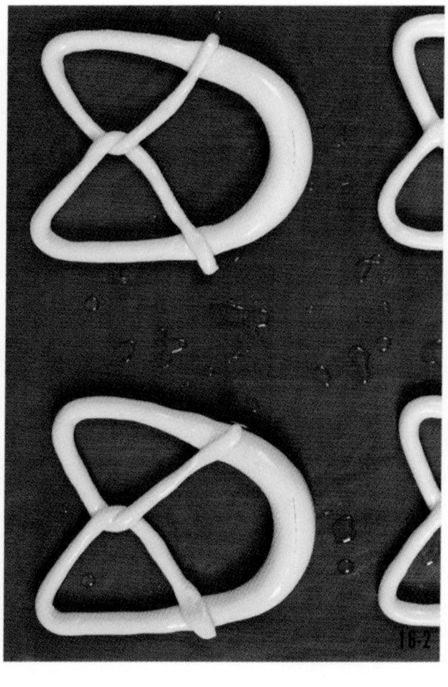
16-2

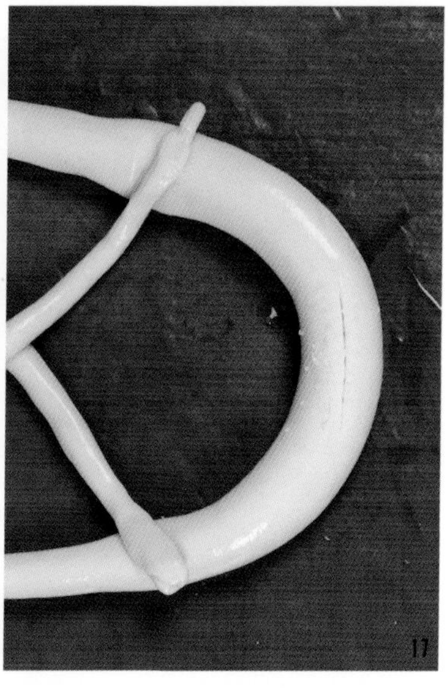
17

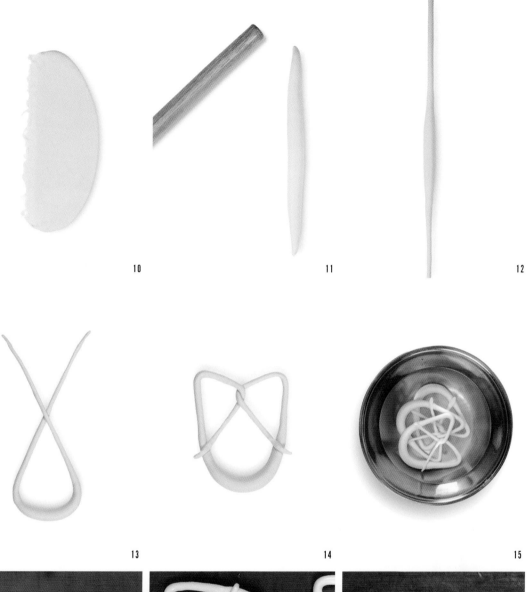

◎ 鹼水麵包

◎ 有機石磨T80麵包

有機石磨T80麵包

材料（可製作2個）

伯爵有機石磨T80全麥粉　1000克
魯邦種　400克
水（A）　750克
鮮酵母　5克
鹽　25克
水（B）　45克

製作方法

1 將所有材料稱好放置備用。
2 將全麥粉和水（A）混合攪拌均勻，放入盆中冷藏水解60分鐘。
3 將水解好的麵團拿出放入攪拌缸，加入魯邦種和鮮酵母，攪拌均勻至麵團無顆粒，加入鹽。
4 待鹽完全融入麵團，分次慢慢加入水（B），攪拌均勻，然後轉快速攪拌至麵筋完全擴展階段，此時麵筋能拉開大片麵筋膜且麵筋膜薄，能清晰看到手指紋，無鋸齒。
5 規整外型，在22～26℃的環境下發酵鬆弛60分鐘。
6 將鬆弛好的麵團翻面，繼續在22～26℃的環境中發酵鬆弛60分鐘。
7 將麵團分割1000克一個，將分割好的麵團向中間收攏。
8 用面刀將麵團揉圓，切記不要揉太緊。
9 往藤籃裡均勻地撒上全麥粉（配方用量外）。
10 然後將揉圓的麵團接口朝上放入藤籃中，蓋上保鮮膜，冷藏發酵一晚。
11 第二天將藤籃倒扣在烘焙油布上，取出麵團。
12 在麵團表面均勻地撒上全麥粉（配方用量外）。最後在麵團四邊均勻地割一刀，然後中間部分輕輕劃十字刀口（把表皮劃破就好）。放入烤箱，上火250℃，下火230℃，入爐後噴蒸氣2秒，烘烤約45分鐘即可。

1

2

3

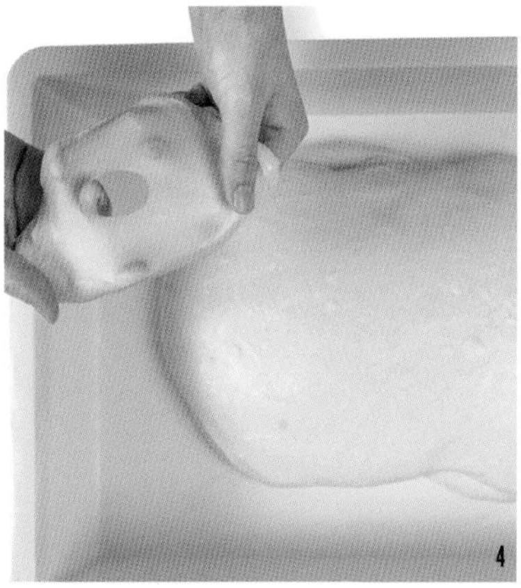
4

5

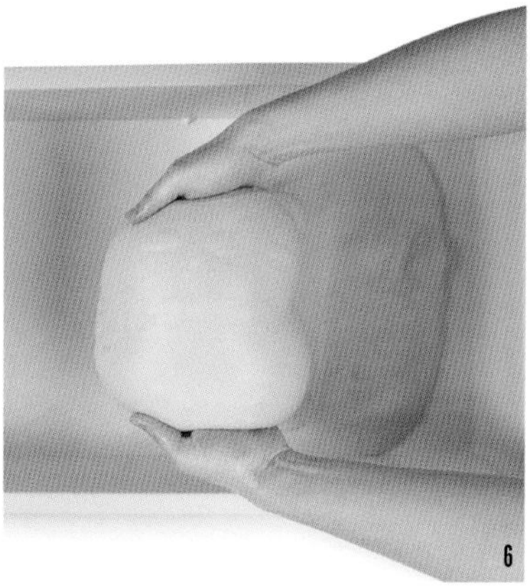
6

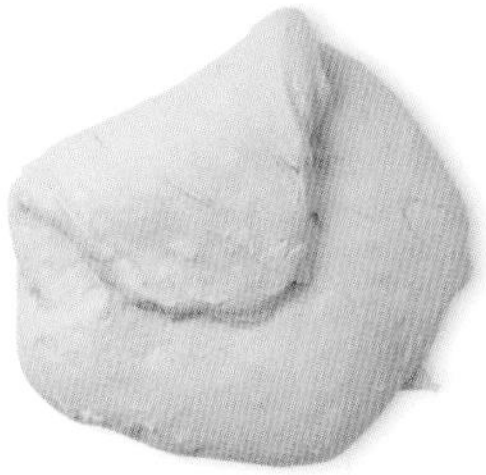
7

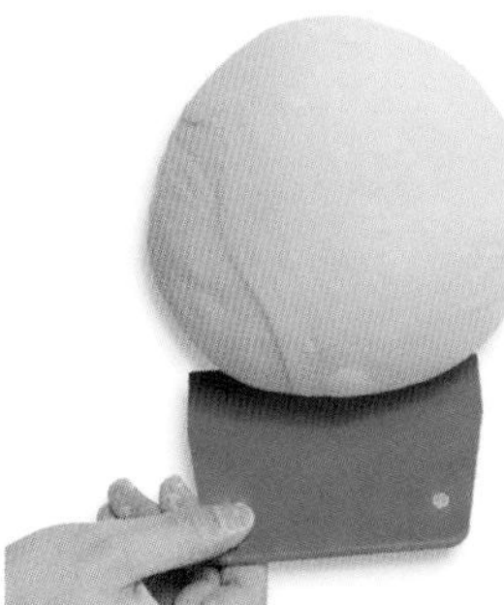
8

9

10

11

12

黑醋栗藍莓起司

材料（可製作6個）

酸麵種

伯爵傳統T170麵粉　90克

伯爵傳統T65麵粉　60克

魯邦種　150克

主麵團

伯爵傳統T65麵粉　800克

伯爵傳統T170麵粉　200克

黑醋栗粉　15克

鹽　20克

水（A）　650克

鮮酵母　15克

酸麵種（見左側）　300克

水（B）　50

藍莓　300克

核桃　200克

耐高溫起司丁　150克

製作方法

1 將製作酸麵種的材料稱好放置備用。

2 把T170麵粉、T65麵粉和魯邦種放入攪拌缸，慢速攪拌至成團沒有乾粉。

3 取出放在盆裡，用保鮮膜密封，放到28℃的環境下發酵1小時後即可使用。

4 將製作主麵團的材料稱好放置備用。

5 把T65麵粉、T170麵粉、黑醋栗粉、水（A）和鹽放入攪拌缸，慢速攪拌至成團沒有乾粉，取出放在盆裡，密封放在冷藏冰箱水解30分鐘。

6 麵團水解好後，加入300克酸麵種和鮮酵母。先慢速攪拌均勻，然後邊慢速攪拌邊分次慢慢加入水（B）。

7 把麵團攪拌至九成麵筋，此時能拉出表面光滑的薄膜，孔洞邊緣處光滑無鋸齒，然後加入藍莓、核桃起司丁，慢速攪拌均勻。

8 取出麵團，表面整理光滑，放在烤盤上，放置在22～26℃的環境下基礎發酵50分鐘。

9 發酵50分鐘後，把麵團倒出進行翻面，從上下兩邊把麵團提起各往中間折1/3。

1

2

3

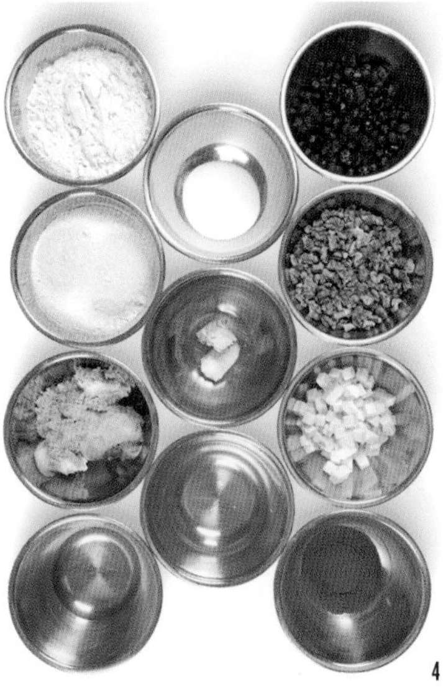
4

5

6

7

8

9

10 然後從左右兩邊提起再次把兩邊麵團往中間折1/3。

11 翻面，使光滑面朝上，放在烤盤上，再次發酵50分鐘。

12 麵團基礎發酵好後，在發酵布上撒一層T65麵粉（配方用量外），把麵團倒出來，分割成450克一個，預整型成圓形。放到烤盤上，密封放在22～26℃的環境下鬆弛30分鐘。

13 麵團鬆弛好後取出，先令光滑面朝上，把麵團排氣拍扁，然後翻面，使底部朝上。

14 把麵團從一邊提起往中間折1/3。

15 把麵團從另一邊提起也往中間折1/3。

16 最後從中間再次對折，壓緊接口，做成長約18公分的橄欖形。

17 整型好後，把麵團光滑面朝上，放到發酵布上蓋起來，放在22～26℃的環境下最後發酵60分鐘。

18 麵團發酵好後，用法棍轉移板把麵團轉移到烘焙油布上，在表面篩一層T65麵粉（配方用量外）。最後用法棍割刀在表面劃出菱形刀口（把表皮劃破就好）。放入烤箱，上火240℃，下火220℃，入爐後噴蒸氣2秒，烘烤約28分鐘。出爐後，把麵包轉移到網架上冷卻即可。

10

11

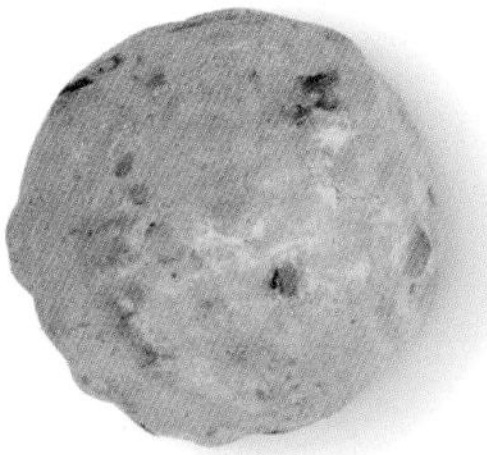
12

13

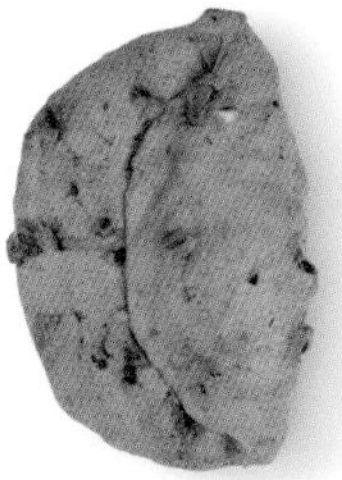
14

15

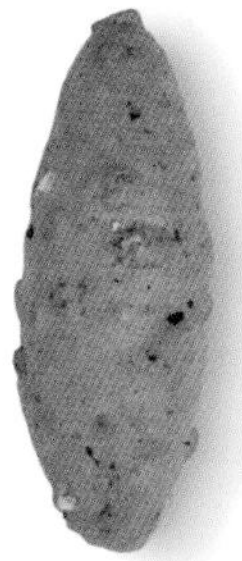
16

17

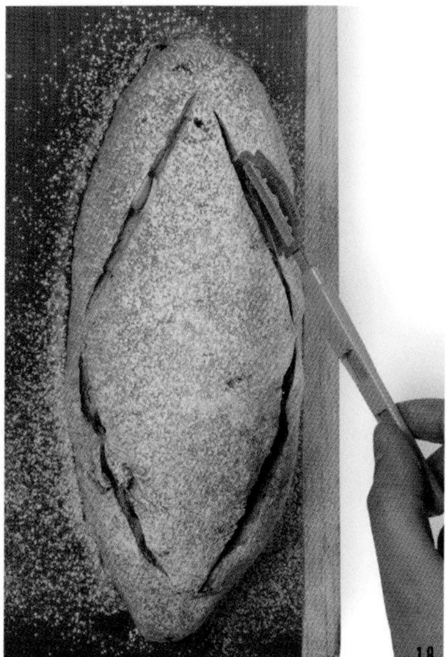
18

◎ 黑醋栗藍莓起司

◎ 洛神花玫瑰核桃

洛神花玫瑰核桃

材料（可製作6個）

伯爵傳統T65麵粉　1000克
鹽　20克
水（A）　650克
鮮酵母　15克
酸麵種（見P270）　200克
水（B）　100克
玫瑰花碎　300克
洛神花乾　200克
核桃碎　150克

製作方法

1. 將所有材料稱好放置備用。玫瑰花碎和洛神花乾需要提前用水煮開放涼備用。
2. 把麵粉、水（A）和鹽放入攪拌缸，慢速攪拌至成團沒有乾粉，取出放在盆裡，密封放在冷藏冰箱水解30分鐘。
3. 麵團水解好後，加入酸麵種和鮮酵母。先慢速攪拌均勻，然後邊慢速攪拌邊分次慢慢加入水（B）。把麵團攪拌至九成麵筋，此時能拉出表面光滑的薄膜，孔洞邊緣處光滑無鋸齒。
4. 加入玫瑰花碎、洛神花碎和核桃碎，慢速攪拌均勻。
5. 取出麵團，表面整理光滑，放在烤盤上，放置在22～26℃的環境下基礎發酵50分鐘。
6. 發酵50分鐘後，把麵團取出進行翻面，從兩邊把麵團提起各往中間折1/3。
7. 然後從上下兩邊提起再次把兩邊麵團往中間折1/3。
8. 翻面，使光滑面朝上，放在烤盤上，再次發酵50分鐘。麵團基礎發酵好後，在發酵布上撒一層麵粉（配方用量外），把麵團倒出來，分割成400克一個，預整型成圓形。放到烤盤上，密封放在22～26℃的環境下鬆弛30分鐘。
9. 麵團鬆弛好後取出，先令光滑面朝上，把麵團排氣拍扁，然後翻面，使底部朝上。
10. 把麵團從邊緣均勻分成3等份，把三個點提起到中間捏緊，做成一個等邊三角形。整型好後，把麵團光滑面朝上，放到發酵布上蓋起來，放在22～26℃的環境下最後發酵60分鐘。
11. 麵團醒發好後，把麵團轉移到烘焙油布上，在表面用模板篩一層麵粉（配方用量外）作為裝飾。
12. 用法棍割刀在表面上劃出樹紋狀的刀口（把表皮劃破就好）。放入烤箱，上火240℃，下火220℃，入爐後噴蒸氣2秒，烘烤約26分鐘。出爐後，把麵包轉移到網架上冷卻即可。

1

2

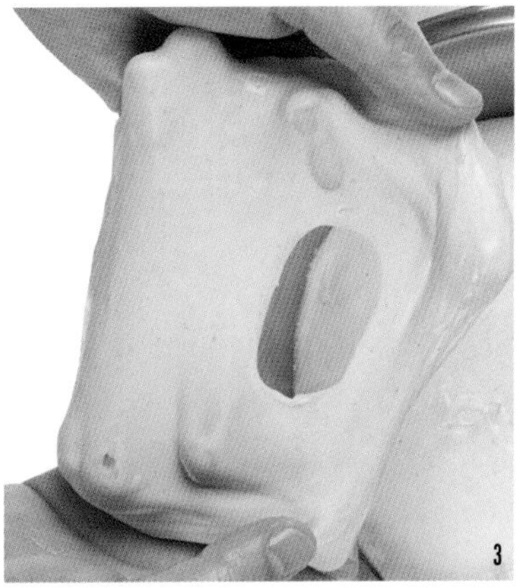

3

4

5

6

7

8

9

10

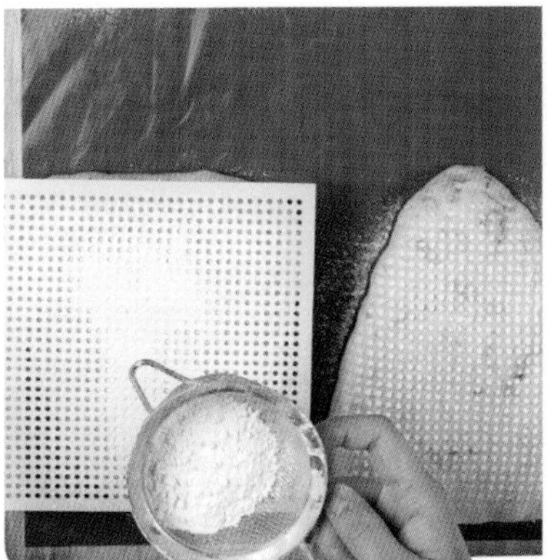

11

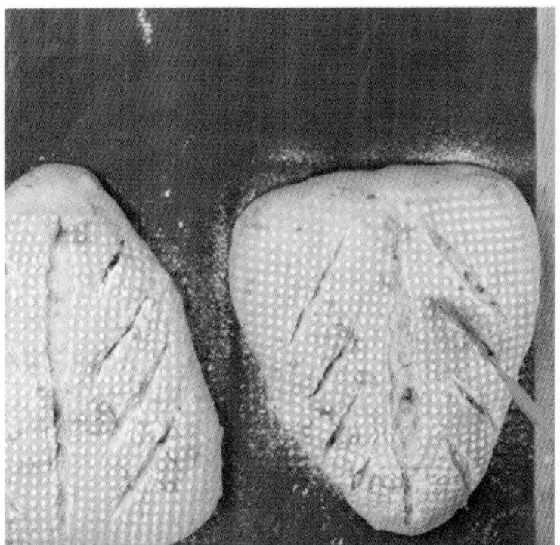

12

紅酒堅果

材料（可製作7個）

紅酒老麵

伯爵傳統T65麵粉　320克

鮮酵母　10克

紅酒　180克

主麵團

伯爵傳統T65麵粉　1000克

紅酒老麵（見左側）　500克

麥芽精　3克

鮮酵母　10克

紅酒　660克

鹽　21克

葡萄乾　200克

無花果　200克

鳳梨丁　120克

蔓越莓　120克

核桃　160克

橙皮丁　120克

製作方法

1. 將製作紅酒老麵的材料稱好放置備用。
2. 鮮酵母與紅酒混合攪拌均勻。
3. 加入麵粉，攪拌均勻至無乾粉、無顆粒，放入盆中，放在22～26℃的環境下發酵2小時，冷藏隔夜使用。
4. 將製作主麵團的材料稱好放置備用。
5. 將麵粉、麵包粉、麥芽精和紅酒混合，攪拌均勻至無乾粉、無顆粒，放入盆中，冷藏水解30分鐘。
6. 將水解好的麵團拿出，放入缸內，加入紅酒老麵和鮮酵母，攪拌均勻，轉快速攪拌至形成麵筋。
7. 加入鹽、葡萄乾、無花果、鳳梨丁、蔓越莓、核桃、橙皮丁，攪拌均勻。
8. 將麵團取出，放入烤盤中，放在22～26℃的環境下發酵鬆弛40分鐘。

1

2

3

4

5

6

7

8

9 翻面，繼續發酵鬆弛40分鐘。

10 將麵團分割成440克一個，預整型為圓形，放在22～26℃的環境下密封40分鐘。

11 取出發酵好的麵團，用手按壓排氣。

12 翻面，將右側的麵團向中間部分進行折疊按壓。

13 再將左側的麵團向中間部分進行折疊按壓。

14 最後再將麵團對折按壓成圓柱形。

15 整型好的麵團放在發酵油布上，放在22～26℃的環境中密封發酵70分鐘。

16 取出發酵好的麵團放在烘焙油布上，表面均勻地撒上麵粉（配方用量外）。

17 用割包刀劃出菱形刀口（把表皮劃破就好）。放入烤箱，上火250℃，下火220℃，入爐後噴蒸氣2秒，烘烤約25分鐘。出爐後，把麵包轉移到網架上冷卻即可。

9
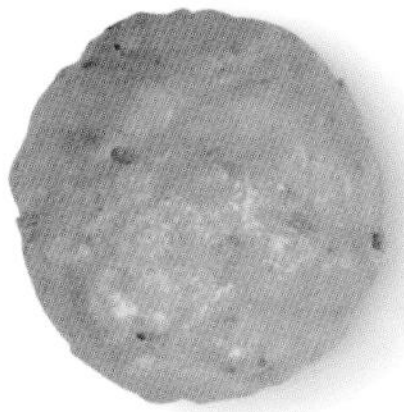
10

11
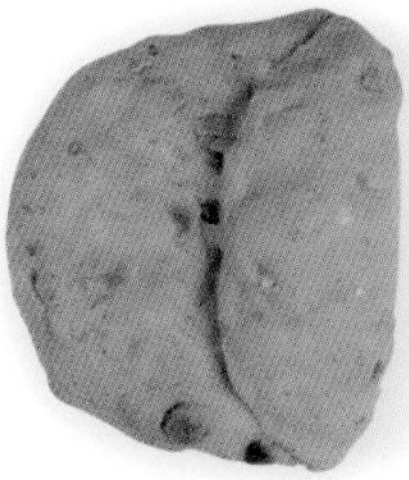
12

13
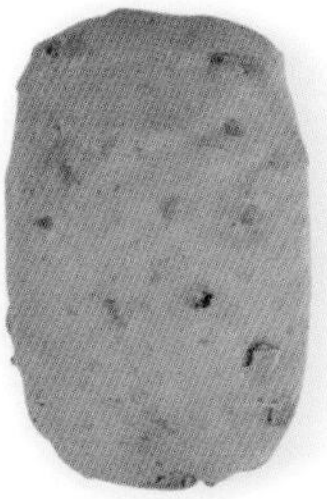
14
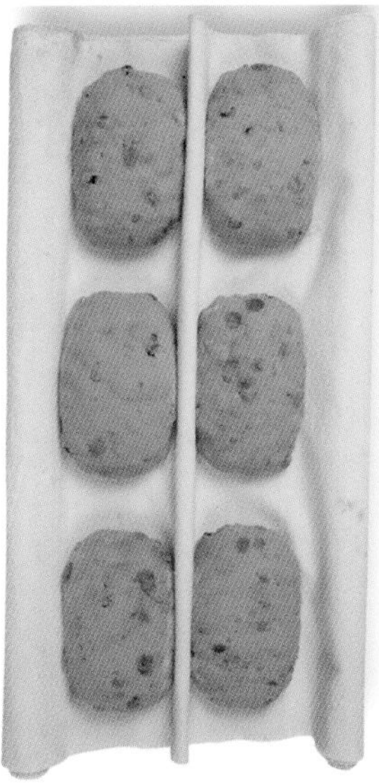
15

16

17

◎ 紅酒堅果

◎ 傳統果乾

傳統果乾

材料（可製作5個）

伯爵有機石磨T80硬種

伯爵有機石磨T80麵粉　150克

魯邦種　250克

主麵團

伯爵傳統T65麵粉　700克

伯爵傳統T170麵粉　150克

王后特製全麥粉（粗）　200克

鹽　20克

水　700克

鮮酵母　15克

伯爵有機石磨T80硬種（見左側）　400克

無花果　200克

夏威夷果仁　200克

杏仁　150克

製作方法

1 將製作伯爵有機石磨T80硬種的材料稱好放置備用。

2 把麵粉和魯邦種放入攪拌缸，慢速攪拌至成團沒有乾粉。

3 取出放在盆裡，用保鮮膜密封，放到28℃的環境下發酵1小時後即可使用。

4 將製作主麵團的材料好放置備用。

5 把T65麵粉、T170麵粉、全麥粉、水、鹽放入攪拌缸，慢速攪拌至成團沒有乾粉，取出放在盆裡，密封放在冷藏冰箱水解30分鐘。

6 麵團水解好後，加入伯爵有機石磨T80硬種和鮮酵母。先慢速把麵團攪拌至九成麵筋，此時能拉出表面光滑的薄膜，孔洞邊緣處光滑無鋸齒。

7 加入杏仁、無花果和夏威夷果仁，慢速攪拌均勻。取出麵團，表面整理光滑，放在烤盤上，放置在22～26℃的環境下基礎發酵50分鐘。把麵團倒出進行翻面，從上下兩邊把麵團提起各往中間折1/3。然後從左右兩邊把麵團提起再次把麵團往中間折1/3。翻面，令光滑面朝上，放回發酵盒裡，再次發酵50分鐘。（詳見P270～273步驟8～步驟11圖示）

8 麵團基礎發酵好後，在發酵布上撒一層T65麵粉，把麵團倒出來，分割成500克一個，預整型成長條形，放到發酵布上蓋起來，放在22～26℃的環境下鬆弛30分鐘。

9 麵團鬆弛好後取出，先令光滑面朝上，把麵團排氣拍扁，翻面，使底部朝上。

10 把麵團從一邊提起往中間折1/3。

11 把麵團從另一邊提起再往中間折1/3，最終長度約為20公分。

12 把麵團放到發酵布上蓋起來，放在22～26℃的環境下最後發酵60分鐘。

13 麵團發酵好後，用法棍轉移板把麵團轉移到烘焙油布上，接著在表面篩一層T65麵粉（配方用量外）。最後用法棍割刀在表面上交錯劃出間隔均勻的菱形刀口（把表皮劃破就好）。放入烤箱，上火240℃，下火220℃，入爐後噴蒸氣2秒，烘烤約30分鐘。出爐後，把麵包轉移到網架上冷卻即可。

1

2

3

4

5

6

7

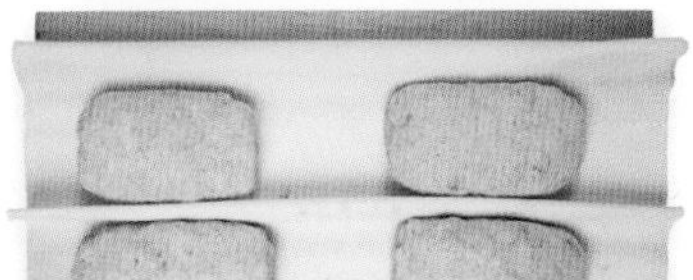

8

9

10

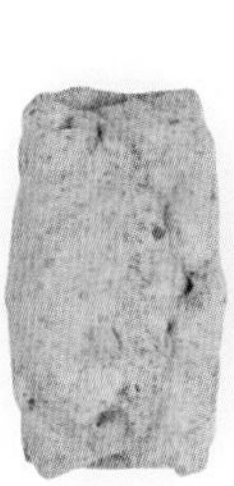

11

12

13

全麥麵包

材料（可製作4個）

王后特製全麥粉　1000克
鹽　20克
蜂蜜　20克
鮮酵母　20克
魯邦種　500克
水　700克
麥芽精　10克

製作方法

1 將所有材料稱好放置備用。
2 將全麥粉、蜂蜜、鮮酵母、水和麥芽精混合，慢速攪拌均勻至無乾粉、無顆粒，放入盆中冷藏水解30分鐘。
3 加入魯邦種和鹽，慢速攪拌均勻。待鹽完全融入麵團，轉快速攪拌至麵筋擴展階段，此時麵筋具有彈性及良好的延展性，並能拉出較好的麵筋膜，麵筋膜表面光滑較厚、不透明，有鋸齒。
4 取出麵團，將麵團規整成橢圓形，放在22～26℃的環境下發酵40分鐘；翻面，繼續發酵40分鐘。分割成550克一個，揉圓，繼續放置在22～26℃的環境下發酵40分鐘。
5 取出發酵好的麵團放置備用。麵團表面蘸少許全麥粉（配方用量外），用擀麵棍擀成長35公分、寬12公分的長條形，翻面備用。
6 將麵團頂部往下折1/3。
7 再將麵團底部往上折1/3。
8 將麵團旋轉90°，左右對折，底部收口成橢圓形。
9 把整型好的麵團放入250克的長方形吐司模具中，並放入發酵箱（溫度30℃，濕度80%）發酵約90分鐘。發酵好後轉入烤箱，上火240℃，下火250℃，入爐後噴蒸氣2秒，烘烤約45分鐘。出爐後，把麵包轉移到網架上冷卻即可。

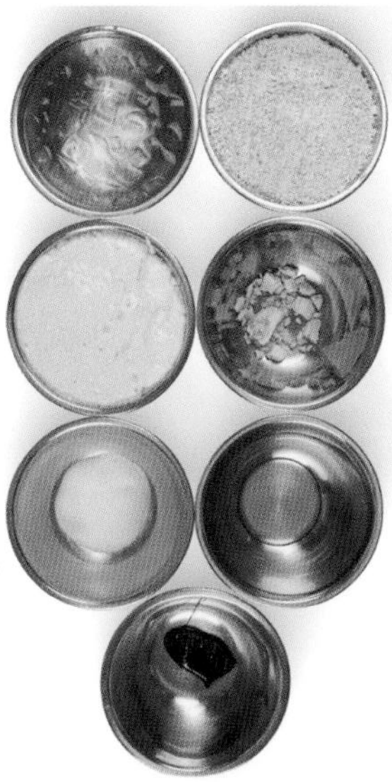

1

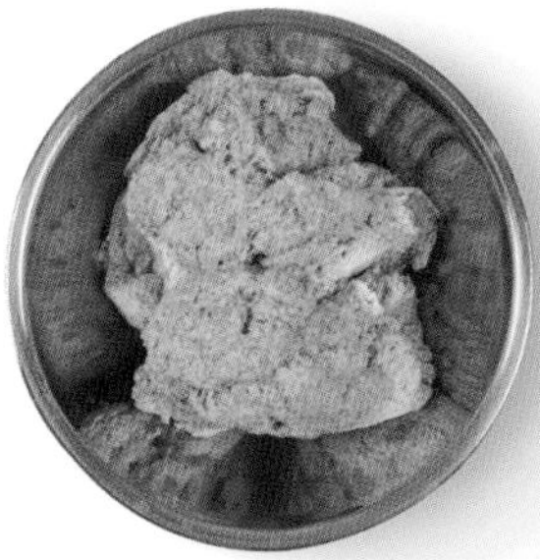

2

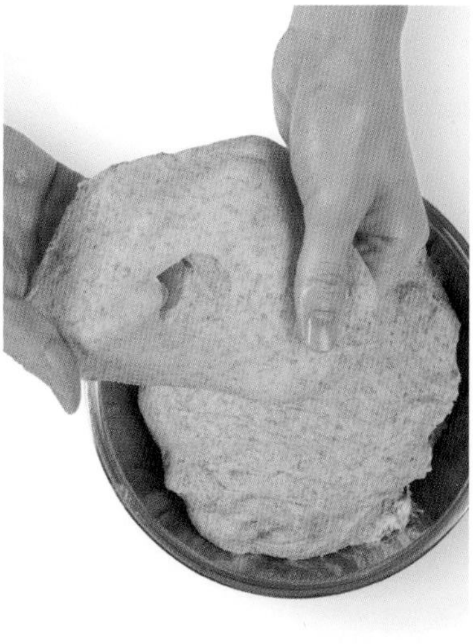

3

4

5

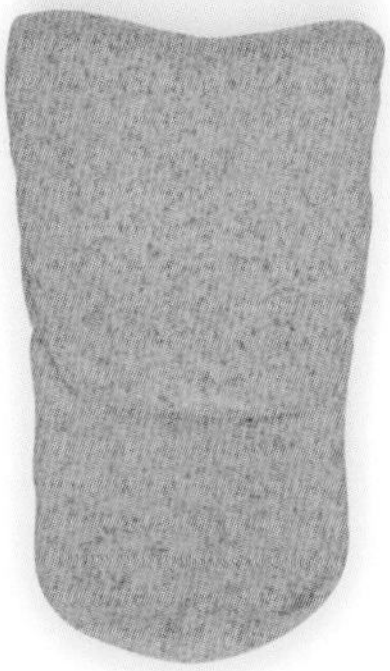

6

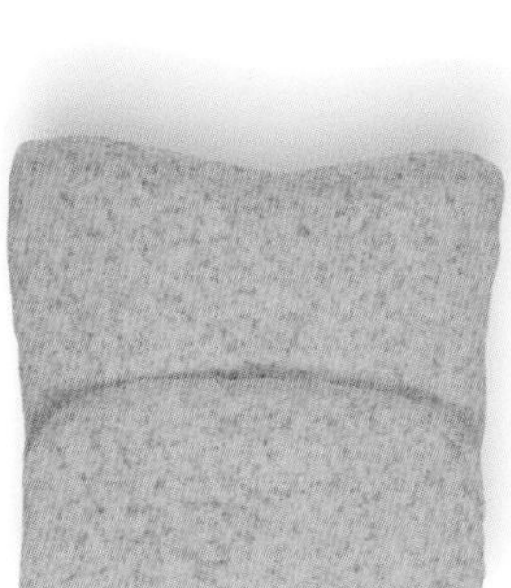

7

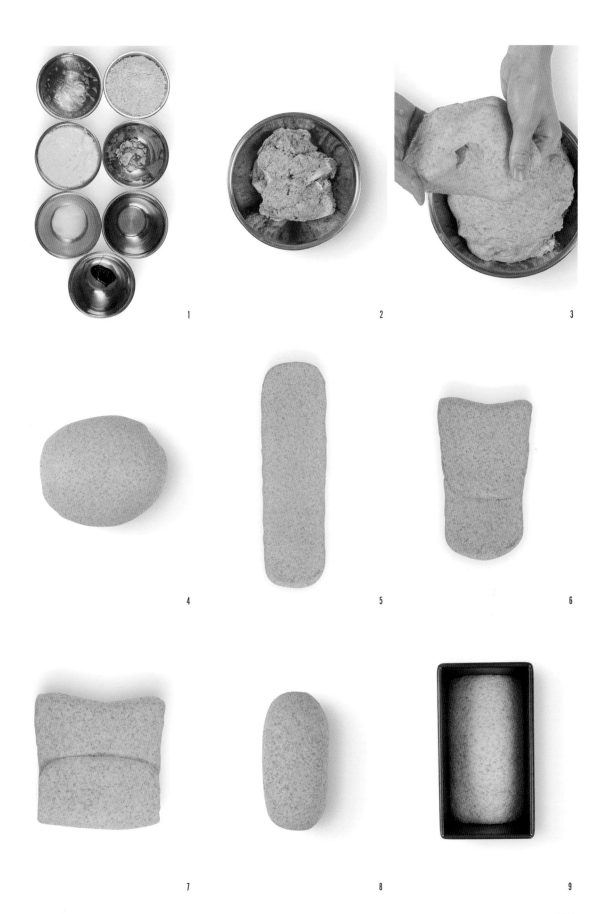

8

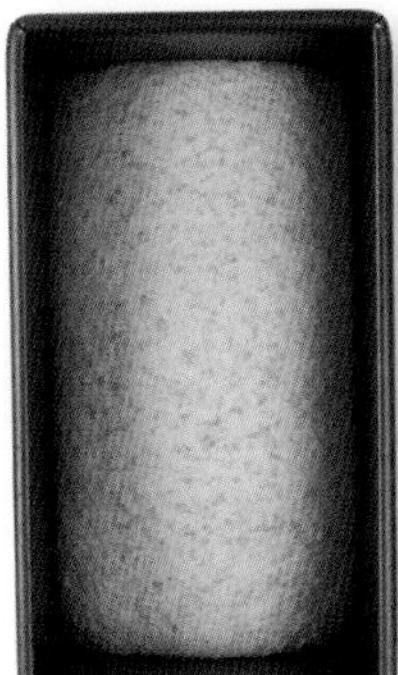

9

◎ 全麥麵包

裝飾麵包
和節日麵包

皇冠

材料（可製作2個）

主麵團

伯爵傳統T65麵粉　900克

伯爵傳統T170麵粉　100克

麥芽精　5克

水（A）　620克

鮮酵母　5克

水（B）　30克

鹽　20克

其他

黑芝麻　適量

橄欖油　少許

製作方法

1 將製作主麵團的材料稱好放置備用。

2 把T65麵粉、T170麵粉、麥芽精、水（A）和鮮酵母混合，慢速攪拌至成團沒有乾粉。加入鹽，先慢速攪拌至完全融合，然後邊慢速攪拌邊分次加入水（B）。

3 把麵團攪拌至九成麵筋，此時能拉出表面光滑的薄膜，孔洞邊緣處光滑無鋸齒。

4 取出麵團，表面整理光滑，放在發酵盒裡，放置在22～26℃的環境下基礎發酵60分鐘。麵團基礎發酵好後，把麵團倒出，分割成2個200克的麵團（裝飾皮）和16個80克的小麵團。分別預整型成圓形，密封放在22～26℃的環境下鬆弛30分鐘。

5 麵團鬆弛好後，把200克的裝飾皮麵團取出，用擀麵棍擀薄成厚度約1公厘（mm）的麵皮。然後放在烤盤上，放入冷凍冰箱凍20分鐘。裝飾皮凍硬後取出，按照麵包模板的形狀用美工刀刻出形狀。

6 刻好形狀後，表面噴水，然後黏一層黑芝麻。

7 黏完黑芝麻的裝飾皮，把光滑面朝上，放到烘焙油布上，然後裝飾皮邊緣處用毛刷刷上少許橄欖油。

8 把八個小麵團取出排氣後，再次滾圓。把小麵團底部朝上，在裝飾皮的邊緣圍一圈。

9 然後用美工刀在中心處切成八等份。

10 把中心切斷的裝飾皮分別提起，黏在小麵團上，使中間形成空洞，然後放在22～26℃的環境下最後發酵50分鐘。

11 麵團發酵好後，先在麵團表面蓋一張烘焙油布，再用木板把麵團倒扣過來，表面朝上，最終用模具在表面篩一層T65麵粉（配方用量外）裝飾。

12 放入烤箱，上火240℃，下火220℃，入爐後噴蒸氣2秒，烘烤約25分鐘。出爐後，把麵包轉移到網架上冷卻即可。

1

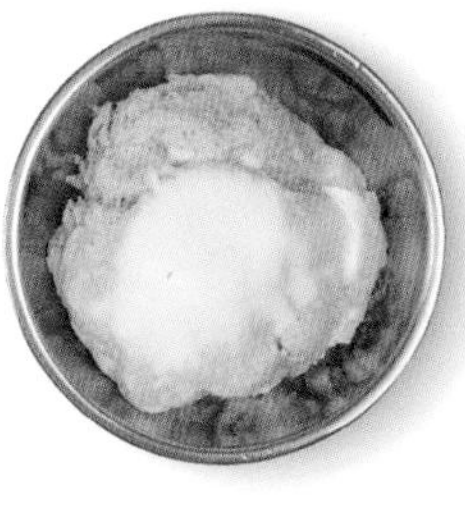
2

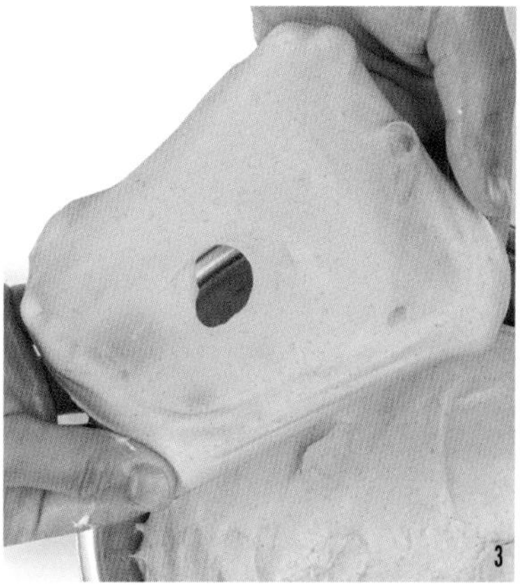
3

4

5

6

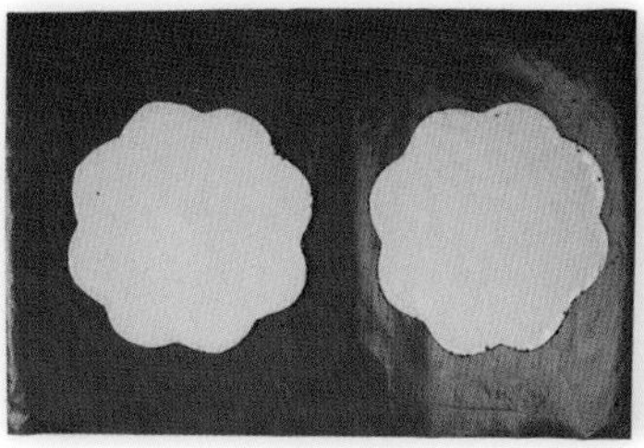
7

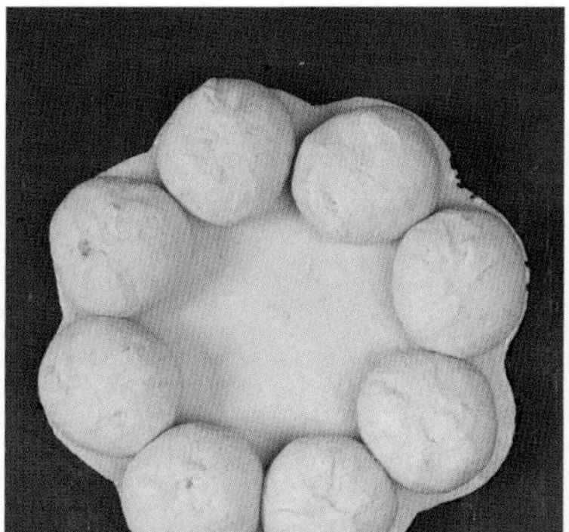
8

9

10

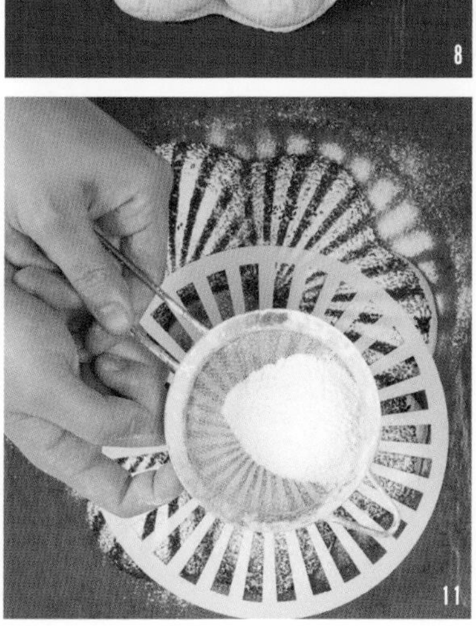
11

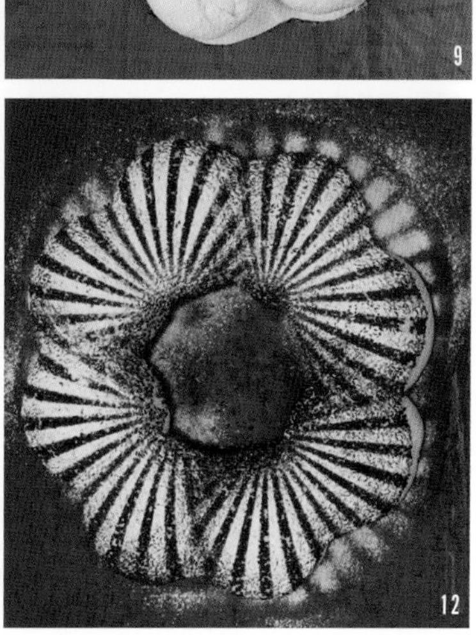
12

◎ 皇冠

◎ 斗轉星移

斗轉星移

材料（可製作3個）

主麵團

伯爵傳統T65麵粉　900克

伯爵傳統T170黑麥粉　100克

麥芽精　5克

水（A）　620克

鮮酵母　5克

水（B）　30克

鹽　20克

其他

橄欖油　少許

製作方法

1 將所有材料稱好放置備用。

2 把T65麵粉、T170黑麥粉、麥芽精、水（A）和鮮酵母混合，慢速攪拌至成團沒有乾粉。加入鹽，先慢速攪拌至完全融合，然後邊慢速攪拌邊分次慢慢加入水（B）。

3 把麵團攪拌至九成麵筋，此時能拉出表面光滑的薄膜，孔洞邊緣處光滑無鋸齒。

4 取出麵團，表面整理光滑，放在發酵盒裡，放置在22～26℃的環境下基礎發酵60分鐘。麵團基礎發酵好後，把麵團倒出來，分割成3個260克的麵團（裝飾皮）和15個60克的小麵團。分別預整型成圓形，密封放在22～26℃的環境下鬆弛30分鐘。

5 麵團鬆弛好後，把260克的裝飾皮麵團取出，用擀麵棍擀薄成厚度約1公厘（mm）的麵皮。然後放在烤盤上，放入冷凍冰箱凍20分鐘。裝飾皮凍硬後取出，借助麵包模板用美工刀刻出形狀。

6 刻好後把光滑面朝下，放到烘焙油布上，裝飾皮邊緣處用毛刷刷上少許橄欖油。

7 把五個小麵團取出，排氣拍扁，翻面，使底部朝上，把小麵團從一側往中間折1/3。

8 然後從側邊把小麵團再次往中間折1/3。

9 把小麵團再次對折，最終做成水滴狀。

10 把小麵團底部朝上，均勻擺放在裝飾皮上，然後放在22～26℃的環境下最後發酵50分鐘。

11 麵團發酵好後，先在麵團表面蓋一張烘焙油布，再用木板把麵團倒扣過來，使表面朝上，用模具在表面篩一層麵粉（配方用量外）裝飾。放入烤箱，上火240℃，下火220℃，入爐後噴蒸氣2秒，烘烤約25分鐘。出爐後，把麵包轉移到網架上冷卻即可。

1

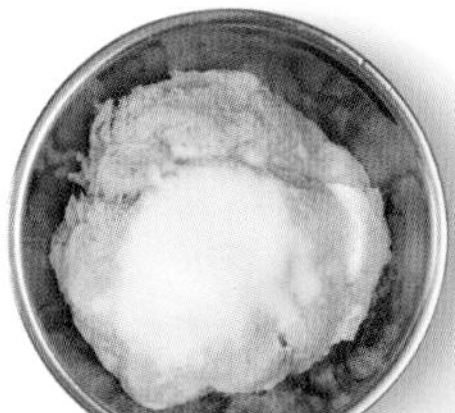
2

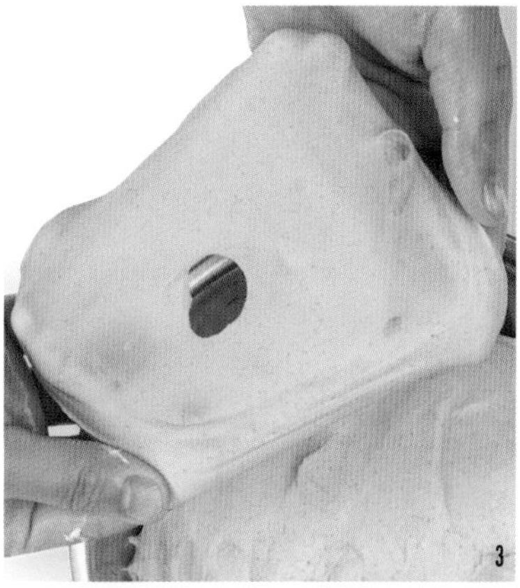
3

4

5

6

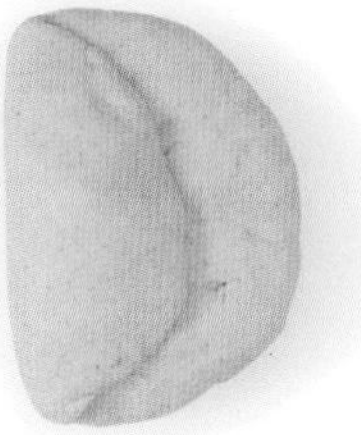
7

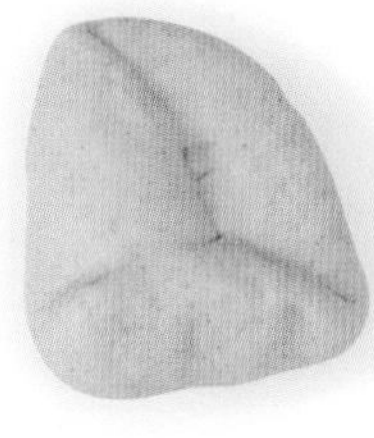
8

9

10

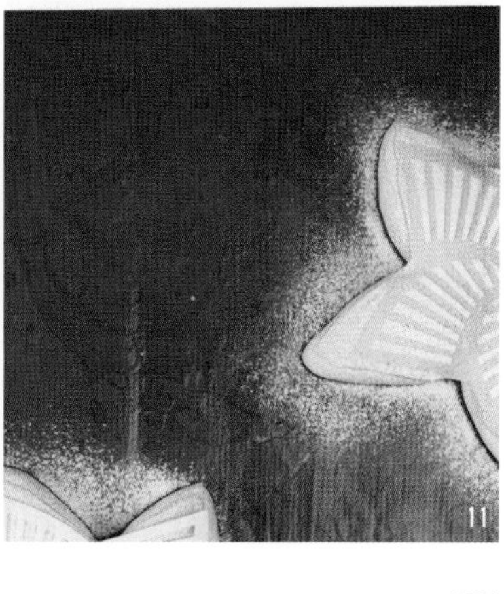
11

潘娜托尼

材料（可製作4個）

杏仁醬
杏仁粉　300克
糖粉　240克
蛋白　250克
玉米澱粉　20克

種麵
魯邦種　300克
伯爵傳統T45麵粉　800克
細砂糖　250克
蛋黃　320克
水　250克
肯迪雅乳酸發酵奶油　320克

主麵團
伯爵傳統T45麵粉　350克
蛋黃　120克
鮮酵母　10克
細砂糖　100克
蜂蜜　30克
鹽　25克
香草莢　1根
肯迪雅乳酸發酵奶油　200克
檸檬丁　300克
橙皮丁　300克
葡萄乾　300克
橙汁（泡葡萄乾）　100克

其他
烘焙裝飾糖粒　適量

製作方法

1 將製作杏仁醬的材料稱好放置備用。
2 使用打蛋器先把蛋白攪拌至發泡，然後加入糖粉和玉米澱粉，攪拌均勻。
3 加入杏仁粉，攪拌均勻。
4 拌勻至順滑狀，裝入擠花袋備用。
5 將製作種麵的材料稱好放置備用。
6 把細砂糖和水混合，用打蛋器攪拌均勻。
7 加入麵粉、魯邦種和蛋黃。
8 先慢速攪拌至成團，再轉快速把麵團打至七成麵筋，此時能拉出表面粗糙的厚膜，孔洞邊緣處帶有稍小的鋸齒。
9 加入室溫軟化至膏狀的奶油。
10 先慢速攪拌至奶油與麵團融合，再轉快速把麵團攪拌至十成麵筋，此時能拉出表面光滑的薄膜，孔洞邊緣處光滑無鋸齒。
11 取出麵團，把表面收整光滑成球形。麵團溫度控制在22℃～26℃，然後把麵團密封，放置在26～28℃的環境下發酵16個小時。
12 將製作主麵團的材料稱好放置備用。

1

2

3

4

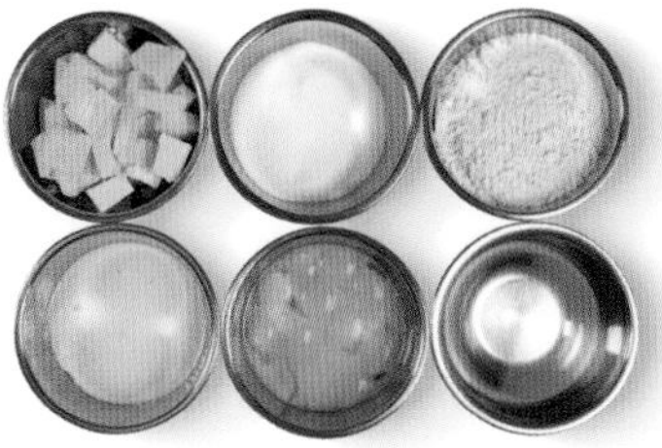

5

6

7

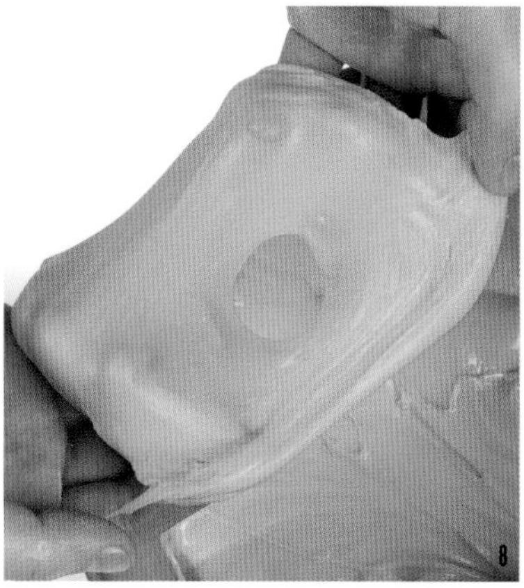

8

9

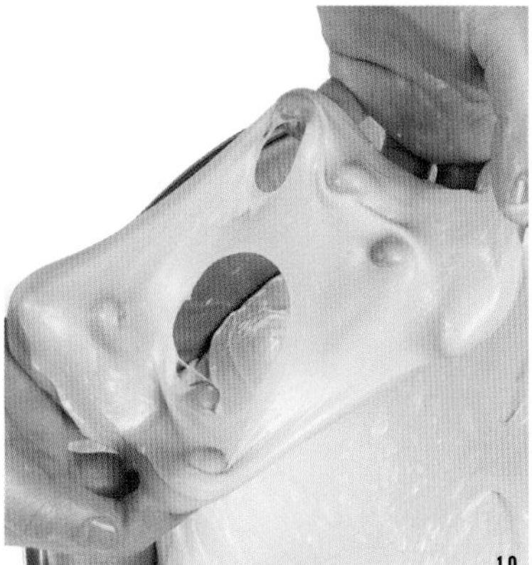

10

11

12

13 把麵粉、蛋黃、鮮酵母、香草莢、鹽和細砂糖與發酵好的種麵混合。

14 慢速攪拌至七成麵筋，此時能拉出表面粗糙的厚膜，孔洞邊緣處帶有稍小的鋸齒。

15 加入室溫軟化至膏狀的奶油。

16 先慢速攪拌至奶油與麵團融合，再轉快速把麵團攪拌至九成麵筋，此時能拉出表面光滑的薄膜，孔洞邊緣處光滑無鋸齒。

17 加入橙皮丁、葡萄乾和檸檬丁，慢速攪拌均勻。

18 取出麵團，把表面收整光滑。麵團溫度控制在22℃～26℃，然後把麵團放入發酵箱（溫度30℃，濕度80%）基礎發酵1小時。

19 發酵好後取出，分割成1000克一個，滾圓，放置在22℃～26℃的環境下鬆弛10分鐘。

20 麵團鬆弛好後，再次排氣滾圓，然後表面朝上，放入6寸的圓形潘娜托尼模具中。放入發酵箱（溫度30℃，濕度80%）最後發酵8～9小時，發酵好後，約到吐司模具九分滿。

21 麵團發酵好，表面用擠花袋擠上一層薄薄的杏仁醬。

22 在表面撒上適量的烘焙裝飾糖粒。

23 在表面篩上一層糖粉（配方用量外），連同烤盤一起放入烤箱，上火180℃，下火190℃，先烘烤30分鐘，然後把烤盤轉一個方向，再烤15～20分鐘（可用竹籤插入麵團中心處，只要麵團不黏在竹籤上，即代表已烘焙熟透）。

24 出爐後，用兩根鐵扡從麵包底部穿過，然後把麵包放到架上倒扣放置約2小時，降溫涼卻後再把麵包正面朝上放好（倒扣放涼，可防止麵包出爐後回縮）。

13

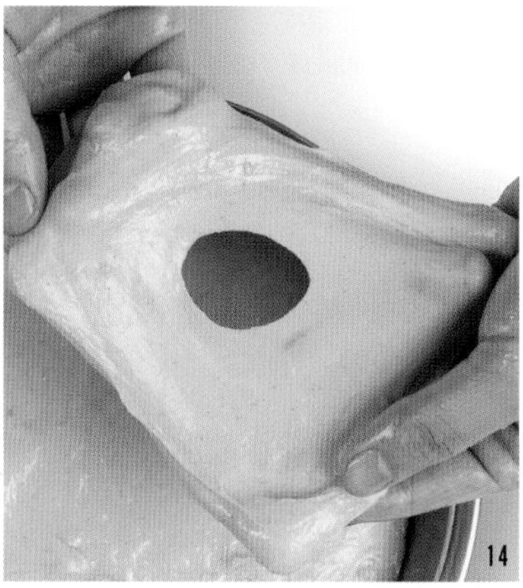
14

15

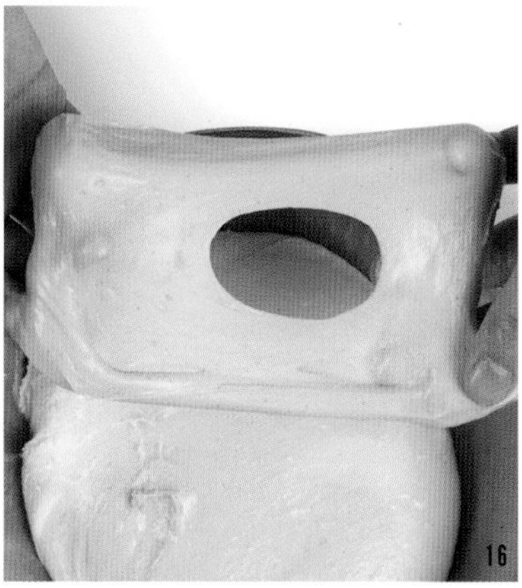
16

17

18

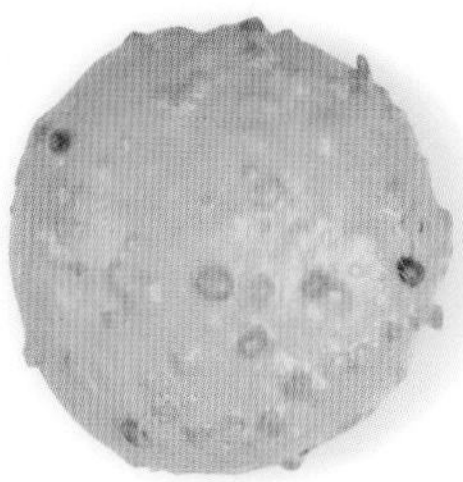
19

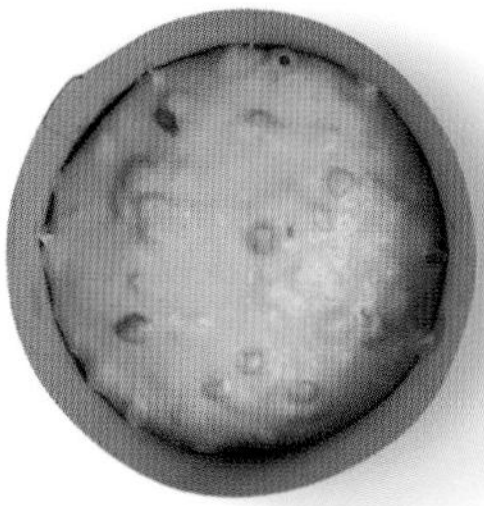
20

21

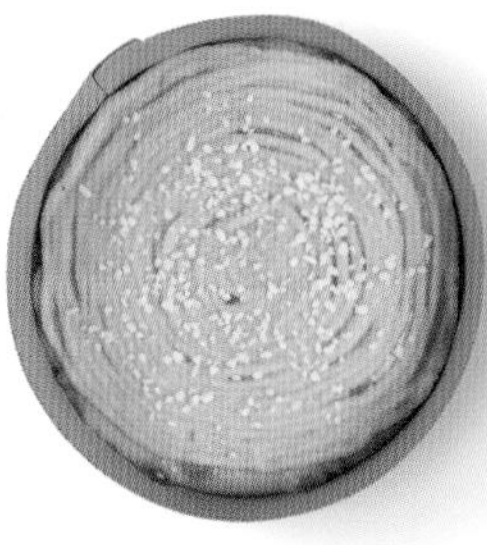
22

23

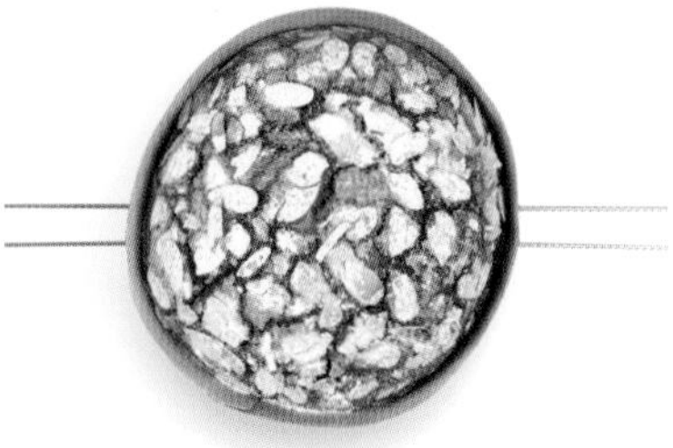
24

◎ 潘娜托尼

法式甜點 完美配方 & 細緻教程

19x26cm

本書有系統地講解純正法式甜點的製作技法，
在經典配方的構成元素裡，注入無限的新意。

從易到難，從簡到奢，貼心提示攻破難點。
結構嚴謹，脈絡清晰，將專業訓練與基礎理論有機結合。
跟著製作，你也可以復刻出一款地道的法式甜點。

★精選 68 道法式甜點，涵蓋小蛋糕、分享型慕斯、塔類、旅行蛋糕、酥類、盤飾甜點、巧克力和糖果類等。

★獻給以下客群：
烘焙從業者：研發獨到的開店品項。
烘焙系學生：提昇自我的專業水準。
甜點愛好者：探究法式甜點的奧祕。

TITLE

經典麵包 完美配方＆細緻教程

STAFF

出版 瑞昇文化事業股份有限公司
主編 彭程

創辦人 / 董事長 駱東墻
CEO / 行銷 陳冠偉
總編輯 郭湘齡
文字編輯 張聿雯 徐承義
美術編輯 謝彥如 李芸安
校對編輯 于忠勤
國際版權 駱念德 張聿雯

排版 洪伊珊
製版 明宏彩色照相製版股份有限公司
印刷 龍岡數位文化股份有限公司

法律顧問 立勤國際法律事務所 黃沛聲律師
戶名 瑞昇文化事業股份有限公司
劃撥帳號 19598343
地址 新北市中和區景平路464巷2弄1-4號
電話 / 傳真 (02)2945-3191 / (02)2945-3190
網址 www.rising-books.com.tw
Mail deepblue@rising-books.com.tw
港澳總經銷 泛華發行代理有限公司

初版日期 2024年9月
定價 NT$1300／ HK$406

國家圖書館出版品預行編目資料

經典麵包：完美配方&細緻教程 = Bread book/彭程主編. -- 初版. -- 新北市：瑞昇文化事業股份有限公司, 2024.09
304面；18.5 X 26公分
ISBN 978-986-401-773-7(精裝)

1.CST: 麵包 2.CST: 點心食譜

427.16 113012443